高职高专土建类系列教材
“互联网+”创新系列教材

国际工程项目管理

主　编　竹宇波　郑晓

北京航空航天大学出版社

内 容 简 介

本书共九章，第一章概述了国际工程项目管理的基本概念、管理模式以及我国国际工程项目的发展现状，第二章阐述了国际工程项目招标、投标以及评标的工作程序，第三章至第七章基于国际工程项目管理工作实务，阐述了合同管理、风险管理、质量管理、环境管理和保险管理等的基本理论和方法，第八章阐述了国际工程承包索赔的内容和计算方法，第九章介绍了几类不同的国际工程施工合同范本。

本书的一大特色是结合一些国际工程实务案例，对国际工程项目管理有关知识进行了补充，将理论与实践结合起来，进行综合介绍和深入分析。

本书适合用作高职高专院校建筑工程技术、工程监理、工程管理等相关专业的教材。

图书在版编目(CIP)数据

国际工程项目管理 / 竹宇波，郑晓主编. -- 北京 ：北京航空航天大学出版社，2021.6

ISBN 978-7-5124-3530-8

Ⅰ. ①国… Ⅱ. ①竹… ②郑… Ⅲ. ①国际承包工程－工程项目管理－高等职业教育－教材 Ⅳ. ①F746.18

中国版本图书馆 CIP 数据核字(2021)第 102699 号

国际工程项目管理

主　编　竹宇波　郑　晓

策划编辑　王红樱　　责任编辑　张　凌　雷　妍

*

北京航空航天大学出版社出版发行

北京市海淀区学院路 37 号(邮编 100191)　http://www.buaapress.com.cn

发行部电话：(010)82317024　传真：(010)82328026

读者信箱：copyrights@buaacm.com.cn　邮购电话：(010)82316936

涿州市新华印刷有限公司印装　各地书店经销

*

开本：710×1 000　1/16　印张：13.75　字数：293 千字

2021 年 6 月第 1 版　2021 年 6 月第 1 次印刷

ISBN 978-7-5124-3530-8　定价：59.00 元

编 委 会

主　编　竹宇波　郑晓

副主编　陈　剑　朱希文　叶箐箐

参　编　蒋沛伶　叶珊　吴霄翔　吕磊

前　言

随着经济全球化的持续推进，我国对外经济技术交流与合作的规模不断扩大，越来越多的中国企业走出国门，参与国外工程项目的开发和建设；同样，也有许许多多的外国企业进驻中国市场，承包工程项目。目前，中国国际工程承包和经济技术合作势头强劲，特别是“丝绸之路经济带”和“21世纪海上丝绸之路”简称“一带一路”(One Belt and One Road，缩写为OBOR)倡议发出后，中国承包工程项目以及对外承包工程业务完成营业额均有了大幅度增长。因此，国际工程项目建设与管理有助于世界各国经济的互联互通和可持续发展，有利于构建人类命运共同体，更好地服务于国家“走出去”战略的实施，充分满足“一带一路”建设的需要。

本书用清晰、质朴、理性的专业语言及启发性的思维模式向读者阐述了国际工程项目管理的基本概念，并结合我国国际工程项目的发展现状，从国际工程项目招投标，及合同管理、风险管理、质量管理、环境管理和保险管理等管理实务方面，系统阐述了国际工程项目管理的基本理论与方法，可作为高职高专院校建筑工程技术、工程监理、工程管理等相关专业的教材。同时，本书结合一些国际工程实务案例，对国际工程项目管理的有关知识进行了补充，力争做到内容丰富、简明实用、结合实际，将基础理论与实践发展结合起来，进行综合介绍和深入分析。

本书由竹宇波编著，同时得到了浙江同济科技职业学院朱希文、叶箐箐、陈剑、叶珊以及蒋沛伶老师的大力支持，在此一并致谢。限于作者水平，加之时间仓促，书中难免有不足和错误之处，恳请读者批评指正，并提出宝贵意见，以期共同进步。

作　者

2021年1月8日

目　录

第一章　国际工程项目管理概述

第一节　国际工程项目和承包的概念

一、项目的定义

"项目"(Project)一词被广泛地应用于社会经济和文化生活的各个领域。很多管理专家都试图用简单通俗的语言对项目进行抽象性的描述，本书采用的是1964年Martino对项目的定义："项目为一个具有规定开始和结束时间的任务，它需要使用一种或多种资源，具有许多个为完成该任务(或者项目)所必须完成的互相独立、互相联系、互相依赖的活动。"

二、项目的特征

人们对项目的定义虽然从不同角度描述各不相同，但通常都体现出如下特征：

1. 项目是一项任务

这项任务通常是一个可以完成交付的成果，而这个成果便是项目的一个对象。项目对象决定了项目的最基本特性，是项目分类的依据；同时它又确定了项目的工作范围、规模及界限。通常在"项目"一词前会有一个描述性的定语，例如"××工程承包"项目，"××新产品开发"项目等，这些定语词汇对项目进行专门的定义，描述了项目对象的名称、特性、范围，整个项目的实施和管理都是围绕着这个对象进行的。

2. 有预定的目标

ISO 10006规定，任何项目都需要有预定的目标，而项目目标应描述可以达到的要求能用时间、成本、产品特性来表示，项目过程的实施是为了达到规定的目标，包括满足时间、费用和资源约束条件。

3. 有约束条件

任何项目的实施都会存在约束条件。除了上述的时间约束外，还有资源约束。

(1) 资金约束，任何项目都可能会遇到资金方面的约束。

(2) 人力资源和其他物质资源的约束。

(3) 技术、信息资源的限制，自然条件、地理位置和空间的制约。

(4) 项目通常具有一次性特征。

任何项目都必定经历前期策划、批准、设计和计划、施工(生产、制造)、运行的全过程，最后结束，即使在形式上极为相似的项目，也必然存在着差异和区别，如实施时间不同、环境不同、项目组织不同、风险不同，所以项目通常是一次性的，不会重复。

4. 由活动构成

项目的形成必须完成一定的任务活动，任务活动形成项目的全过程，所以项目管理又是过程管理。一个项目可以分解成许多互相联系、互相影响的活动，它们是项目管理的对象，同时又是项目管理方法应用的前提。

5. 适用特殊的组织和法律条件

企业组织按企业法和企业章程建立，组织单元之间主要为行政的隶属关系，且组织单元之间的协调和行为规范按企业规章制度执行，企业组织结构是相对稳定的。

项目参加单位之间主要以合同作为纽带建立起组织，并以合同作为分配工作、划分责权利关系的依据；项目组织是多变的、不稳定的。

项目适用于与其建设和运行相关的法律条件，例如《合同法》《环境保护法》《建筑法》等。

6. 项目的系统性和整体性

项目的各个要素并不是独立存在的，它们之间存在着相互联系，并可以有机地结合为一个整体，具有系统性和整体性。项目的首要目标为效益目标，其他成本、进度和质量等方面的目标都将服务于效益目标，从系统的角度出发，项目需围绕首要目标的实现整合资源、实施管理。

三、国际工程项目

国际工程项目一般是指某种特定的建设工程，如建设项目的研究、规划和咨询设计或施工安装等工作。就一个项目来说，从咨询、融资、招标、投标、施工、监理到培训等各个阶段或环节的主要参与者(单位或个人，产品或服务)通常来自不只一个国家(或地区)，所以它通常是跨国的；对国家而言，国际工程项目一般分为海外工程和国内涉外工程；它一般是需要按照国际上通用的项目管理模式，通过国际性公开招标、投标竞争取得参与资格，并进行建设的项目。

国际工程业务，通常可以分为两个主要领域。一是国际工程咨询(Engineering Consulting)，指的是在工程项目实施的各个阶段，咨询人员利用技术、经验、信息等为客户提供的咨询服务。二是国际工程承包，指参与国际工程项目的承包活动。

一个国际工程项目一般具有如下特征：

(1) 整体性。一个项目是一个整体管理对象，在按其需要配置生产要素时，必须以总体效益的提高为标准，做到数量、质量、结构的总体优化。由于内外环境是变化的，所以管理和生产要素的配置是动态的。

(2) 实施时间长。一个工程项目的建设周期很长，期间不可预见的因素也很多。

(3) 不可逆转性。工程项目的实施一般不进行返工操作，也就是具有不可逆转性，因此必须做好设计策划。

（4）产品地点的固定性。工程项目受项目所在地的资源、气候、地质因素制约，受当地政府以及社会文化的干预和影响也很大。

（5）项目与环境之间的相互制约性。项目的全生命周期的实施过程会受到环境因素的制约，同时项目又会对周围环境造成影响，因此，双方具有相互制约性。

四、国际工程项目的特点

国际工程同国内工程相比具有四个特点：

（1）合同主体的多国性。国际工程签约的各方由于是不同的国家，因此将会受到不同法律的限制。

（2）影响因素多、风险增大。国际工程受到的政治、经济影响因素多，风险相对增大，如国际政治经济关系变化可能引起的制裁和禁运；所在国与周边国家的战争冲突。

（3）按照严格的合同条件和国际惯例管理工程。

（4）技术标准、规范和规程复杂。国际工程合同文件中需要详尽地规定材料、设备、工艺等各种技术要求，通常采用国际上被广泛接受的标准、规范和规程。如ANSI（美国国家标准协会标准）、BS（英国国家标准）等，但也涉及工程所在国使用的标准、规范和规程。

五、国际工程建设的基本程序

国际工程建设的基本程序都是类似的。一个工程项目从开始酝酿到竣工投产完成的整个项目周期，大体上可以分为以下四个阶段：

（1）项目决策阶段。这一阶段的主要任务是进行一系列调查与研究，为投资行为做出正确的决策。

（2）建设准备阶段。这一阶段主要是为项目建设做好各种准备工作，如办理审批手续、开展工程设计和工程采购等。

（3）项目实施阶段。这一阶段主要是按合同进行项目的施工、竣工和投产，达到项目预期要实现的投资效益。

（4）总结阶段。在项目投产或运营一段时间之后，对项目建设的全过程、项目选择、设计方案、项目目标的完成情况，特别是经验和教训应进行总结与评价。

六、国际工程承包的概念

国际工程承包是以工程建设为对象，在国际范围内，由业主通过招标、投标或议标洽商的方式，委托具有法人地位和工程实施能力的承包商，完成建设任务的经济活动。

国际工程承包是一种国际经济交易活动，是国际经济合作的一个重要组成部分。

七、国际工程承包的特点

(1) 跨国的经济活动。国际工程承包涉及不同国家、不同民族、不同组织、不同经济政治背景、不同参与单位,是一项复杂的跨国经济活动。

(2) 严格的合同管理。国际工程承包涉及面广,参与对象众多,不可能依靠行政管理的模式进行管理,必须采用国际上行之有效的、已成为行业惯例的一整套科学管理方法。

(3) 高风险和高利润。国际工程一般来说是投资和规模都巨大的项目,业主要求高,竞争激烈,充满了风险,稍有不慎就可能发生巨额亏损,这也是国际上每年都有不少工程公司倒闭的原因。但高风险又伴随着高利润,如果决策正确,报价合理,订好合同,科学管理,不但能赢得声誉,还能获得高额利润,这也是国际上每年都有一批新的工程公司成长发展起来的原因。

(4) 进入和占领市场的艰巨性。国际工程承包市场的形成和发展,是与西方发达国家多年前的国外大量投资、咨询和承包分不开的。西方发达国家凭借雄厚的资本、先进的技术、高水平的管理和积累的经验,占据了国际工程市场的大部分份额。近年来随着有央企背景的企业逐步入驻,我国也开始占据一定的国际市场份额。

(5) 业务范围广泛。国际工程承包的业务范围非常广泛,几乎涉及国民经济的各个领域,既有工业项目,又有农业项目;既有基础项目,又有高科技项目;既有民用项目,又有军事项目等。

(6) 资金筹措渠道多。一般由国际银行、国际财团、国际金融机构与工程所在国政府一道安排项目开发资金或为承包者提供贷款,支持其承揽或实施项目。

(7) 咨询设计先进。项目主办单位通常聘请掌握世界同类项目最先进技术的咨询公司来规划设计,以保证项目的先进性和合理性。

(8) 竞争激烈。国际工程承包的竞争机制能充分发挥作用,按照择优汰劣的原则,尽可能地利用国际承包商的技术和人才优势,保证工程建设的顺利进行。

(9) 有充分挑选余地。国际工程承包的物资采购具有国际化特征,业主或承包商可在全球范围内寻求价廉物美的材料与设备。

(10) 劳动力资源充足。由于劳动力资源丰富,承包商既可在当地挑选劳务,也可以由本国或其他国家选派素质较高的劳务。

(11) 选用法律公平合理。国际工程承包的合同条款大多以国际法律、惯例为基础,项目实施过程中出现的问题一般都能得到比较合理的解决或处理。

(12) 受国际政治、经济因素影响大。除了工程本身的合同义务和权利外,国际工程承包可能受到国际政治和经济形势变化的影响。例如工程所在国的政策变化,项目资金来源的制约,政治上的制裁、禁运、内乱、战争、政治派别的斗争等,都会对国际工程承包有重大的影响作用。

(13) 费用支付的多样性。国际工程承包与国内工程承包有明显的差别,进行工程费用结算时，肯定要使用多种货币。承包商要用国内货币支付其国内应缴纳的各种费用及内部开支；要用工程所在国的货币支付当地的费用；要用多种货币支付不同来源地的设备、材料采购费用等。国际工程承包的支付方式，除了现金和支票支付手段外，还有银行信用证、国际托收、银行汇款等不同方式。因此，在国际工程承包中必须熟悉和研究国际范围内的各种汇率和利率的变化，必须随时审视和分析国际金融形势，否则，就可能出现严重的不良后果。

(14) 国际工程承包市场的相对稳定性。国际工程承包市场分布于世界各地，虽然各地区的政治与经济形势不一定十分稳定，而且建设的资金投入十分巨大，但就全球来说，只要不发生世界大战，国际工程承包市场总体来说就是稳定的。因此，我们应加强调查研究，善于分析市场形势，不断适应市场的变化，只有这样才能立于不败之地。

第二节 国际工程项目管理现状

国际工程项目管理(International Project Management)属于项目管理知识体系(Project Management Body of Knowledge)的范畴，项目管理知识体系是指项目管理这一专业领域中的知识总和，其学科和行业的发展取决于应用和推广它们的实践工作者和学者们。项目管理知识体系包括正在广泛应用的已被公认的传统经验，也包括在某个领域内开始被采用的先进技术和创新。国际工程项目管理就是项目管理知识体系的这些传统经验在国际工程领域中的应用和创新。

一、国际工程项目管理模式

通过多年的发展，目前国际上已形成多种项目管理模式，并且这些模式正在不断地得到创新和完善，下面介绍几种国际上常见的项目管理模式。

1. 传统的项目管理模式(DBB 模式)

传统的项目管理模式，又称设计—招标—建造方式，这种项目管理模式在国际上最为通用，世界银行、亚洲开发银行的贷款项目和采用国际咨询工程师联合会(FIDIC)的合同条件的项目均采用这种模式。由业主委托建筑师和/或咨询工程师进行前期的各项有关工作(如进行机会研究、可行性研究等)，待项目评估立项后再进行设计，在设计阶段进行施工招标文件准备，随后通过招标选择承包商。因此，在该模式中，参与项目的主要三方是业主、建筑师和/或咨询工程师以及承包商(如图 1-1 所示)。

业主单位一般指派业主代表(可由本单位选派，或由其他公司聘用)与咨询方和承包商联系，负责有关的项目管理工作，有的也把有关管理工作授权给建筑师/咨询工程师(监理工程师)进行。这种模式的特点是管理方法已经较为成熟，各方均熟悉使用标准的合同文本，有利于合同、风险等各方面的管理。

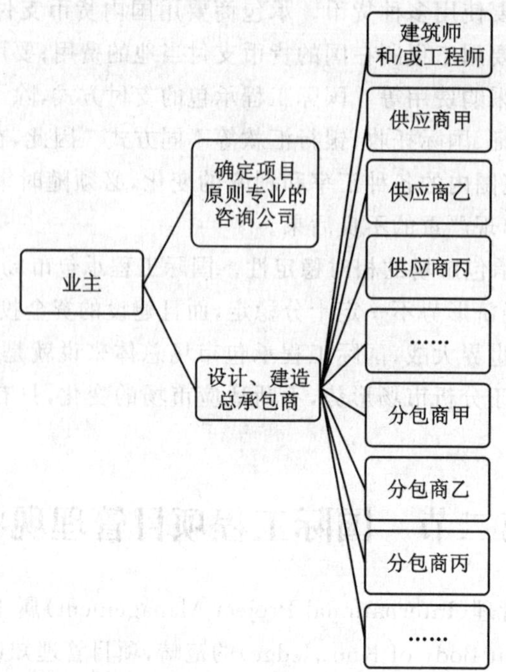

图 1-1　DBB 模式图

2. 建筑工程管理模式(CM 模式)

建筑工程管理模式,即 CM 模式(Construction Management Approach),是近年来在国外广泛流行的一种管理模式,这种模式打破了过去那种设计图纸全部完成之后才进行招标的传统模式,而是采取阶段性发包方式。其特点是:

由业主和业主委托的 CM 经理与建筑师组成一个联合小组共同负责组织和管理工程规划、设计和施工,但 CM 经理对设计的管理起协调作用。在设计项目的总体规划、布局时,要考虑到控制项目的总投资,在主体设计方案确定后,随着设计工作的进展,完成一部分分项工程的设计后,即对这一部分分项工程进行招标,由业主直接就每个分项工程与承包商签订承包合同。CM 经理负责工程的监督、协调及管理工作,在施工阶段的主要任务是定期与承包商会晤,对成本、质量和进度进行监督,并预测和监控成本和进度的变化(如图 1-2 所示)。

CM 模式的最大优点是可以缩短工程从规划、设计到竣工的周期,节约建设投资,减少投资风险,可以比较早地取得收益。一方面整个工程可以提前投产;另一方面减少了由于通货膨胀等不利因素造成的影响。CM 模式有多种形式,业主可以根据项目的具体情况加以选用,主要分为代理型 CM 模式和非代理型(风险型)CM 模式。

(1) 代理型 CM:以业主代理身份工作,收取服务酬金(如图 1-3 所示)。

(2) 非代理型 CM:可以总承包身份直接进行分发包,直接与分包商签合同,并

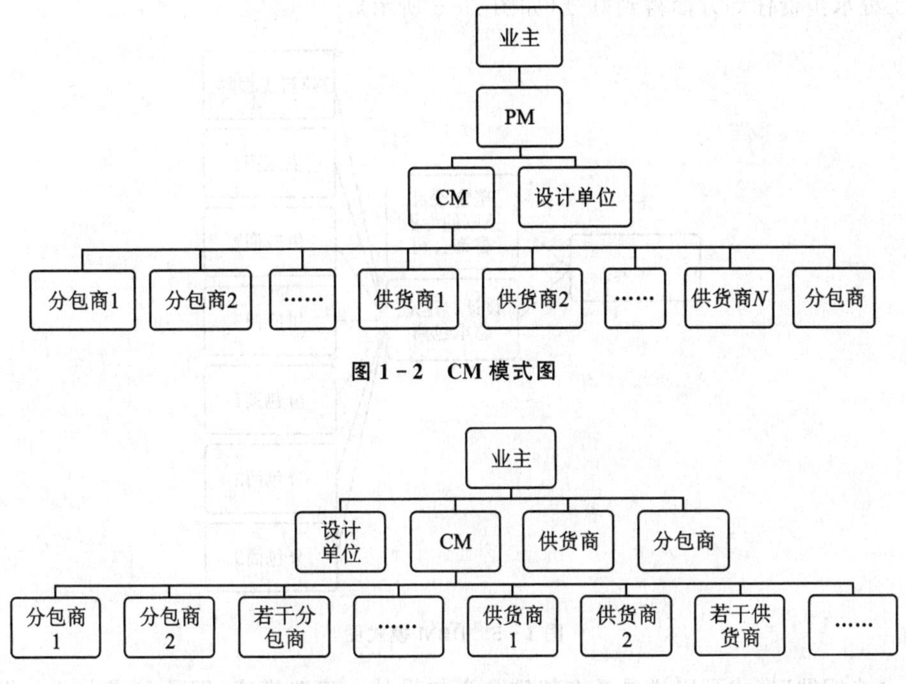

图 1－2 CM 模式图

图 1－3 代理型 CM 模式图

向业主承诺，可以承担保证最大工程费用 GMP(Guaranteed Maximum Price)，如果实际工程费用超过了 GMP，超过的部分由 CM 单位承担(如图 1－4 所示)。

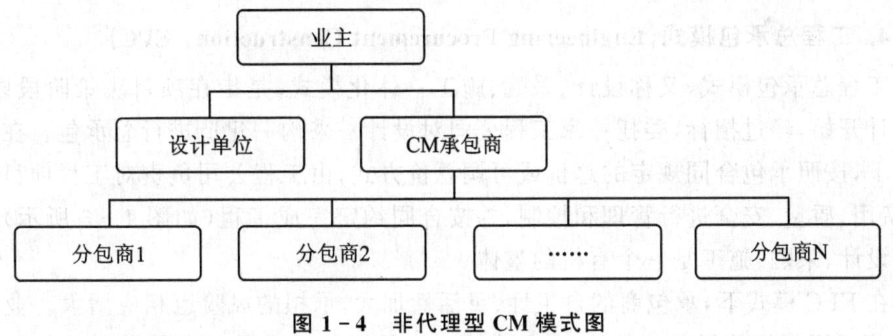

图 1－4 非代理型 CM 模式图

3. 设计—建造(DBM 模式)与交钥匙工程模式 (TKM 模式)

设计—建造模式是一种简练的项目管理模式。在项目原则确定之后，业主只需选定一家公司负责项目的设计和施工。设计—建造总承包商对整个项目的成本负责，它首先选择一家咨询设计公司进行设计，然后采用竞争性招标方式选择分包商，当然也可以利用本公司的设计和施工力量完成部分工程。近年来这种模式在国外比较流行，由于可以对分包采用阶段发包方式，项目可以提早投产；同时由于设计与施工可以比较紧密地搭接，业主能从包干报价费用和时间方面更节省以及承包商对整个工程承担责任等方面得到好处(如图 1-5 所示)。

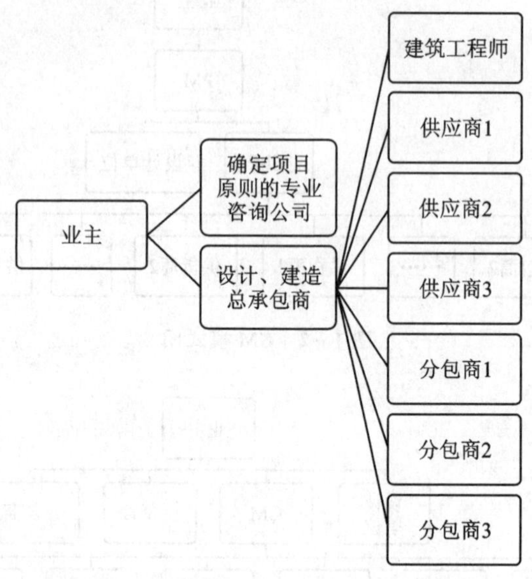

图 1-5 DBM 模式图

"交钥匙"模式可以说是具有特殊含义的设计—建造模式,即承包商向业主提供包括融资、设计、施工、设备采购、安装和调试直至竣工移交的全套服务。该模式的特点是保持了施工过程中的单一合同责任,减少了管理费用以及可能因设计错误引起的索赔纠纷。

4. 工程总承包模式(Engineering Procurement Construction, EPC)

工程总承包模式,又称设计、采购、施工一体化模式,是指在项目决策阶段以后,从设计开始,经过招标,委托一家工程公司对设计—采购—建造进行总承包。在这种模式下,按照承包合同规定的总价或可调总价方式,由工程公司负责对工程项目的进度、费用、质量、安全进行管理和控制,并按合同约定完成工程(如图 1-6 所示)。项目的设计、采购、施工是一个有机的整体。

在 EPC 模式下,承包商的自主性、灵活性加大,承担的风险也相应增大。业主在 EPC 模式下承担的风险比传统 DBB 模式大。最明显的是承包商单方面承担了频繁发生的不可抗力风险。另外,由于 EPC 总承包商的投标报价估算是在没有设计图纸的情况下做出的,因此 EPC 总承包商一般非常重视投标报价估算的方法和准确性,大多采用成本+风险+利润的基本估算原则,并建立严格的报价程序。

5. BOT 模式

BOT(Build Operate Transfer)模式即建造—运营—移交模式,是指东道国政府开放本国基础设施建设和运营市场,吸收国外资金,授给项目公司以特许权,由该公司负责融资和组织建设,建成后负责运营及偿还贷款,并在特许期满时将工程移交给

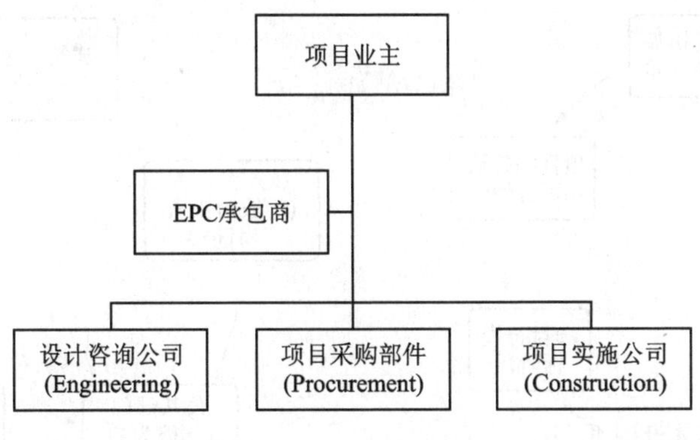

图 1-6　EPC 模式图

东道国政府。这种模式的优点是，不增加东道主国家外债负担，同时又可以解决基础设施不足和建设资金不足造成的困难（如图 1-7 所示）。

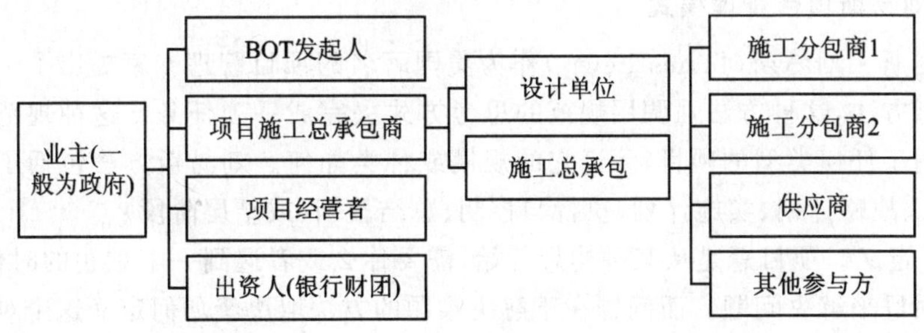

图 1-7　BOT 模式图

6. 公共部门与私人企业合作模式（Public Private Partnership，PPP）

PPP 模式是民间参与公共基础设施建设和公共事务管理的模式，统称为公私（民）伙伴关系，具体是指政府和私人企业基于某个项目而形成相互合作关系的一种特许经营项目融资模式，由私人企业负责筹资、建设与经营该项目。政府通常与提供贷款的金融机构达成一个直接协议，该协议不是对项目进行担保，而是政府向借贷机构做出的承诺，金融机构将按照政府与私人企业签订的合同支付有关费用。这个协议使项目公司能比较顺利地获得金融机构的贷款，而项目的预期收益、资产以及政府的扶持力度将直接影响贷款的额度和形式。采取这种融资形式的实质是，政府通过给予私人企业长期的特许经营权和收益权来换取基础设施的加快建设及有效运营（如图 1-8 所示）。

PPP 模式适用于投资额大、建设周期长、资金回报慢的项目，涉及铁路、公路、桥梁等交通部门，电力、煤、气等能源部门以及电信、网络等通信事业等。

无论是在发达国家还是在发展中国家，PPP 模式的应用都越来越广泛。项目成功的关键是项目的参与者和股东都已经清晰地了解了项目的所有风险、要求和机会，如此才有可能充分享受 PPP 模式带来的收益。

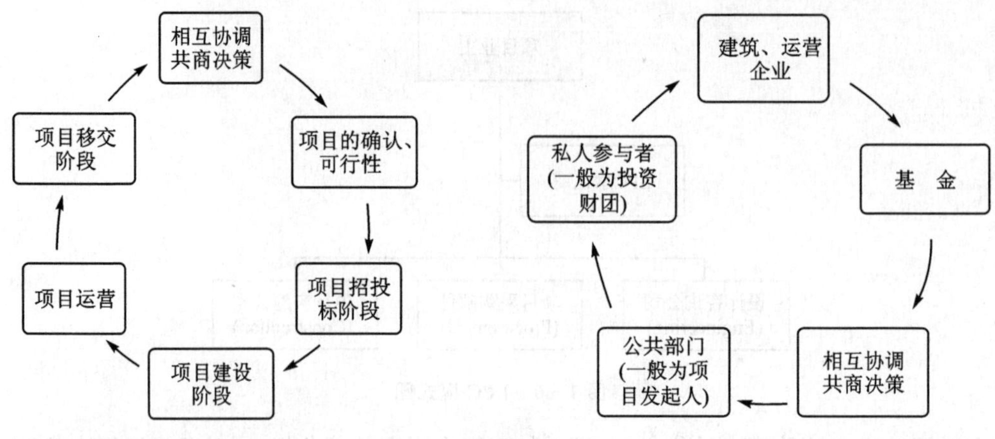

图 1-8　PPP 模式图

7. 刘易斯项目管理模式

詹姆斯·刘易斯(James Lewis)作为美国著名的项目管理专家提出了一套项目管理模型方法,这种方法强调用规范的思考方式去完成一项任务。这种规范的思考过程适用于任何类型的项目,无论它的规模或种类如何。刘易斯方法包括了五个步骤:定义、战略计划、实施计划、执行与控制、总结教训(或结尾阶段)。

(1) 定义。项目总是从某种构想开始,需要什么或者遇到一个难题的时候,就需要一个项目来解决问题。而问题在于解决难题的方法取决于如何定义这个难题。项目管理的第一步,就是要保证能正确地定义所要解决的问题,从而使你知道你想要的结果是什么、任务是什么。

(2) 战略计划。任何项目都有一个战略计划,但对这个战略计划常常缺乏认真的比较研究和选择,故而选择的战略是否正确,关系到项目的成败。计划战略阶段 P(Performance)为性能要求(技术与功能方面)、C(Cost)为工作的劳动力成本、T(Time)为项目要求的时间、S(Scope)为工作的规模与大小。SWOT 为战略分析中的优劣势分析方法,其中 S(Strength)为优势、W(Weakness)为劣势、O(Opportunity)为机会、T(Threat)为威胁。

(3) 实施计划。任何项目实施前均应当确定项目实施的全部细节——做什么、谁来做、如何做、做多长时间等。项目实施的成功与否,很大程度上受到实施计划的影响。

(4) 执行与控制。很多时候人们从概念直接跳到执行,这样他们就无法实现控制。执行与控制必须依赖良好的计划实施。

(5) 总结教训。项目结束后进行分析和总结是十分有必要的,这既是对本项目成功经验和不足之处的分析,又可以对其他项目起到借鉴作用,但是大多数的项目往往会忽略这个环节。

二、国际项目管理组织

1. 国际项目管理协会

(1)国际项目管理协会(International Project Management Association,IPMA)创建于 1965 年,是国际上成立最早的项目管理专业组织,总部设在瑞士洛桑。IPMA 的宗旨是推广国际项目管理专业知识体系,促进国际间项目管理的交流,为国际项目管理领域的项目经理提供一个交流经验的平台。到目前为止,IPMA 共有 34 个正式会员国。

(2) 国际项目管理专业资质认证(International Project Management Professional,IPMP)是 IPMA 在全球推行的四级项目管理专业资质认证体系的总称。IPMP 是对项目管理人员知识、经验和能力水平的综合评估证明。根据 IPMP 认证等级划分,获得 IPMP 各级项目管理认证的人员,将分别具有负责大型国际项目、大型复杂项目、一般复杂项目或具有从事项目管理专业工作的能力。

(3) IPMA 依据国际项目管理专业资质标准(IPMA Competence Baseline,ICB),针对项目管理人员专业水平的不同,将项目管理专业人员资质认证划分为四个等级,即 A 级、B 级、C 级、D 级,并针对每个等级分别授予不同级别的证书。

1) A 级是工程主任证书——总经理级(Certificated Program Director,CPD)。获得这一级别认证的项目经理有能力指导一个企业或组织内的诸多复杂项目的管理,或者管理一项国际合作的复杂项目。这一级别的认证适用于跨国企业或国内大型建筑企业集团的决策层、经理层中的董事长、总经理,及管理团队中的高层管理人员的资质认证。

2) B 级是项目经理证书(Certificated Senior Project Manager,CPM)。获得这一级别认证的项目经理可以管理大型复杂项目,或者管理一项国际合作项目。这一级别的认证适用于跨国企业或国内大型建筑企业集团的中高层管理骨干及其分(子)公司领导层、大型国际工程项目经理、国内工程总承包项目的项目经理认证。

3) C 级是注册项目管理工程师(Registered Project Management Professional,PMP)。获得这一级别认证的项目经理能够管理一般复杂项目,也可以在所在项目中辅助高级别的项目经理进行管理。C 级认证是应用最广泛的国际项目经理人员认证,适用于所有企业的项目经理,包括工程总承包、施工总承包、专业承包及其分项管理的项目管理人员等。

4) D 级是项目管理技术员(Project Management Practitioner,PMF)。获得这一级别认证的人员具备项目经理从业的基本知识。这一级别的认证可以应用于项目管理领域,是项目管理人员的基础认证,适用于所有有志于从事项目管理的专业人员。

由于各国项目管理发展情况不同,IPMA 允许各成员国的项目管理专业组织结合本国特点,参照国际项目管理协会专业资质认证标准 ICB,制定在本国认证国际项目管理专业资质的国家标准(National Competence Baseline,NCB)。中国国际工程项目经理[IPMP(工程)]培训与认证指导委员会[简称IPMP(工程)指导委员会]根据IPMA在全球推行的四级项目管理专业资质认证体系,结合中国的建设工程项目管理实际和中国项目经理的基本需求,正逐步建立具有中国特色并适应国际化发展的行业标准和培训认证体系。

2. 美国项目管理协会

美国项目管理协会(Project Management Institute,PMI)成立于1969年,是全球领先的项目管理行业的倡导者,它创造性地制定了行业标准,由PMI组织编写的《项目管理知识体系PMBOK指南》已经成为项目管理领域最权威的教科书,被誉为项目管理的"圣经"。PMI目前在全球185个国家有50多万会员和证书持有人,是项目管理专业领域中由研究人员、学者、顾问和经理组成的全球性的专业组织机构。该协会推出的项目管理专业人员资格PMP (Project Management Professional)认证已经成为全球权威的项目管理资格认证,受到越来越多人的青睐。

PMP认证是由美国项目管理学会(PMI)在全球范围内推出的针对项目经理的资格认证体系,通过该认证的项目经理叫PMP。我国国内自1999年开始推行PMP认证,由PMI授权国家外国专家局培训中心负责在国内组织进行PMP认证的报名和考试。该认证通过两种方式对报名申请者进行考核,以决定是否给申请者颁发PMP证书。国家外国专家局培训中心为引进机构,不参加培训事宜。中国区的PMP培训由PMI的REP(Registered Education Provider)全球授权机构和国家外国专家局授权的机构来组织实施。

PMP为美国培养了一大批项目管理专业人才,项目管理职业已成为美国的"黄金职业",PMP认证已成为一个国际性的认证标准,用英语、德语、法语、日语、韩语、西班牙语、葡萄牙语和中文八种语言进行认证考试。

3. 中国项目管理研究委员会

中国项目管理研究委员会(Project Management Research Committee,China,PMRC)成立于1991年6月,是我国唯一的、跨行业的、全国性的、非盈利的项目管理专业组织。中国项目管理研究委员会旨在引进国际项目管理专业资质认证,建立中国项目管理知识体系(Project of Management Body of Knowledge,PMBOK)。中国项目管理知识体系的推出标志着中国项目管理走向了成熟,走向了科学化和系统化的道路。国际项目管理专业资质认证的引入使得我国具有了与国际同步的项目管理专业资质标准,为我国项目管理工作者提供了一个与世界接轨的平台。

三、两大项目管理知识体系介绍

1. 美国PMI项目管理的知识体系PMBOK

(1) 项目整合管理(Integrated Management)包含为识别、定义、组合、统一与协调项目管理过程组的各过程及项目管理活动而进行的各种过程和活动,包括制订项目章程、制订项目管理计划、指导与管理项目执行、监控项目工作、实施整体变更控制、结束项目或阶段六个过程。

(2) 项目范围管理(Scope Management)包含确保项目做且只做成功完成项目所需的全部工作的各过程,包括收集需求、定义范围、创建工作分解结构、核实范围、控制范围五个过程。

(3) 项目时间管理(Time Management)包含保证项目按时完成的各过程,包括定义活动、排列活动顺序、估算活动资源、估算活动持续时间、制定进度计划、控制进度六个过程。

(4) 项目成本管理(Cost Management)包含对成本进行估算、预算和控制的各过程,从而确保项目在批准的预算内完工,包括估算成本、制定预算、控制成本三个过程。

(5) 项目质量管理(Quality Management)包括执行组织确定质量政策、目标与职责的各过程和活动,从而使项目满足其预定的需求,包括规划质量、实施质量保证、实施质量控制三个过程。

(6) 项目人力资源管理(Human Resource Management)包括组织、管理与领导项目团队的各个过程,包括制订人力资源计划、组建项目团队、建设项目团队、管理项目团队四个过程。

(7) 项目沟通管理(Communication Management)包含为确保项目信息及时且恰当地生成、收集、发布、存储、调用并最终处置所需的各个过程,包括识别干系人、规划沟通、发布信息、管理干系人期望、报告绩效五个过程。

(8) 项目风险管理(Risk Management)包含风险管理规划、风险识别、风险分析、风险应对规划和风险控制等各个过程,主要目标是提高项目积极事件的概率和影响,降低项目消极事件的概率和影响,包括规划风险管理、识别风险、实施定性风险分析、实施定量风险分析、规划风险应对、监控风险项目风险管理六个过程。

(9) 项目采购管理(Procurement Management)包含从项目组织外部采购或获得所需产品、服务或成果的各个过程,包括规划采购、实施采购、管理采购、结束采购四个过程。

目前,PMBOK 已经被世界项目管理界公认为是全球性标准,国际标准组织(ISO)以该指南为框架,制定了 ISO 10006 标准。

2. 国际项目 IPMI 项目管理的知识体系 ICB

IPMI 项目管理的知识体系 ICB 包括项目管理中知识和经验的 42 个要素(28 个核心要素和 14 个附加要素),个人素质的八个方面和总体印象的十个方面,并要求参与该体系的成员国必须建立适应本国项目管理背景的项目管理知识体系,按照 ICB 转换规则建立本国的国际项目管理专业资质认证国家标准。

四、国际项目管理发展的趋势

(1) 项目管理的全球化。国与国之间的相互交流、相互合作日益增多,也越来越多地分享各方经验。

(2) 项目管理的多元化。行业领域及项目类型的多样性,产生了各式各样的项目管理方法,从而促进了项目管理的多元化发展。

(3) 项目管理的专业化。这突出表现在 PMBOK 的不断发展和完善、学历教育和非学历教育竞相发展、项目与项目管理学科的探索及专业化项目咨询机构的出现等方面。

第三节　我国国际工程项目事业发展现状

2010 年以来全球性经济衰退,特别是美国经济增长速度放缓,标志着世界经济新阶段的到来。世界经济形势必然影响到国际工程承包市场的发展。当今国际工程承包市场比较活跃的依次为北美洲、欧洲、亚洲、中东地区、非洲和拉丁美洲六大市场。

根据对我国对外工程承包地区分布情况的统计,非洲和亚洲市场是目前我国对外工程承包业务中最为重要的海外市场,占据了近 81%的份额。此外,拉美市场出现了高速增长的态势。非洲地区在基础设施建设方面的长期不足、基础设施差一直是非洲经济发展的瓶颈,为实现经济较快发展,非洲各国一直致力于大力投资基础设施建设,交通运输、能源、水利、通信成为政府投资的重点领域。亚洲经济持续增长,特别是中国经济多年的高速增长,带动了亚洲建筑市场的良性发展。欧盟新增 10 个成员国,实现了历史上最大规模的欧盟体,大大带动了东欧的投资活动。美国是世界上最大的建筑市场,美国政府部门用于公共建筑方面的投资和私人建筑投资(私人住宅及私人非住宅投资,包括办公楼、旅馆和其他商业建筑投资等)持续增长。中东海湾地区用于电力领域建设投资将会达到 2 000 亿美元,目前该地区对于新住宅的需求持续升温,部分国家允许外国人购买房地产也无疑加速了建筑业的发展。沙特工程承包市场大,项目涉及领域广,工程年发包额在 120 亿～200 亿美元,涉及石油、化工、电力、海水淡化等基础设施建设和民用项目等领域。

随着经济全球化的持续推进,我国对外经济技术交流与合作的规模不断扩大。许多企业和技术人员走出国门,参与国外工程项目的开发和建设;同样,许多外国企业也进入中国市场,承包工程项目。现在,国内的一些国际工程项目(如鲁布革水电站、小浪底水利枢纽工程、二滩水电站等)、外资企业参与的工程项目(如郑州航空港、自由贸易区等),以及一些大型工程项目(如南水北调、高速铁路等),都采用国际标准、国际规范,按照 FIDIC 合同条款和国际惯例进行工程管理。改革开放初期,由于国内对国际工程缺乏认识,对一些标准、规范、合同条件等理解不透彻,所以在国际工程项目招标投标、管理实践中经常犯一些错误，造成了不同程度的经济损失。1981 年，我国出台政策，鼓励企业走向国际市场，实施“走出去”战略。此后，我国国际工程项目与国际标准接轨的步伐不断加快。水利部出台的《水利工程建设项目管理规定》（水建〔1995〕128 号）第四章提出：推行“三项制度”（项目法人责任制、建设监理制、招标投标制）改革，工程承建和监理制度全面实施。1996 年，建筑行业的“事业向企业体制过渡”工作基本完成。1997 年 11 月 1 日，第八届全国人民代表大会第 28 次会议通过了《中华人民共和国建筑法》，以法律的形式确定了建筑市场管理的“三项制度”。从此以后，我国大型工程项目全部或部分采用国际通行的建筑标准、施工规范、图示表达方法来设计施工，根据 FIDIC 合同条款、图纸文件以及相关法律法规进行项目管理，全面与国际标准和国际惯例接轨。项目建设中“三项制度”的实施，在确保工期、提高质量、控制投资和按计划完成建设项目等方面均取得了明显的效果，产生了良好的社会效益和经济效益，推动了工程项目建设的国际化发展。

当前，我国国际工程承包和经济技术合作势头强劲，2010 年以来，对外承包工程业务完成营业额每年均以两位数的速度增长。据商务部统计，2010 年，我国对外承包工程业务完成营业额 922 亿美元，同比增长 18.7%；新签合同额 1 344 亿美元，同比增长 6.5%。2011 年，对外承包工程业务完成营业额 1 034.2 亿美元，同比增长 12.2%；新签合同额 1 423.3 亿美元，同比增长 5.9%。2012 年，对外承包工程业务完成营业额 1 166 亿美元，同比增长 12.7%；新签合同额 1 565.3 亿美元，同比增长 10%。2010—2015 年的 6 年中，对外承包工程业务完成营业额平均同比增长 12.2%；新签合同额平均同比增长 8.90%，其增长速度接近两位数。2018 年 1—2 月，我国对外承包工程业务完成营业额 1 255.2 亿元人民币，同比增长 8.8%（折合美元 196.5 亿，同比增长 17.2%）；新签合同额 1 956.6 亿元人民币，同比增长 13.5%（折合美元 306.3 亿，同比增长 22.3%）。2015 年 6 月 29 日，《亚洲基础设施投资银行协定》签署。亚投行（AIIB）的任务主要是服务亚洲基础设施建设，其资金多数投向了建筑、水利、道路、桥梁、港口、码头等基础设施建设领域。2015 年 3 月 28 日，国家发改委、外交部、商务部联合发布了《推动共建丝绸之路经济带和 21 世纪海上丝绸之路的愿景与行动》。“丝绸之路经济带”和“21 世纪海上丝绸之路”简称“一带一路”（One Belt and One Road，缩写为 OBOR）。“一带一路”倡议发出后，承包工程项目突破 3 000 个。2015 年，我国企业对与“一带一路”相关的 49 个国家进行了直接投资，投资额同比增长 18.2%。2015 年，我国承接的“一带一路”相关国家的服务外包合同，其金额达 178.3 亿美元，执行金额 121.5 亿美元，同比分别增长 42.6%和 23.45%。亚投行的建立以及“一带一路”倡议的提出和落实，加快了我国工程项目建设与管理国际化的步伐。

第二章　国际工程项目招投标

第一节　国际工程招标

一、工程招标的程序

国际上已基本形成了相对固定的招标投标程序，主要分为三大步骤：即对投标者的资格预审，投标者得到招标文件和递交投标文件，开标、评标、合同谈判和签订合同，三大步骤依次连接就是整个投标的全过程。

国际工程招投标程序与国内工程招投标程序并无多大区别。但由于国际工程涉及的主体多，因而在招标投标各阶段的具体工作内容方面会有所不同。FIDIC“招标程序”提供了一个完整、系统的国际工程项目招标程序，具有实用性、灵活性。它旨在帮助业主和承包商了解国际上工程招标的通用程序，为实际工作提出规范化的操作程序。这套招标程序对其他行业，如 IT 行业，也有一定的参考价值。FIDIC“招标程序”为工程项目的招标和合同的授予提出了系统的办法，它旨在帮助业主和工程师根据招标文件获得可靠的符合要求的且有竞争性的投标，使他们能够迅速高效地去评定各个投标书。同时，程序反映的是良好的现行惯例，适用于大多数国际工程项目，但由于项目的规模和复杂程度不同，加之有时业主或金融机构确定的程序提出了某些限制性的特殊条件，因此，可对程序做出修改，以满足某些相应的具体要求。经验证明，对于国际招标项目进行资格预审很有必要，因为它能使业主和工程师提前确定随后被邀请投标的投标者的能力。资格预审同样对承包商有利，这是因为，如果通过了资格预审，就知道了竞争对手，并且所有这些公司都具有该项目要求的能力。

二、资格预审

对于某些大型或复杂的项目，招标的第一个重要步骤就是对投标者进行资格预审。业主发布工程招标资格预审公告之后，对该项目感兴趣的承包商会购买资格预审文件，并按规定填好各类资料文件，按要求日期报送业主；业主在对送交资格预审文件的所有承包商进行认真的审核后，通知业主认为有能力实施本工程项目的那些承包商前来购买招标文件。

1. 资格预审目的

资格预审的目的是了解投标者过去履行类似合同的情况，包括人员、设备、施工或制造设施方面的能力、财务状况，以确定有资格的投标者，淘汰不合格的投标者，减少评标阶段的工作时间和评审费用。招标具有一定的竞争性，资格预审可以为不合格的投标者节约购买招标文件。现场考察及投标等的费用。有些工程项目规定本国承包商参加投标可以享受优惠条件，资格预审有助于确定一些承包商是否具有享受优惠条件的资格。

2. 资格预审程序

(1) 编制资格预审文件：

由业主委托咨询公司或招标代理公司编制，或由业主直接组织有关专业人员编制。资格预审文件的主要内容有：工程项目简介、对投标者的要求、各种附表等。首先要组织资格预审文件工作小组，人员是由业主、招标机构、财务管理专家、工程技术人员组成。资格预审文件在编写时内容要齐全，语言要规定，另外还要明确资格预审文件的份数，注明“正本”和“副本”。

(2) 发布资格预审公告：

邀请有意参加工程投标的承包商申请资格审查，明确资格预审公告的内容：业主和工程师的名称，工程所在位置、工程概况和合同包含的工作范围，资金来源，资格预审文件的发售日期、时间、地点和价格，预期的计划(授予合同的日期、竣工日期及其他关键日期)，招标文件颁发和提交投标文件的计划日期，申请资格预审须知，提交资格预审文件的地点及截止日期、时间，最低资格要求及准备投标的投标者可能关心的具体情况。资格预审公告一般应在颁发招标文件的计划日期前10～15周发布，填写完成的资格预审文件应在计划日期之前的4～8周提交。从发布资格预审通知到报送资格预审文件的截止日期的时间间隔不少于4周。

(3) 发售资格预审文件：

在规定的时间、地点进行资格预审文件的发售工作。

(4) 资格预审文件答疑：

在资格预审文件发售后，购买文件的投标者对资格预审文件如果有异议的，投标者应将问题以书面形式(包括电传、电报、信件等)提交业主，业主应以书面形式回答，并通知所有购买资格预审文件的投标者。

(5) 报送资格预审文件：

投标者应在规定截止日期前报送资格预审文件，报送的文件在截止日期后不得修改。

(6) 澄清资格预审文件：

业主可对资格预审文件的疑点进行澄清。

(7) 评审资格预审文件：

业主组成资格预审评审委员会，对资格预审文件进行评审。

(8) 向投标者通知评审结果：

在规定的时间、地点，业主以书面形式将资格预审结果通知所有参加资格预审的投标者，并向通过资格预审的投标者出售招标文件。

3. 资格预审文件

资格预审文件的内容主要包括以下五个方面：

①工程项目总体概况，②资金来源，③工程项目的当地自然条件，④工程项目基本情况说明，⑤工程合同的类型。

（1）简要合同规定：

1）投标者的合格条件。如果工程项目所在国规定禁止与其他国家进行项目往来，则该国的企业不能参加投标。

2）进口材料和设备的关税。投标者应核实项目所在国的海关对进口材料和设备的法律规定以及关税交纳的细节。

3）当地材料和劳务。投标者了解工程所在国对当地材料价格和劳务使用的相关规定。

4）投标保证金和履约保证金。业主应规定投标者提交投标保证金和履约保证金的币种、数量、形式、种类。

5）支付外汇的限制。业主应明确向投标者支付外汇的比例限制和外汇兑换率，在合同执行期间不得改变外汇兑换率。

6）优惠条件。业主应明确本国投标者的优惠条件。世界银行发布的采购指南中明确规定给予贷款国国内投标者优惠待遇。

7）联营体(Joint Venture)的资格预审。联营体的资格预审条件是：资格预审的申请可以单独提交，也可以联合提交，预审申请可以单独或同时以合伙人名义提出，确定责任方和合伙人所占股份的百分比；每一方必须递交本企业预审的文件；申请人投标后，投标书及合同对全体合伙人有法律约束；同时联合体提交联合体协议，说明各自承担的业务与工程。资格预审文件要包括有关联营体各方所拟承担的工程及其业务分担；联营体的任何变化都要在投标截止日前得到业主的书面批准，后组建的联营体如果由业主判定联营体的资格经审查低于规定的最低标准，将不予批准。

8）仲裁条款。在资格预审文件中写明进行仲裁的机构名称。

4. 资格预审文件说明

在说明中应要求申请者回答招标人提出的问题，按规定填写招标人提供的资格预审文件。业主应制订评价标准，并根据投标者提供的资格预审申请文件对投标者的财务状况、施工经验与过去履约情况、人员情况、施工设备进行综合评价。

5. 投标者须填写的表格及提供的资料

业主要求投标者须填写各类表格：资格预审申请表、管理人员表、施工方法说明、设备和机具表、财务状况报表、近五年完成的合同表，另外，还须提供联营体意向声明、银行信用证等。

6. 工程主要图纸

工程主要图纸包括工程总体布置图、建筑物主要平面图等。

7. 资格预审的评审

资格预审文件的评审是由评审委员会实施。评审委员会由招标机构负责组织，参加的人员有：业主代表、招标机构、上级领导单位、融资部门、设计咨询等单位的人员，还应包括财务、经济、技术方面的专家。

(1) 评审标准：

资格预审应根据标准，采用打分的办法进行。

(2) 评审方法：

首先整理资格预审文件，看是否满足资格预审文件要求。检查资格预审文件的完整性，检查投标者的财务能力、人员情况、设备情况及履行合同的情况是否满足要求。资格预审通常采用评分法进行，按标准逐项打分。评审实行淘汰制，对于满足填报资格预审文件要求的投标者一般情况下可考虑按财务状况、施工经验和过去履约情况、人员、设备四个方面进行评审打分，每个方面都规定好满分分数线和最低分数线，只有符合条件的投标者才能获得投标资格。每个方面得分不低于最低分数线；四个方面得分之和不少于 60 分(满分为 100 分)。最低合格分数线可以根据参加投标的投标者的数量来制定，如果投标者的数量比较多，则应适当提高最低合格分数线，以减少最后参加投标的投标者的数量。

三、项目招标文件

招标文件是业主提供给投标者的投标依据。招标文件应向投标者介绍项目有关内容的实施要求，包括项目基本情况、工期要求、工程及设备质量要求，以及工程实施业主方如何对项目的支付、质量和工期进行管理。招标文件是签订合同的基础，尽管在招标过程中业主一方可能会对招标文件的内容和要求提出补充和修改意见，而且在投标和谈判中，承包商也会对招标文件提出修改要求，但招标文件是业主对工程项目的要求，根据招标文件签订的合同则是在整个项目实施中最重要的文件，所以招标文件的内容组成对业主非常重要。而对承包商而言，招标文件是业主工程项目的蓝图，理解和明确招标文件的内容是成功投标的关键。工程师受业主委托编制招标文件要体现业主对项目的技术经济要求，体现业主对项目实施管理的要求，将来与之签订的合同要详细而具体地规定工程师的职责权限。

1. 招标文件的基本要求

编写招标文件的基本要求、世界银行贷款项目、土建工程招标文件的内容，已经逐步纳入标准化、规范化的轨道，按照采购指南的要求，招标文件应当：

(1) 能为投标人提供一切必要的资料数据；

(2) 招标文件的详细程度应随工程项目的大小而有所不同，比如国际竞争性招

标(ICB)和国内竞争性招标(NCB)的招标文件在格式上应有区别;

(3) 招标文件应包括:招标邀请函、投标人须知、投标书格式、合同格式、合同条款,包括通用条款和专用条款,技术规范、图纸和工程量清单,以及必要的附件,比如各种保证金的格式;

(4) 应使用世界银行发布的标准招标文件,在我国使用世界银行标准、财政部编写的招标文件范本,贷款项目是强制性的,可进行必要的修改,改动在招标资料表和项目的专用条款里体现,标准条款不能改动。

2. 招标文件的基本内容

(1)"招标邀请函":重复招标通告的内容,使投标人根据所提供的基本资料来决定是否要参加投标。

(2)"投标人须知":提供编制具有响应性的投标所需的信息和介绍评标程序。

(3)"投标资料表":对"投标人须知"条款的修正和补充。

(4)"通用合同条款":确立适用土建工程合同的标准合同条件,即 FIDIC 合同条件。

(5)"专用合同条款"又分为 A 和 B 两部分:

A 部分为"标准专用合同条款";B 部分为"项目专用合同条款"和"标准专用合同条款",对通用合同条款中的相应条款予以修改、增删以适用于中国的具体情况。"项目专用合同条款"和"投标书附录"对通用合同条款及标准专用合同条款中的相应条款加以修改、补充或给出数据。

(6)"技术规范":对工程予以确切的定义与要求,确立投标人应满足的技术标准。

(7)"投标函格式":投标人中标后承担的合同责任。

(8)"投标保证金格式":使投标有效的金融担保拟定的格式。

(9)"工程量清单":工程项目的种类细目和数量。

(10)"合同协议书格式"。

(11)"履约保证金格式":是使合同有效的金融担保拟定格式,由中标的投标人提交。

(12)"预付款银行保函格式":使中标人得到预付款的金融担保拟定的格式,由中标人提交。预付款银行保函的目的是在承包人违约时,对业主损失进行补偿。

(13)"图纸":业主提供投标人编制投标书所需的图纸、计算书、技术资料及信息。

(14)"世界银行贷款项目采购提供货物、工程和服务的合格性":列出了世界银行贷款项目采购不合格的供应商和承包商的国家名单。项目采购招标文件中的主要参与方包括:业主、承包商、建筑师/工程师、分包商、供货商、工料测量师。建筑师和工程师均指不同领域和阶段负责咨询或设计的专业公司和专业人员,例如在英国,建筑师负责建筑设计,而工程师则负责土木工程的结构设计。各国均有严格的建筑师/

工程师的资格认证及注册制度，作为专业人员必须通过相应专业协会的资格认证，而有关公司或事务所也必须在政府有关部门注册。咨询工程师一般可简称为工程师，指的是为业主提供有偿技术服务的独立的专业工程师，服务的内容根据自身专业的不同来进行区分。分包商是指那些直接与承包商签订合同，分担一部分承包商与业主签订合同中的任务的公司。业主和工程师不直接管理分包商，他们对分包商的工作有要求时，一般通过承包商来处理，例如在英国，许多小公司人数在 15 人以下，占建筑企业总数的 80%以上，而 1%的大公司承包工程总量的 70%。由于指定分包商是指业主方在招标文件中或在开工后指定的分包商或供货商，因此指定分包商仍应与承包商签订分包合同。广义的分包商还包括供货商与设计分包商。供货商是指为工程实施提供工程设备、材料和建筑机械的公司和个人。一般供货商不参与工程的施工，但是有一些设备供货商由于所提供设备的安装要求比较高，往往既承担供货，又承担安装和调试工作，如电梯、大型发电机组等。供货商既可以与业主直接签订供货合同，也可以直接与承包商或分包商签订供货合同。工料测量师是英国、英联邦国家以及中国香港地区对工程经济管理人员的称谓，在美国叫造价工程师或成本咨询工程师，在日本叫建筑测量师。

四、招标文件的编制

1. 招标文件的编制要求

全部或部分世界银行贷款超过 1 000 万美元的项目中必须强制性使用标准招标文件，对超过 5 000 万美元的合同(包含不可预见费用)，需强制采用三人争端审议委员会(DRB)方法，而不宜由工程师来充当准司法的角色。低于 5 000 万美元的项目的争端处理办法由业主自行选择，可选择三人 DRB 争端审议专家(DRE)或提交工程师决定，但工程师必须独立于业主。

2. 招标文件的内容

“工程项目采购标准招标文件”共包括以下内容：投标邀请书，投标者须知，招标资料表，通用合同条件，专用合同条件，技术规范，投标书格式，投标书附录和投标保函格式，工程量表，协议书格式，履约保证格式，预付款银行保函格式，图纸、说明性注解，资格后审，争端解决程序，世界银行资助的采购中提供货物、土建和服务的合理性说明。

第二节 国际工程投标及报价

一、国际工程投标程序

投标报价作为国际工程投标过程中的关键环节，其工作内容繁多，工作量大，而时间往往十分紧迫，因而必须周密考虑，统筹安排，遵照一定的工作程序，使投标报价工作有条不紊、紧张而有序地进行。国际工程投标报价工作在投标者通过资格预审并获得招标文件后开始，通常遵循以下四个步骤：① 研究招标文件，② 调查研究、搜集资料，③ 编制投标报价书，④ 进行经济分析。国际工程投标报价工作程序如图 2-1 所示。

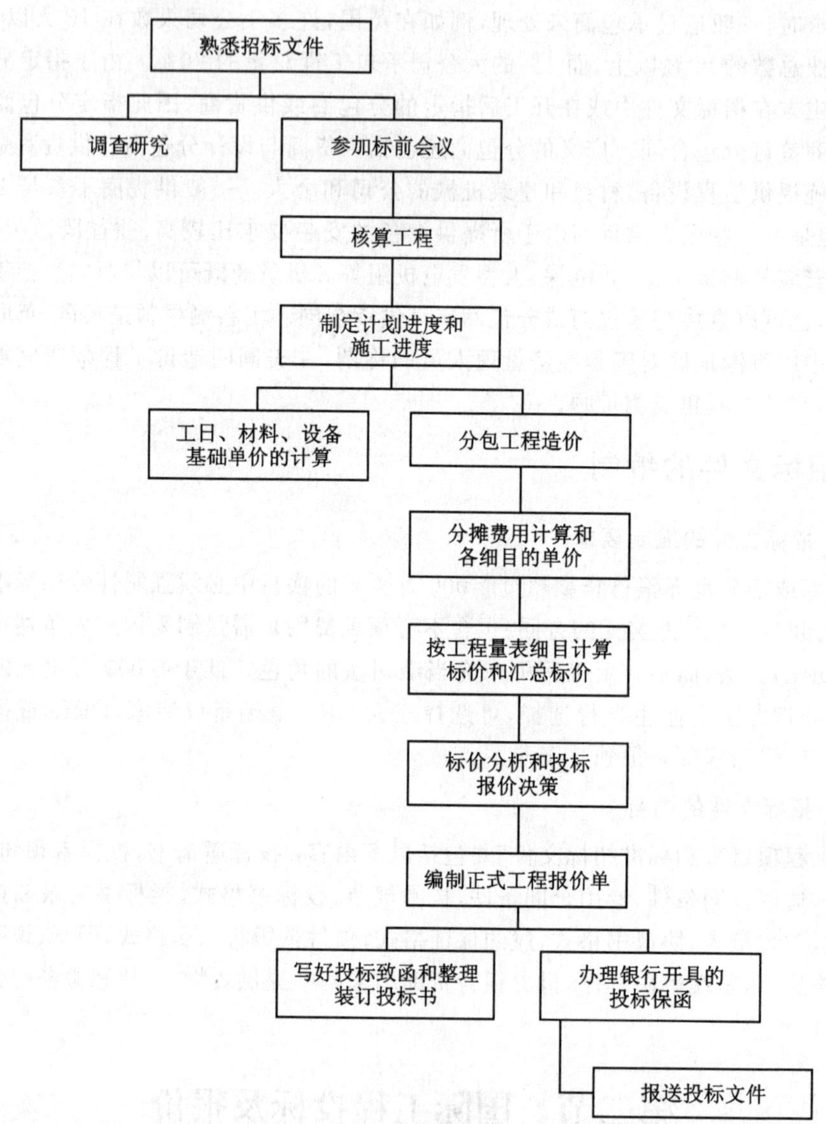

图 2-1 国际工程投标报价工作程序

1. 研究招标文件

招标文件内容很广泛，投标者必须认真研究招标文件中的每一项内容，不放过任何一个细节，要特别重视文件中以下方面的内容。

（1）关于合同条件方面：

1）工期：包括开工日期和动员准备期及施工期限等，是否有分段分批交付的要求。工期对施工方案、施工机具设备的配备、高峰期劳务人员数量均有影响；误期赔偿金额是否有赔偿的最高限额规定，这对施工计划的安排和误期的风险大小有影响。

2）缺陷责任期长短和缺陷责任期间的担保金额：可确定何时收回工程尾款，确定承包商在缺陷责任期的维护费用。这对承包商的资金利息和保函费用计算有影响。

3）保函的要求：包括投标保函、履约保函、预付款保函、施工机械临时进口再出口保函和维修期质量保证金保函等。保函值的要求、允许开保函的银行限制、保函有效期的规定、是转开保函还是转递保函等，这与承包商计算保函手续费用和银行开保函所需抵押金有重要关系。

4）付款条件：包括是否有预付款及其扣回方式，材料设备到达现场并检验合格后是否可以获得部分材料设备预付款；中期付款方法，付款币种，保留金比例，保留金最高限额等，退回保留金的时间和方法，拖延付款如何支付利息，中期付款有无最小金额限制，每次付款的时间规定等。这些都是影响承包商计算流动资金及其利息费用的重要因素。

5）税收及关税：包括是否免税或部分免税，免哪种或哪几种税收。这些将严重影响材料设备的价格计算。

6）保险：包括保险的种类（例如工程一切险、第三方责任险、施工机械险、现场人员的人身事故险、设计险、海事险等）和最低保险金额，对保险公司的选择有无要求。这与计算保险手续费有关系。

7）货币：包括外汇兑换和汇款规定，是否有外汇管制。

8）索赔：相应的索赔条款，是否有明确的索赔费用计算方法。

9）分包：包括对工程分包有何具体规定，非土建类的工程是否属于指定分包，总承包商对指定分包商应提供何种条件，承担何种责任，如何对指定分包商计价。

（2）关于材料、设备和施工技术方面：

1）采用何种施工规范：工程技术规范由于各自国情的需求不同，投标公司特别要注意是参照英国规范、美国规范还是其他国际上的技术规范。对于我国的企业来说，尤其应注意国际施工规范与中国规范的差异，因为我国的企业报价套用的企业定额用的是中国规范，例如混凝土强度，中国规范用的是立方体强度，而美国规范用的是圆柱体强度，因此同样是C20级混凝土，后者直接是轴心抗压强度，前者则需要进行转换。

2）特殊的施工要求：要列出技术规范对施工方案、机具设备和施工时间等的特殊要求，如单桩钻孔时间、单桩混凝土浇筑时间的限制等均属于特殊的施工要求。

3）特殊材料、特殊设备的技术要求：对每种需进行国外询价的材料设备，编出细目表，说明规格、型号、技术数据、技术标准并估算出需要量，以便及时向外询价。

（3）关于工程范围和报价方面：

1）认真研究报价合同是总价合同、单价合同还是成本补偿合同，因为不同合同形式对于承包商的风险不一样。

2）仔细研究招标文件中工程量清单的组成内容。结合规范、图纸及其他合同文件认真考虑工程量的分类方法及每一项工程的具体含义和内容，这一点在单价合同中尤为重要。

3）永久性工程之外的项目的报价要求。应明确工程师现场费用（住宿、办公、家具、车辆、水电、实验仪器、测量仪器、服务设施和杂务费用）。进出场费用、施工设计费用、勘察费用、临时工程费用、进场道路费用、水电供应费用是否单独列入工程量清单，若未单独列入工程量清单，则需将上述费用分摊到正式工程中；另外，应明确是否还有特殊项目的报价要求，防止漏项。

4）在不发达地区施工的国际工程项目。永久工程有关供水、供电部分，招标文件中往往指明产品品牌，而且一般要求承包商在施工结束时为项目提供3～5年的配件，这些要求都会直接影响承包商的报价。

2. 调查研究，搜集资料

调查研究的重点应该是针对工程特点进行重点调查，抓紧解决主要问题，平时最好能积累一些资料。投标前的调查，仅仅是补充已有不足的资料，如果每次都需要做大量搜集资料的工作，从时间上也不允许。所以最好是组成专门的或兼职的情报班子，不定时地搜集资料信息，然后及时进行整理分析。一般说来，调查搜集资料可在国内和国外同时进行。

3. 编制投标报价书

编制投标报价书时一般先编制国内部分的预算，进行工程量计算，工、料、机分析，然后再根据所掌握的国外工程设备、材料价格、各项费用计算基础及有关资料，编制国际工程报价书，与国内投标相比，大约将会增加三倍工作量。有些国际工程投标报价时，由于承包商掌握了大量可靠的国外资料，也可以直接编制国外工程投标报价书。投标报价书一般按直接费用和间接费用两部分来编制。

（1）直接费用。即根据设计图纸采用实物法计算的单项工程的工、料、机费用，其计算方法与国内工程大同小异。

1）人工费计算。计算步骤：一般先确定综合工日单价——需综合我国出国职工、我国民工、当地工人来计算工日单价，再结合工程所在国的情况根据企业定额分析工程的总工日数，计算出人工费用。

2）设备(plant)、材料费的计算。根据材料供应的渠道及价格不同，应采用不同的计算方法。一般分为国内采购材料、当地采购材料、第三国采购材料三种采购方式报价。

3）机械费计算：

月租费：对自有机械而言，根据企业的月租费标准，按施工组织设计编排的使用时间计算。计算使用时间时，必须考虑运输时间和停机时间。

安拆费用：根据工程特点，逐项计算安拆费用。

运杂费：即施工机械由厂家（或另一工地）运至施工现场所发生的国内外一切运杂费，根据施工机械的数量清单，分别计算国内运杂费、海运费及保险费、国外运杂费，包含进场时的运杂费和出场时的运杂费。投标报价时也往往将这一部分费用单列作为进出场费。

燃油料费：根据企业定额及施工机械性能计算。

国外租赁施工机械费：根据施工组织设计安排的使用时间和当地调查的租赁价格计算，考虑进出场费、燃油料费等。

（2）间接费用。除了工程量清单中明列的项目以外，还有一部分费用未单独列项，称为工程间接费用。这部分费用计算过程不复杂，但是因为项目较多，因此在编制报价时，应将所有费用逐项列出，防止漏项。

1）管理费。可以按现场管理人员人数（包含所聘请的当地管理人员，如保安、厨师、清洁工、办公室雇员、司机等）按月分别计算工资、工资附加费、办公费、差旅费、劳动保护费、业务招待费、固定资产折旧费、低值易耗品费用等。

2）投标费用。主要包括购置招标文件费、投标期间差旅费、编制标书费用、投标代理人佣金等。

3）保险手续费。主要分为工程全险，第三方责任险，承包商施工机械、设备险，人身险，海事险（通常要求对承包商的大型船舶单独投保海事险），设计险（需要承包商进行设计的，往往需要承包商对设计进行保险）。

4）保函手续费。主要包括投标保函、工程预付款保函、承包商施工机械设备进口再出口保函、履约保函、缺陷责任期缺陷索赔保函等。根据FIDIC条款“当颁发整个工程的移交证书之时，工程师应把一半保留金支付给承包商开具证书”，对于另一半保留金，承包商可以选择开具保留金保函，从而得到该部分资金，以利于资金周转。

5）税金。需调查工程所在国的纳税范围、内容、税率和计算基础，一般有如下税种：营业税、增值税、合同税、个人所得税、印花税等。

6）贷款利息。尽管多数项目有工程预付款，但由于工程预付款一般不能满足工程前期的所有需要，承包商要向银行贷款，所以需要在标价中计算贷款利息，贷款利息可以根据国内银行或国外银行规定的利息标准计算。

7）利润。根据工程特点、中标期望值及投标对手情况由决策者最终确定。

8）设计费。国际工程招标往往未进行施工图设计，因此中标后承包商需进行详细的施工图设计，报价时应考虑相应的设计费用。

9）物价上涨调整费用。若合同条款中有调价条款，该部分费用可以不予考虑；

若没有调价条款，则报价时必须根据近几年工程所在国的物价上涨情况予以考虑。

10）不可预见费用。国际工程项目需要考虑的因素很多，所以承担的风险也会高很多，因此，投标报价时一般应考虑5%～10%的不可预见费用。

11）其他费用。如国内辅助费用，即国内工作组费用、开发费用等；与工程施工国有关的特殊费用，如在某些腐败国家施工时必须考虑的支付给相关部门、机构及人员的佣金。

将直接费用和间接费用汇总，便得出了整个项目的总报价。

4. 进行经济分析

当报价书初审完成后，报价人员应进行系统的研究和分析，包括标底分析和盈亏分析（包括盈余分析和风险分析），以便做到报价时心中有数，为领导决策提供依据。

(1) 标底分析。要根据掌握的该国同类项目的造价资料，结合本工程特点，合理推算出业主标底或其他投标商的报价范围。利用这一方法进行预测，可以做到知己知彼、心中有数，提高投标报价的准确度。

(2) 盈亏预测。从不同的角度来分析报价过程中的各方因素，比如风险的考虑情况、资金的预留情况等，这样可以采取措施来降低成本，从而进行对比分析，预测出利润的幅度，并据此提出高、中、低三档标价供领导决策，以随时应付其他承包商的激烈竞争，并尽可能争取企业利益最大化。

以上即国际工程投标报价应遵循的基本程序。当然，不同的合同类型、不同的工程项目、不同的人员对工程所在国市场熟悉程度等都会导致在国际工程投标报价时遵循的程序有差别，这就需要报价人员结合自己的经验在投标中加以领会和总结。目前，有些中国企业走出国门参与国际工程的项目承包，但是却不熟悉国际工程相关投标程序，这些企业可以与其他有经验的公司多交流经验，也可借鉴参考以上投标报价程序。

二、国际工程投标决策要点及案例分析

1. 投标报价目标选择策略

(1) 投标报价的目标选择。由于投标单位的经营能力和条件不同，出于不同目的需要，对同一招标项目，可以有不同的投标报价目标的选择。

(2) 生存型：投标报价是以克服企业生存危机为目标，争取中标才是首要目标。

(3) 补偿型：投标报价是以补偿企业任务不足、追求边际效益为目标；对工程设备投标表现出较大热情，实施以亏损为代价的低报价，具有很强的竞争力，但受生产能力的限制，应考虑较小的招标项目。

(4) 开发型：投标报价是以开拓市场、积累经验、向后续投标项目发展为目标；以资金、技术投入手段进行技术经验储备，树立新的市场形象，以便争得投标的效益。其特点是不着眼于一次投标效益，而用低报价吸引招标单位。

(5) 竞争型：投标报价是以竞争为手段，以低盈利为目标，报价是建立在精确计算基础上，并充分估计各个竞争对手的报价目标，以便依靠有竞争力的报价达到中标的目的；对工程投标报价表现出积极的参与意识。

(6) 盈利型：投标报价充分发挥自身优势，以实现最佳盈利为目标，投标单位对效益无吸引力的项目热情不高，对盈利大的项目充满自信，也不太注重对竞争对手的动机分析和对策研究。

不同投标报价目标的选择是根据对不同条件情况进行的分析决定的。

2. 决定投标报价目标选择的因素

投标报价目标的选择不是随心所欲、任意的。首先要研究招标项目在技术、经济、商务等诸多方面的要求，其次是剖析自身在技术、经济、管理诸多方面的优势和不足，然后将自身条件同投标项目的要求逐一进行对照，确定自身在投标报价中的竞争位置，制定有利的投标报价目标。这种分析和对照主要应考虑以下因素。

(1) 技术装备能力和工人技术操作水平。投标项目的技术条件，对投标单位提出了相应的技术装备能力和工人技术操作水平要求。如果不能适应，就需要更新或新置技术设备，对工人进行技术培训，或是转包和在外组织采购，因此投标单位有无能力或由此引起的报价成本的变化，都直接影响着投标目标的选择。反之，具有较高技术装备和操作能力的投标单位去承担技术水平较低的工程项目，效益选择同样有较大局限性。

(2) 设计能力。工程设计往往是投标项目组成部分，在综合性的招标项目中，设计工作要求和工作量占有更重要的地位；投标单位的设计能力能否适应招标项目的要求，直接决定着投标的方式和投标目标的选择；具备适应招标工程的设计能力，可以充分发挥投标单位的优势，使其立于竞争的主动地位。

(3) 对招标项目的熟悉程度。它是指投标单位过去是否承建过此类工程项目。积累的经验可以帮助本单位在投标报价过程中建立优势，在技术和风险预测方面占据主导地位，尽可能扩大投标的竞争能力。项目不熟悉，就要充分考虑不可预见的风险因素，提供保障措施和设计应变能力。这就意味着间接投入的增多，在投标目标选择上就有一定的困难。

(4) 投标项目可带来的随后机会。所谓随后机会，就是投标单位在争取中标后，积累了一定经验，给后续的连续投标带来更多的中标机会，或是在今后使类似项目在投标时提高中标概率。如果随后机会较多，对投标单位树立形象和扩大市场有利，那么对这一招标项目在经济利益上做某些让步以达到中标目的也是可以接受的。如果随后机会不多，那么对投标的经济效益就要着重考虑。

(5) 投标项目可能带来的出口机会。扩大国际市场，争取在国际投标中有一席之地是投标单位追求的重要目标，对能够给国际投标取胜带来较大机会的投标项目，无疑是投标单位应首先考虑的问题。它决定着对这一投标项目现实效益的低水平选择。

(6) 投标项目可能带来生产质量的提高。投标项目一方面需要相适应的生产装备和劳动技能，另一方面也可能给投标单位带来技术的进步、管理水平的加强和工作质量的提高，这种质量提高的程度，会使投标单位在考虑盈利方面做出让步。

(7) 投标项目可能带来成本降低的机会。投标单位在争取中标后，在履约过程中，一般来说，提高各项管理水平的综合成果会直接反映在成本降低的机会和程度上，投标项目的完成能为以后承包经营带来成本降低的机会，也会影响到投标单位投标盈利目标的决策。

(8) 投标项目的竞争程度。所谓竞争程度是指参与投标的单位的数量和各竞争投标者之前设定的目标的关系。投标的竞争性决定了投标单位在投标时必须以内部条件为基础，以市场竞争为导向，制定正确的投标目标。

除此之外，对于不同投标单位来说，诸如承包工程交货条件、付款方式、历史经验、风险性等都是影响投标目标选择的因素，对选择投标目标的决策起重要作用。

3. 决定投标目标因素的量化分析

决定投标目标的因素一般不是孤立发生作用的，对不同投标单位来说，各个不同投标项目的决定因素影响程度和作用方向也是不同的，必须加以全面平衡、综合考虑。在这里，一个很重要的技术问题是把不可比较的诸现象因素，经过分析转化为可以量化的因素，用计算投标机会总分值的方法来选择具体的投标目标。其程序如下：

(1) 根据投标单位的情况，具体确定参与量化分析的基本因素。量化分析因素的选择要根据投标项目的不同情况决定，要能反映生产、经营、技术、质量各个侧面，并抓住主要环节。

(2) 对选定的量化分析因素，要衡量它在企业生产经营中的相对重要程度，分别确定加权数，权数累计为 100。

(3) 用打分法衡量投标项目对量化分析因素的满足程度，确定其相对分值。将各量化因素划分为高(10 分)、中(5 分)、低(0 分)三档打分，以便于比较。例如，投标单位现有技术装备能力和工人操作水平对完成投标项目有较大可能，则可将该因素的相对分值判为“高”，定为 10 分。

(4) 把各项因素的权数与判定满足程度的等级相对分值相乘，求出每项因素的得分，将各项因素的得分相加，得出此工程设备项目投标机会的总分值。如某工程设备项目的投标机会评价，将该工程设备项目投标机会总分值同投标单位事先确定的可接受最低报价分值进行比较，确定是否参与投标报价和怎样报价(即依据什么样的目标报价)。一般来说，投标机会总分值低于预定最低报价分值时，可以选择放弃投标报价机会；投标机会总分高于预定最低报价分数时，可以决定参与投标报价。在投标机会总分高出预定最低报价分数的区间里，是选择投标报价的理想目标。通常区间越大，选择的机会就越多，范围就越大；区间越小，选择的机会就越少，范围就越小。

三、国际工程投标报价方法技巧

1. 不平衡报价法

不平衡报价法(Unbalanced Bids)也叫前重后轻法(Front Loaded)。不平衡报价是指一个工程项目的投标报价，在总价基本确定后，如何调整内部各个项目的报价，以期在不提高总价、不影响中标的情况下，在结算时收获更理想的经济效益。一般可以在以下几个方面考虑采用不平衡报价法。

(1) 能够早日结账收款的项目(如开办费、土石方工程、基础工程等)可以报得高一些，以利资金周转，后期工程项目(如机电设备安装工程，装饰工程等)可适当降低报价。

(2) 经过工程量核算，对于预计今后工程量会增加的项目，适当提高单价，这样在最终结算时可提高利润；而对工程量可能减少的项目则降低单价，这样在工程结算时损失就不大。

对于上述(1)、(2)两点要统筹考虑：对于工程量前后偏差较大的早期工程，如果不可能完成工程量表中的数量，则不能盲目抬高报价，而要具体分析后再决定。

(3) 设计图纸不明确，后期工程量可能要增加的，可以提高单价；而工程内容说不清的，则可降低一些单价。

(4) 暂定项目(Optional Items)。暂定项目又叫任意项目或选择性项目，对这类项目要具体分析，因为这一类项目要等开工后再由业主研究决定是否实施，由哪一家承包商实施。如果工程不分标，只由一家承包商施工，则其中肯定要做的单价可高一些，不一定会做的则单价应低一些。如果工程分标，该暂定项目也可能由其他承包商实施时，则不宜报高价，以免抬高总报价。

(5) 在单价包干混合制合同中，有些项目业主要求采用包干报价时，宜报高价。一是因为这类项目多半有风险，二是因为这类项目在完成后可全部按报价结账，即可以全部结算收回。其余单价项目则可适当降低。

但是不平衡报价一定要建立在对工程量表中工程量仔细核对分析的基础上，特别是对报低单价的项目，如工程量执行时增多将造成承包商的重大损失，同时不平衡报价一定要控制在合理幅度内(一般可以在 10%左右)，以免引起业主反对，甚至导致废标。如果不注意这一点，有时业主会挑选出报价过高的项目，要求投标者进行单价分析，进而围绕单价分析中过高的内容压价，以致承包商得不偿失。

2. 计日工的报价

如果是单纯报计日工的报价，可以报高一些，以便在日后业主用工或使用机械时可以多盈利。但如果招标文件中有一个假定的“名义工程量”时，则需要具体分析是否报高价。总之，要分析业主在开工后可能使用的计日工数量从而确定报价方针。另外，报价附带优惠条件也是一种有效的手段。在投标时可主动提出缩短工期、提高质量、降低支付条件,提出新技术、新设计方案,提供物资、设备、仪器等,以吸引业主兴趣,争取中标。

3. 多方案报价法

对一些招标文件,如果发现工程范围不是很明确,条款不清楚或很不公正,或技术规范要求过于苛刻时,就应在充分估计投标风险的基础上,按多方案报价法处理。即按原招标文件报一个价,然后再提出"如某条款(如某规范规定)做某些变动,报价可降低多少",报一个较低的价或是对某些部分工程提出按"成本补偿合同"方式处理,其余部分报一个总价,这样可以降低总价,吸引业主。

4. 增加建议方案

有时招标文件中规定,可以提出建议方案(Alternatives),即可以修改原设计方案,提出投标者的方案。投标者这时应组织一批有经验的设计和施工工程师,对原招标文件的设计和施工方案仔细研究,提出更合理的方案以吸引业主,促成自己的方案中标。这种新的建议方案可以降低总造价或提前竣工或使工程运用更合理。但要注意的是对原招标方案一定要标价,以供业主比较。增加建议方案时,不要将方案写得太具体,保留方案的关键技术,防止业主将此方案交给其他承包商。同时要强调的是,建议方案一定要比较成熟,或过去有这方面的实践经验。

5. 突然降价法

报价是一项保密性很强的工作,然而对手往往会通过各种渠道、手段来刺探情况,因此在报价时可以采取迷惑对方的手法。即先按一般情况报价或表现出自己对该工程兴趣不大,快到投标截止时,再突然降价。如鲁布革水电站引水系统工程报价突然降低8.04%,取得最低标,为以后中标打下了基础。采用这种方法时,一定要在准备投标时根据自己掌握的工程项目的信息考虑好降低多少价格,降价的幅度不影响对本项目的完成情况,同时对利润的预期也应有所估计。

6. 先亏后盈法(低价夺标法)

有的承包商为了入驻某一地区,依靠国家、某财团和自身的雄厚资本实力,而采取一种不惜代价、只求中标的低价报价方案。应用这种手法的承包商必须有较好的资信,并且提出的实施方案也先进可行,同时要加强对公司情况的宣传,否则即使标价低业主也不一定选择。承包商遇到这种情况,不要跟此类对手硬拼,而是可以通过其他技术方面的优势获得靠前的排名,再依靠自己的经验和信誉争取中标。

7. 联合保标法

在竞争对手众多的情况下,可以几家实力雄厚的承包商联合起来控制标价,一家出面争取中标,再将其中部分项目转让给其他承包商分包,或轮流相互保标。在国际上这种做法很常见,也是属于围标的一种情形,但是如被业主发现,则有可能被取消投标资格。

另外，注重与业主及当地政府搞好关系，可邀请他们到本企业施工、管理过硬的在建工地进行考察，以显示企业的实力和信誉。其实，处理好各方面的关系也会对中标的结果产生重要的影响。

四、国际工程投标报价案例分析

［案例 2-1］

背景：

中国A公司参与某国际酒店工程的授标活动。招标文件合同条款中规定：预付款数额为合同价的30%，开工后1天内支付，当第二阶段上部结构工程完成一半时，计清基础工程和上部结构两个阶段的工程款且一次性全额扣回预付款项，第三阶段工程款按季度支付。

A公司项目施工预算：经造价工程师估算总价为9 000万元，总工期为24个月。其中，第一阶段基础工程造价为1 200万元，工期为6个月；第二阶段上部结构工程估价为4 800万元，工期为12个月；第三阶段装饰和安装工程估价为3 000万元，工期为6个月。

A公司为了既不影响中标又能在中标后取得较好的收益，决定采用不平衡报价法对造价工程师的原估价做出适当调整，基础工程估价调整为1 300万元，结构工程估价调整为5 000万元，装饰和安装工程造价调整为2 700万元。

调整意见：A公司建议业主方将支付条件改为预付款为合同价的25%，工程款仍按季支付，其余条款不变。

已知条件：1年期存款的利率为3‰，1年期的1元复利现值系数为0.970；2年期的1元复利现值系数为0.942。

问题：

(1) A公司所运用的不平衡报价法是否恰当？为什么？

(2) 除了不平衡报价法，该承包商还运用了哪一种报价技巧？运用是否得当？

计算分析：

(1) 计算调整额与调整幅度：

1) 调整额：

基础工程调增额＝1 300－1 200＝100(万元)。

上部结构调增额＝5 000－4 800＝200(万元)。

装饰工程调减额＝2 700－3 000＝－300(万元)。

2) 调整幅度：

基础工程调增幅度＝100÷1 200×100%＝8.33%。

上部结构调增幅度＝200÷4 800×100%＝4.17%。

装饰工程调减幅度＝300÷3 000×100%＝10%。

(2) 原合同条件下的费用信息：

1) 预付款＝9 000×30％＝2 700(万元)。

2) 一年以后付款＝(1 200＋4 800)－2 700＝3 300(万元)。

3) 最后的尾款＝3 000(万元)(按两季支付，每季度付 1 500 万元)。

4) 原合同工程款现值＝2 700＋3 300×0.970＋1 500×0.942/12×9＋1 500×0.942＝2 700＋3 201＋1 059.75＋1 413＝8 373.75(万元)。

5) 当上部结构完成一半时已收回静态资金的比重＝(2 700＋3 300)÷9 000×100％＝67％。

当上部结构完成一半时已收回动态资金的比重＝(2 700＋3 201)÷9 000×100％＝66％。

(3) 修改合同后的费用信息：

1) 预付款＝9 000×25％＝2250(万元)。

2) 一年后付款＝1 300＋5 000－2 250＝4 050(万元)。

3) 尾款＝2 700(万元)(按两季支付，每季度付 1 350 万元)。

4) 修改合同的工程款现值＝2 250＋4 050×0.970＋1 350×0.942÷12×9＋1 350×0.942＝2 250＋3 928.5＋953.775＋1 271.7＝8 403.975(万元)。

5) 当上部结构完成一半时已收回静态资金比重＝(2 250＋4 050)÷9 000×100％＝70％。

当上部结构完成一半时已收回动态资金比重＝(2 250＋3 928.5)÷9 000×100％＝69％。

(4) 费用比较分析：

1) 调整后净增加的现值＝8 403.975－8 373.75＝30.225(万元)。

2) 收回工程款的比重：从静态上看，调整后为 70％，比未调整前的 67％增加了 3 个百分点；从动态上看，调整后为 69％，比未调整前的 66％也增加了 3 个百分点。

3) 计算证明调整策略是正确的，因为能够增加 A 公司的货币增值率。

结论：

问题(1)：该工程运用不平衡报价法恰当。因为 A 公司是将属于前期工程的基础工程和主体结构工程的报价调高，而将属于后期工程的装饰和安装工程的报价调低，这样可以在施工的早期阶段收到较多的工程款，从而提高承包商所得工程款的现值达到 30 多万元；而且，这三类工程单价的调整幅度均在±10％以内，属于合理调整范围。

问题(2)：A 公司运用的另一种投标技巧就是多方案报价法，该报价技巧运用也恰当。因为 A 公司的报价既适用于原付款条件，也适用于建议的付款条件。

[案例 2－2]

背景：我国西部地区某世界银行贷款项目采用国际公开招标，共有 A、C、F、G、J 五家投标人参加投标。

招标公告中规定：2005 年 6 月 1 日起发售招标文件。

招标文件中规定：2005 年 8 月 31 日为投标截止日，投标有效期到 2005 年 10 月 31 日为止；允许采用不超过三种的外币报价，但外汇金额占总报价的比例不得超过 30%；评标采用经评审的最低投标价法，评标时对报价统一按人民币计算。

招标文件中的工程量清单按我国 GB 50500 2013《建设工程工程量清单计价规范》，各投标人的报价组成如表 2－1 所列。中国银行公布的 2005 年 7 月 18 日至9 月 4 日的外汇牌价如表 2－2 所列。授标人 C 对部分结构工程的报价如表 2－3 所列。计算结果保留两位小数。

表 2－1　各投标人报价汇总表

单位：万元

投标人	人民币	美元	欧元	日元
A	50 894.42	2 579.93		
C	43 986.45	1 268.74	859.58	
F	49 993.84	780.35	1 498.21	
G	51 904.11		2 225.33	
J	49 389.79	499.37		197 504.76

表 2－2　外汇牌价

单位：万元

日期/(月.日)	7.18—7.24	7.25—7.31	8.1—8.7	8.8—8.14	8.15—8.21	8.22—8.28	8.29—9.4
美元	8.231	8.225	8.216	8.183	8.159	8.137	8.126
欧元	10.106	10.053	9.992	9.965	9.924	9.899	9.881
日元	0.071 6	0.071 5	0.071 4	0.071 1	0.070 9	0.070 7	0.070 6

表 2－3　投标人 C 对部分结构工程的报价单

序　号	项目编码	项目名称	工程数量	单价	合计/元
1		条形基础 C40	863 m^3	474.65 元/m^3	409 622.95
2		满堂基础 C40	3 904 m^3	471.42 元/m^3	1 540 423.68
3		设备基础 C30	40 m^3	415.98 元/m^3	16 639.20
4		矩形柱 C50	128.54 m^3	504.76 元/m^3	69 929.45
5		异形柱 C60	16.46 m^3	536.03 元/m^3	8 823.05
6		矩形梁 C40	269 m^3	454.02 元/m^3	132 131.38
7		矩形梁 C30	54 m^3	413.91 元/m^3	22 351.14
8		直角墙 C50	606 m^3	472.69 元/m^3	286 450.14
9		楼板 C40	1 555 m^3	45.11 元/m^3	701 460.50

续表 2-3

序 号	项目编码	项目名称	工程数量	单价	合计/元
10		直形楼梯	217 t	117.39 元/t	25 473.63
11		预埋铁件	1.78 t		
12		钢筋(网、笼)制作	13.71 t	4 998.96 元/t	68 535.74

问题：

(1) 各投标人的报价按人民币计算分别为多少？其外汇占总报价的比例是否符合招标文件的规定？

(2) 由于评技术标花费了较多时间，因此，招标人以书面形式要求所有投标人延长投标有效期。投标人F要求调整报价，而投标人A拒绝延长投标有效期。对此，招标人应如何处理？请说明理由。

(3) 投标人C对部分结构工程的报价(见表2-3)，请指出其中的不当之处，并说明应如何处理。

(4) 如果评标委员会认为投标人C的报价可能低于其个别成本，应当如何处理？

要点分析：

本案例主要考核在多种货币报价时对投标价的换算和在工程量清单计价模式条件下对投标价的审核，还涉及投标有效期的延长和对低于成本报价的确认。

在投标人以多种货币报价时，一般都要换算成招标人规定的同一货币进行评标。在这种情况下，主要涉及两个问题：一是采用什么时间的汇率，二是对外汇金额占总报价比例的限制。对于多种货币之间的换算汇率，世界银行贷款项目和FIDIC合同条件都规定，除非在合同条件第二部分(即专用条件)中另有说明，应采用授标文件递交截止日期前28天当天由工程施工所在国中央银行决定的通行汇率；而我国《评标委员会和评标方法暂行规定》规定："以多种货币报价的，应当按照中国银行在开标日公布的汇率中间价换算成人民币。"本案例的问题(1)就是针对这两者之间的区别设计的，授标人C的报价如果按我国有关法规的规定是符合招标文件规定的，而按世界银行贷款项目的规定则是不符合招标文件规定的。

在工程量清单计价模式条件下对投标价的审核，要注意用数字表示的数额与用文字表示的数额的一致性、单价和工程量的积与相应合价的一致性、有无报价漏项问题。在本案例中，仅涉及后两个问题。我国《工程建设项目施工招标投标办法》规定，用数字表示的数额与用文字表示的数额不一致时，以文字数额为准；单价与工程量的乘积与总价(该部门规章原文如此，实际应为"合价")之间不一致时，以单价为准。若单价有明显的小数点错位，应以总价为准，并修改单价。另外，若授标人对工程量清单中列明的某些项目没有报价(即漏项)，不影响其投标文件的有效性，招标人可以认为投标人已将该项目的费用并入其他项目报价，即使今后该项目的实际工程量大幅增加，也不支付相应的工程款。

需要注意的是,《中华人民共和国招标投标法》规定投标人的报价不得低于其成本,否则将被作为废标处理。然而如何识别投标人的报价是否低于成本是实际工作中的难题,评标委员会发现某投标人的报价明显低于其他授标人的报价或者在设有标底时明显低于标底的情况不能简单地认为其投标报价低于成本,而应当按照《评标委员会和评标方法暂行规定》,要求该投标人做出书面说明并提供相关证明材料。投标人不能合理说明或者不能提供相关证明材料的,由评标委员会认定该投标人以低于成本报价竞标,其投标应作废标处理。

结论:

问题(1):

1) 各投标人按人民币计算的报价分别如下:

投标人A:50 894.42+2 579.93×8.216=72 091.12(万元)。

投标人C:43 986.45+1 268.74×8.216+859.58×9.992=62 999.34(万元)。

投标人F:49 993.84+780.35×8.216+1 498.21×9.992=71 375.31(万元)。

投标人G:51 904.11+2 225.33×9.992=74 139.61(万元)。

投标人J:49 389.79+499.37×8.216+197 504.76×0.071 4=67 594.45(万元)。

将以上计算结果汇总如表2-4所列。

表2-4 各投标人报价汇总表

单位:万元

投标人	人民币	美元	欧元	日元	总 价
A	50 894.42	2 579.93			72 091.12
B	43 986.45	1 268.74	859.58		62 999.34
F	49 993.84	780.35	1 498.21		71 375.31
G	51 904.11		2 225.33		74 139.61
J	49 389.79	499.37		197 504.76	67 594.45

2) 计算各投标人报价中外汇所占的比例:

投标人A:(72 091.12-50 894.42)/72 091.12=29.40%。

投标人C:(62 999.34-43 986.45)/62 999.34=30.18%。

授标人F:(71 375.31-49 993.84)/71 375.31=29.96%。

授标人G:(74 139.61-51 904.11)/74 139.61=29.99%。

授标人J:(67 594.45-49 389.79)/67 594.45=26.93%。

由以上计算结果可知,授标人C报价中外汇所占的比例超过30%,不符合招标文件的规定,而其余投标人报价中外汇所占的比例均符合招标文件的规定。

问题(2):

我国《工程建设项目施工招标投标办法》规定,在原投标有效期结束前,出现特殊情况的,招标人可以以书面形式要求所有投标人延长投标有效期。投标人同意延长的，不得要求或允许修改其投标文件的实质性内容，但应相应延长其投标保证金的有效期；投标人拒绝延长的，其投标失效，但投标人有权收回其投标保证金。因延长有效期造成投标人损失的，招标人应当给予补偿。因此，投标人F的报价不得调整，但应补偿其延长投标保证金有效期所增加的费用；投标人A的投标文件按失效处理，不再评审，但应退还其投标保证金。

问题(3)：

投标人C的报价表中有下列不当之处：

1）满堂基础C40的合价1 540 423.68元错误，其单价合理，故应以单价为准，将其合价修改为1 840 423.68元。

2）矩形梁C40的合价132 131.38元错误，其单价合理，故应以单价为准，将其合价修改为122131.38元。

3）楼板C40的单价45.11元/m^3显然不合理，参照矩形梁C40的单价454.02元/m^3和楼板C40的合价701 460.50元可以看出，该单价有明显的小数点错位，应以合价为准，将原单价修改为451.10元/m^3。

4）对预埋铁件未报价，这不影响其投标文件的有效性，也不必做特别的处理，可以认为投标人C已将预埋铁件的费用并入其他项目（如矩形柱和矩形梁）报价，今后工程款结算中将不会有这一项目内容。

问题(4)：

根据我国《评标委员会和评标方法暂行规定》，在评标过程中，评标委员会发现投标人C的报价明显低于其他投标报价或者在设有标底时明显低于标底，使得其投标报价可能低于其个别成本的，应当要求投标人C做出书面说明并提供相关证明材料。投标人C不能合理说明或者不能提供相关证明材料的，由评标委员会认定投标人C以低于成本报价竞标，其投标应作废标处理。

五、国际工程投标阶段的管理要点

1. 投标报价前期准备工作管理要点

(1) 成立投标工作机构：

投标过程中的一系列工作，都是围绕报价来展开的，因此，报价是成功中标的关键。要做好报价工作，必须要有一个精干的报价组织机构。投标单位可以利用现有的价格管理机构，也可成立临时报价机构。到底采用什么机构，应视公司（企业）的管理水平和报价工作量的大小而定。如果管理水平较高，现有价格管理人员素质较好，组织能力强，工作量一般，就不一定成立临时报价机构；如果相反，就需成立临时报价机构，以便报价工作的顺利开展。

(2) 填写投标资格表，争取投标资格：

凡要求参加投标的单位，必须通过资格审查，填写投标资格表，并按规定的时间送交招标单位，招标单位根据各投标单位报送的资料进行调查，了解他们的信誉和能力，以及是否具有法人地位。经过资格审查后，招标单位选择一定数量的投标单位，通知他们前来购买标书，准备进行投标。

2. 购买标书，研究、熟悉招标文件内容

投标人在资格审查通过后，应及时购买标书，并认真研究，熟悉招标文件的内容。

(1) 掌握、熟悉《投标者须知》。这是一个预告的附加文件，主要是对如何投标作规定和说明。例如：投标公司(企业)条件；投标单位对招标文件如有不清楚、不理解的地方，招标单位解答、澄清的截止日期；投标表格填写说明；投标文件递交说明和提交截止日期等。这些内容虽然没有涉及招标项目的具体内容，但它是投标的前提和条件，如果某一项工作疏忽，就可能发生废标，使整个投标工作前功尽弃。

(2) 掌握、熟悉招标项目的技术质量要求和图纸。了解招标项目的技术质量要求，熟悉招标项目的图纸，是投标报价的基础工作，是正确算标的先决条件。只有对招标项目的技术要求和图纸详尽了解，才可以在计算报价过程中做到精细化，不会造成偏差。在以往的一些投标中，由于投标单位对招标项目的技术要求不够清晰，使报价大大低于标底，从而使投标单位承受较大损失。

(3) 掌握、熟悉合同条件。合同的内容比较多且较复杂，对投标单位来说，应着重分析研究与报价有关的内容，如支付条件、预付款、外汇兑换率、交货期或交付使用期等。为了增强企业竞争优势，这些因素虽然不一定体现在正式的报价水平上，但可以使投标单位做到心中有数，以便与竞争对手抗衡做出报价决策。

(4) 对投标环境调查。所谓投标环境，是指工程设备制造施工的自然、经济、法律和社会条件。这些条件是影响工程设备制造施工的制约因素，必然影响工程设备制造的成本或增加其难度。所以，投标单位报价时必须对承包项目的外部环境进行调查了解。

(5) 原材料、主要配套件询价。这是报价所必需的辅助工作。为了以最有利的价格获得原材料和主要配套件，在国内自行组织采购，必须进行"货比三家"比价采购的方法；对要求进口的原材料、专用设备可通过贸易公司利用信函、电报或电传向供货厂商询价。供货厂商的报价通常是到岸价(CIF)，即商品售价、保险费与运抵卸货口岸的运费之和，另外还要考虑进口国的关税、进口代理费用以及汇率变动的影响等。

(6) 分包询价。在大型成套工程设备承包中，一些专业性工程设备，通常采取分包形式，多由专业承包单位完成，工程设备的总承包人与业主签订总包合同后，把部分工程设备分包给其他承包人。国内外惯用的分包方式主要有两种：一种是由招标单位签订合同，总包单位仅负责在现场为分包单位提供必要的工作条件，协调施工进度，并向招标单位计取一定数量的管理费或成套费；另一种是分包单位完全对总包负责，而不与招标单位发生关系。分包工程报价的高低，自然对总报价有一定影响，因此，在报价以前应进行分包询价。将工程设备分包给其他承包人时，并不是完全按照总包合同价格计算，而是由总包和分包另行商定。

六、投标文件编制管理要点

投标文件包括技术标和商务标。

1. 技术标

技术标一般指施工组织设计或施工方案，编制技术标应注意以下几点：

(1) 要有针对性。编制时，应根据招标文件的要求及项目的特点，提出相应的保证措施。在技术措施上，对地下室、主体结构以及装饰装修方面单独制定施工方案。对高层、超高层建筑，应在垂直运输机械的选择、脚手架形式、施工用水用电等方面说明施工方案选择的理由。

(2) 要有实用性。对施工总平面布置图，可以绘制三维模型的平面布置图，可以更直观地进行各临时建筑的布置，通常将职工生活区与施工管理区分开，临时设施构筑、建筑机械安放、施工材料的堆置、临时管线的安装及道路布置等，均应考虑可行性，避免施工时引起平面立体交叉矛盾。编制施工网络进度计划时，其关键线路应结合主要施工工序，按实际施工交叉、工序衔接来合理考虑各分部分项的逻辑关系。

(3) 技术标编制中，在保证响应招标文件的前提下，可以不按照传统文本的固定格式。尤其是在施工管理方面，可以结合本单位的先进管理模式，在技术标中增加相关内容的描述，也可以在文明标化施工、技术创新等方面作重点论述。

(4) 因投标文件的编制时间一般都比较仓促，业务部门为了提高工作效率，往往在计算机中套用已有标书的部分文档，这就容易造成投标文件的内容发生错误。一般套用以往的标书，可能会因为未能及时修改而导致投标文件内容与招标文件要求牛头不对马嘴，如只有本地适用的标准、施工环境、地名及不同的施工工艺等，所以编制标书要仔细谨慎，不要造成影响标书分数、甚至废标情况的出现。

(5) 对于重大工程投标，在技术标编制过程中，应增加图示和表格内容。施工现场平面布置图可分阶段绘制(如基坑支护、基础施工、主体结构、装饰阶段等)，并可根据需要增加现场文明标化的设计方案。施工进度计划可按总控制、流水段、标准层、分部工程等从粗到细绘制。涉及新工艺、新技术的施工方案应附图说明。

(6) 由于有的技术标在招标文件中规定不得出现投标单位名称及单位特征，故在编制标书时应特别引起注意，否则一经发现，会直接判为废标。

2. 商务标

商务标一般包括报价书、预算书、标函综合说明及承诺书等，编制商务标时应注意以下几点：

(1) 应严格按招标文件提供的格式要求填写，规定要打印的就不得手写。未规定不允许更改的，更改处应加盖更改专用章。

(2) 需承诺的投标文件，承诺书应对招标文件中需承诺条款逐项对口承诺。

(3) 商务标还不能忽视信誉分。应按规定完整附上企业所获荣誉资料，以便在各投标单位于其他条件相当的情况下竞标，能借信誉分获取中标优势。

(4) 商务标中需盖企业及法人印章的地方较多，盖章时千万不可遗漏。报价书因封标前可能改动，最好带空白备份以便应急。

(5) 应招标文件规定封标，预先盖好的封标袋，应预留好标书厚度空间。投标文件封标前，应建立单独审核制度，以减少标书的失误。总的来说，标书的编制时要抱着专业性、严谨性的态度，同时要通过不断地实践提高标书编制的层次，毕竟纸上得来终觉浅，理论要联系实践才能学以致用。

七、投标文件点检及标书投递管理要点

编制正式标书之前，应认真研读投标人须知，确保按规定要求编制各项文件。编制完善的标书经校对无误后，由投标单位授权代表签署，密封后，按规定的时间、地点，将规定的份数送达招标单位，然后等候开标。投标文件内容点检及投标装订检查要点如表 2-5 所列。

表 2-5 投标文件检查要点清单

序 号	检验内容	检验方法	重要程度	自检人员	校对人员	审批人员	备 注
投标文件内容检查							
1	投标文件的完整性	对照目录进行逐项检查					
2	业绩表和标书的对应性	是否符合招标文件、地区、行业用途等的要求					
3	业绩表内容	业绩表内容的真实性					
4	技术偏离表	内容是否实质性地响应招标文件					需要对招标内容做改动和阐述
5	配置与流程图	检查流程图是否与配置表主件的数量正确，并一一对应					设计或技术部审核
6	配置与技术要求	配置能否达到技术参数要求					
7	配置与单元介绍	所有组件在介绍单元是否完整并一一对应					

续表 2-5

序号	检验内容	检验方法	重要程度	自检人员	校对人员	审批人员	备注
8	简要配置检查	简要配置与核价配置中的厂家数量、规格型号是否一致					
9	日期检查	投标文件日期有效期是否正确					
10	分项报价	大小写金额是否对应					
11	价格大写与小写	检测报告与投标型号参数是否符合					
12	检测报告	售后主管、投标人名称，各办事处人员名称					
13	人员名称正确性	授权人、投标人名称，各办事处人员名称					
14	招标文件说明文字	根据招标文件的要求检查怎样签字，特别注意标书中是否规定需要每页小签，如果有需要每页小签的一定要每页小签					
15	投标数量	根据招标文件的要求，检查招标文件是否写上“正本”和“副本”字样，标书要求是一正几副					
投标文件装订检查							
1	投标文件编制顺序	严格按照招标要求					小包、中包、大包都要留电话
2	资质文件检查	顺序及完整性检查，有无复印不清楚或歪斜					
3	页码	有无重页和缺页					

续表 2－5

序　号	检验内容	检验方法	重要程度	自检人员	校对人员	审批人员	备　注
4	附件检查	彩页、汇票等是否齐全和清晰					
5	错别字	检查文件中的错别字					正副本是否分开
投标文件封装和签字、盖章							
1	法定代表人和授权代表签字、盖章检查	检查每页有无签字及盖章签字是否正确，是否和授权人相符					
2	信封及封口正确性	是否按招标文件的要求制作签章，签章是否齐全(一般信封要盖齐五个章)					
3	需要单独密封内容	检查标书中需要单独密封的内容是否齐全和完整					
4	信封封面内容	销售人员、联系方式、招标信息等是否完全正确，是否和授权人相符					
5	装包检查	是否按要求分装					是否要求电子档案资质
6	电子光盘(如有)	是否按要求提供数据，能否读取					
7	密封信检查	是否密封可靠					
8	运输公司联系	能否准时到达，是否送货上门，有无相关联系电话					记录货运号，及时跟踪

第三节 国际工程评标

一、评标组织

评标是秘密进行的，通常在招标机构中设置专门的评标委员会或者评审小组进行这项工作。由于选定最佳的承包商不能仅从其总报价的高低来判定，还要审查投标报价的一些细目价格的合理性，审查承包商的计划安排、施工技术、财务安排等，因此评标委员会或评标小组要聘请有关方面的专家参加。为了便于听到更广泛的评审意见，还应当请咨询设计公司和工程业主的有关管理部门派人参加评标。

有些招标机构可能采取多途径评标的方式，即将所有投标书轮流和分别送给咨询公司、工程业主的有关管理部门和专家小组，由他们各自独立地评审，并分别提出评审意见；而后由招标机构的评审委员会或评标小组进行综合分析，写出评审对比的分析报告，交委员会讨论决定。

如果参加投标的承包商太多，则可以先将报价高的投标书暂时摒弃或搁置，选择少数几份可能中标的投标书交给上述各部门分别评审，提出评审意见。

一般情况下，评标组织的权限只是评审、分析、比较和推荐。决标和授标的权力属于招标委员会和工程项目业主。

二、评审的内容和步骤

1. 行政性评审

对所有的投标书都要进行行政性评审，其目的是从众多的投标书中筛选出符合最低要求标准的合格投标书，淘汰那些基本不合格的投标书，以免浪费时间和精力去进行技术评审和商务评审。任何承包商要想获得中标的机会，首先要保证自己的投标书是合格的，这是最基本的要求。

行政性评审中，合格标书主要应满足如下条件：

(1) 投标书的有效性：

1) 投标人是否已获得预审的投标资格。例如，审查投标书中承包商的名称、法人代表和注册地址是否与预审资格中的中选名单一致；如有某些不一致之处，应查明是否有合理的解释和说明；有些承包商可能获得了预审的投标资格，但在投标时可能又同另外的承包商组成联合体进行投标，而后加入联合体的承包商并未进行资格预审，如果未获得资格的承包商在联合体中担任主要角色，那么这份投标书就可能被视为无效文件。

2) 投标书是否使用盖有招标机构印章的原件。

3) 投标保证书（银行保函或保险公司出具的保证书）是否符合招标文件的要求，包括审查保函格式、内容、金额、有效期限等。

4）投标书是否有投标人的法人代表签字或盖章等。

（2）投标书的完整性：

1）投标书是否包括招标文件规定的应递交的一切和全部文件。例如，除工程量和报价单外，是否按要求提供了工程进度表、施工方案、资金流动计划、主要施工设备清单等。

2）是否随同投标书递交了必要的支持性文件和资料。例如，招标中有关设备供货可能要求除提供样本外，还要提供该设备的质量证明性文件，比如该设备的出厂合格证、检验报告等。

（3）投标书与招标文件的一致性：

对于招标文件提出的要求应当在投标时"有问必答"，还要避免"答非所问"。如果招标文件中已写明是响应性投标，则对投标书的要求更为严格；凡是招标文件中要求投标人填写的空白栏，均应做出明确的回答；在招标文件中的任何条文或数据、说明等均不得作任何修改；投标人不得提出任何附加条件；即使招标文件中允许投标人提出自己的新方案或新建议，也应当在完整地对原招标方案进行响应报价的基础上，另行单独提出方案建议书及单独报价。

（4）报价计算的正确性：

各种计算上的错误是难免的，但是报价上的计算错误过多，不但会给评审人员留下工作不严谨、不认真的不好印象，而且可能在评审意见中提出不利于中标的结论。如果报价中有遗漏，则可能被判定为"不完整投标"而遭到拒绝。

通常，行政性评审是评标的第一步，只有经过行政性评审被认为是合格的投标书，才有资格进入技术评审和商务评审，否则将被列为废标而予以排除。

经过行政性评审之后，可能会对投标人的报价名次重新进行排列。这个名次可能同开标时排列的名次不一致，因为某些投标人的报价在公开开标时可能表面上因报价较低而排在前列，但经过行政性评审后则可能因属于不合格的废标而被排除。这种情况在国际工程招标投标中经常可以见到。例如，中国某公司在中东和非洲的投标竞争中就多次遇到这种情况。有一次甚至在公开开标时因标价偏高而被列为第五名，最后经过评审，前面几家公司均因各种不同原因被排除，最后这家中国公司晋升为第一名，认最低报价的合格标中标。可见，承包商除力争合理降低投标报价外，还必须认真对待投标书的有效性、完整性、一致性和正确性，使之能通过行政性评审从而被列入合格投标书的行列。

2. 技术评审

技术评审的目的是确认备选的中标人完成本工程的技术能力以及他们的施工方案的可靠性。尽管在接受投标人进行投标之前曾进行过资格预审，但那只是一般性的审查，只是表明投标人满足投标的最低要求，并不能体现其技术能力。在投标后再次评审其技术能力，针对的是投标者实施该项目的具体过程。因此，这种技术评审主要是围绕投标书中有关的施工方案、施工计划和各种技术措施进行的。如果招标项目是实行“资格后审”的，则还要像资格预审那样审查中标人过去的施工能力。技术评审的主要内容如下：

(1) 技术资料的完备。应当审查是否按招标文件要求提交了除报价外的一切必要的技术文件资料。例如，施工方案及其说明、施工进度计划及其保证措施、技术质量控制和管理、现场临时工程设施计划、施工机具设备清单、施工材料供应渠道和计划等。

(2) 施工方案的可行性。对各类工程(包括土石方工程、混凝土工程、钢筋工程、钢结构工程等)的施工方法，主要施工机具的性能和数量选择，施工现场及临时设施的安排，施工顺序及其相互衔接等，特别是要对该项目的难点或要害部位的施工方法进行可行性论证，例如，桥梁工程的桥墩、水下的墩基、桥身的大梁等部位的施工方法，公路工程的大型土石方工程、隧道的掘进工程、大坝的混凝土制作和浇筑工程等工程的施工方法，应审查其技术的先进性和可靠性。

(3) 施工进度计划的可靠性。审查施工进度计划能否满足业主对工程竣工时间的要求；如果从表面上可看出其进度能满足要求，则应审查其计划是否科学和严谨，是否切实可行，不管是采用横道图还是网络图的方式表达施工进度计划，都要审查其关键部位或线路的合理安排；还要审查保证施工进度的措施，如施工机具和劳务的安排是否合理等。

(4) 施工质量的保证。审查投标书中提出的质量控制和管理措施，包括质量管理人员的配备、质量检验仪器设备的配置和质量管理制度。

(5) 工程材料和机器设备供应的技术性能符合设计要求。审查投标书中关于主要材料和设备的样本、型号、规格和制造厂家名称、地址等，判断其技术性能是否可靠并达到设计要求的标准。

(6) 分包商的技术能力和施工经验。招标文件可能要求投标人列出其拟指定的专业工程分包商，因此应当审查这些分包商的能力和经验，甚至调查主要分包商过去的业绩和声誉。

(7) 审查投标书中对某些技术要求有何保留意见。例如，对于业主提供的机器设备的安装工程投标者，可能要求机器设备制造厂商或供货商负责指导安装，并对其性能调试负责等。应当审查这些保留性意见或条件的合理性，并进行研究和正确评价。

3. 商务评审

商务评审的目的，是从成本、财务和经济等方面评审投标报价的正确性、合理性、经济效益和风险等，估量授标给不同的投标人产生的不同后果。商务评审在整个评标工作中占有重要地位，在技术评审中合格或基本合格的投标人当中，究竟授标给谁，商务评审结论往往是决定性的意见。商务评审的主要内容如下：

(1) 报价的正确性和合理性：

1) 审查全部报价数据计算的正确性，包括报价的范围和内容是否有遗漏或修改;报价中每一项价格的计算是否正确。可选择一些主要的子项和工程量较大的项目,将多份投标书中的报价并列比较,并与招标机构自己编制的“底标价”进行对比分析,发现它们之间的差异,并分析产生这些差异的原因,从而可以判定何者报价计算较为正确。

2）分析报价构成的合理性。例如,分析投标报价中有关前期费用、管理费用、主体工程和各专业工程项目价格的比例关系,判定投标人是否采用了严重脱离实际的“不平衡报价法”。

3）从用于额外工程的日工报价和机械台班报价以及可供选择项目的材料和工程施工报价,分析其基本报价的合理性。

4）审查投标人对报价中的外汇支付比例的合理性。

（2）投标书中的支付和财务问题：

1）资金流量表的合理性。通常在招标文件中要求投标人填报整个施工期的资金流量计划。有些缺乏工程投标和承包经验的承包商往往不重视资金流量计划的编制,造成在评审专家中的不好印象,因为在评审中专家完全可以从资金流量表中看出承包商的资金管理水平和财务能力。审查投标人对支付工程款有何要求,或者对业主有何优惠条件。

2）审查投标人对获得海外工程的公司资金赞助政策或其他优惠条件。例如,有些公司利用其本国对获得海外工程的公司的资金赞助政策或其他优惠待遇,以向业主让利的方法来赢得中标的机会,这种情况在国际工程承包市场竞争中时有发生,业主也比较倾向于这些投标者,而使财务资金能力较弱的承包商无法与之抗衡;也有些公司可能在标价上做某些退让以换取支付条件方面的优惠,如要求适当增加预付款比例等。当然这些建议和条件一般是在其投标致函中以委婉商讨的方式提出的,并非作为投标的限制性要求。

（3）关于价格调整问题：

如果招标文件鉴定某项目为可调价格合同,则应分析投标人对调价公式中采用的基价和指数的合理性,估量调价方面可能发生影响的幅度和风险。

（4）审查投标保证书(银行保函)：

尽管在公开开标会议上已经对投标保证书做出初步检查,在商务评审过程中仍应详细审查投标保证书的内容,特别是保证书或保函中有何附带条件。如果招标文件规定投标人可提出自己的建议方案作为“副标”,那么,也要审查作为“副标”的保证书和保函。

（5）对建议方案(副标)的商务评审：

应当与技术评审共同协作,审查建议方案的可行性和可靠性,分析对比原方案和建议方案各方面的利弊,特别是分析接受建议方案在财务方面可能发生的潜在风险。

4. 澄清问题

这里所指的澄清问题,是为了正确地做出评审报告,有必要对评审工作中遇到的问题,约见投标人予以澄清。这种澄清问题并非议标,只是评审过程中的技术性安排。其内容和规则如下:

(1) 要求投标人补充报送某些报价计算的细节资料。例如,在评审中发现某投标书的报价基本合理,但个别子项工程的单价和总价与其他投标书相比有过高或过低的异常情况,评审小组可以要求投标人提供该子项工程的单价分析表,以便澄清投标人是否有某些错误的理解,或者纯粹是计算错误。

(2) 要求投标人对其具有某些特点的施工方案做出进一步的解释,证明其可靠性和可行性,澄清这种施工方案对工程价格可能产生的影响。

(3) 要求投标人对其提出的新建议方案做出详细说明,也可能要求补充其选用设备的技术数据和说明书。

(4) 要求投标人补充说明施工经验和能力,澄清对某些国外并不知名的潜在中标人的疑虑。

总之,凡是评审过程中有疑虑的问题或者投标人之间存在较大的报价差异时,均可直接与投标人接触澄清。但是,这种澄清问题的方式是由招标机构统一安排和组织的,不允许各评审小组,特别是评审人员与投标人单独接触和查询。在澄清问题的会见和讨论中,评审人员不得透露任何评审情况,也不得讨论标价的增减和变更问题。

一般来说,投标人都非常欢迎有机会向评审小组澄清问题,尽管澄清问题并不是议标,但投标人都清楚,这至少意味着自己的投标书已引起评审小组的重视或者注意,自己有可能被列入中标候选人之列。因此,被约请向评审小组澄清问题的投标人,常常可以利用直接向评审小组解释的机会,努力宣传本公司的技术和财务能力,甚至提出某个引进附带条件的降价措施等,以吸引评审小组和业主的注意。当然,投标人也应当在解释和澄清问题时持慎重态度,因为投标人的任何解释和补充资料,都可能被认为是一种承诺,投标人有可能在自己中标商签合同时,因为有这些承诺而处于被动和不利地位。

5. 评审报告

(1) 对投标书的评审报告:

各评审小组对其评审的每一份投标书都应提出评审报告。其主要内容至少应包括以下几点:

1) 投标报价及其分析。说明其报价的合理性、与底标价的比较、标价中的计算错误、调整其标价的可能性。

2) 投标人施工方案的可行性和可靠性,其优缺点和风险。

3) 工程期限和进度计划的评述。

4) 施工机具设备选择的评述。

5）投标人的技术建议及其合理性以及价格评述。

6）投标人有何保留意见，这些保留意见对工程的影响。

7）分包商的选择和分包内容，以及其对工程进度、质量和价格的影响。

8）授标给该投标人的风险或可能遇到的问题，评审小组的基本意见。

（2）综合评审报告：

综合评审报告是一份由招标机构评审委员会或评审小组对所有投标书评审后的综合性报告，它综述整个评审过程，进行对比分析，并提出推荐意见。

综合评审报告针对那些拟作为“废标”的投标书或从中标备选名单中剔除的投标书，要阐明具体理由，使招标机构了解这种处理意见是合理和恰当的；同时，说明从其余的合格投标书中挑选几名作为候选的理由（通常是报价较低的前几名）。而后，对这几名候选人进行对比分析。对比内容基本上与上述对每份投标书的评审内容相同，因此，可以采用列表对比评分办法进行最后对比。一般情况下，要明确说明中选理由，也要提出与该中标人签订承包合同前须进一步讨论的问题。

6. 联合国工业发展组织推荐的评标模式

世界银行及国际多边援助机构要求评标方法系统化，评标时既要保证一致性，又要减少可能出现的任何有利或不利于投标人的偏向，从而使评标工作尽可能客观。因此，联合国工业发展组织特向世界各国推荐了评标的主要步骤及建议一览表，供各国招标人在进行评标工作时参考。

（1）联合国工业发展组织推荐的评标主要步骤如下：

1）核对所有投标在算术上的准确性。

2）改正所发现的任何算术误差，并确认投标人同意这项改正。对明显的错误，视其性质可能有必要请投标人予以改正。

3）剔除比最低的两个报价的平均数高出如20%以上的所有报价，不再予以考虑。根据合同价值的大小，使用的实际百分比可能要调整，但是应在开标以前予以确定，以避免厚此薄彼。

4）按预先准备好的一份技术方面和商业方面的一览表检查所有的报价。剔除不符合一览表基本要求的报价。对每一项投标根据其是超过还是低于所要求的最低标准，或者根据其将使甲方负担较少还是较多的辅助费用，而按财务奖金或罚款予以调整。这种奖金或罚款的基数应尽可能在开标以前确定下来。

5）对这些经过改正的投标书进行重新估价，选出两个最中意的进行讨论。

6）把这两个最中意的投标人请来，向他们提出一系列预先选定的问题，取得对有怀疑问题的确认。如果有任何不能当时解决的问题，要坚持由投标人在规定的时间（如48小时）内提出书面确认。

7）根据这种经过调整的投标和会谈结果，做出最后的选择。这时对于投标提出的一切疑问都应当由投标人以书面形式解答，以免随后发生争端。在得到必要的财务方面的核准以后就可以尽快签订合同了。

大型合同的评标工作可以分为两个阶段进行。第一阶段只检查各项投标是否符合基本要求。任何不符合基本要求的报价都要被放在一边，不再加以考虑，除非得不到任何可以接受的报价。在这种情况下，再重新检查以前已经被剔除的报价。第二阶段是对已通过第一阶段检查的报价在财务方面的优点做全面评估。用这种方式可以对多到难以应付的大量投标进行审议。虽然这种方法显得有些机械，但这是一种确保投标人能够按照招标方的要求提出投标，并确保评标工作是用一种客观的而不是主观的方式进行的最有效的方法。

(2) 建议一览表：

通常建议一览表用表格形式画出，可根据是否达到基本要求，在方格里面打"√"或"×"，或在答案"是"与"否"中选择一个。

建议一览表通常包含的内容和格式如表 2-6 所列：

表 2-6 建议一览表通常包含的内容和格式

Ⅰ. 工 期	
1) 投标人所提出的竣工时间是否符合规定的竣工日期？	是/否
2) 如果不符合，所提出的竣工时间是否早于可以接受的最后日期？	是/否
3) 如果所提出的竣工时间晚，但是仍在可以接受的限度内，应处以罚款每周(　)美元，共(　)周。	
4) 如果所提出的竣工时间提前，应给予奖金每周(　)美元，共(　)周。	
注：如果竣工时间是一项基本要求，则对 1)和 2)的答案为"否"的投标必须予以剔除，不再考虑。投标价格根据 3)应增加的或按 4)应从中扣除的金额，应是由于提前或延迟竣工给业主带来的实际价值或造成的实际损失，而不是合同中所载的规定违约赔偿金按比例缩减的金额。显然，根据 4)所给的奖金，只能是针对为业主带来真正好处的该段时期。	
Ⅱ. 合同价格	
1) 所提出的备选方案对合同价格的影响，视计划更改的需要予以调整。	
2) 所提出的设计对业主应进行的工作费用的影响。	
3) 如果投标是根据价格变动提出的，在合同价格之外对整个合同期限受到价格上涨条款的影响进行估计。	
4) 在合同价格之外，投标人对拟议中的合同条件提出的修正案所产生的影响进行估计，例如提出支付条件修正方案，要求订货时预付百分之五的货款。	
5) 为提高投标人所提出的说明书规格使其达到所要求的标准而需要予以追加费用所引起的影响估计；或者，由于所包括的各项标准可以降低而允许予以减少所引起的影响估计。	
6) 由于与标准有出入的表列除外事项而对合同价格予以增加或减少。	
7) 操作工人标准的变化在资本利用方面的影响。这种影响要按例如为期 10 年的整个期间予以估计。	
8) 由于投标人作为其说明书的一部分所提出的设备或其他工作标准而引起的对维修费定额的任何增减在资本利用方面的影响，例如，采用初期资本费用低而操作费用高的和按照降低了的标准进行的钢结构的油漆工程。这种影响要按例如整个 10 年的时期来估计。	
9) 由于投标人对加班加点所发津贴，与为比较的目的所采用的基数相比，而对合同价格予以增加或减少。	

续表

10）考虑到投标人报价中对应付生活津贴、工作条件津贴等方面存在任何估量不足，而对合同价格的增加。	
11）支付投标人所要求提供的任何超出业主在招标时所考虑到的范围的服务，而对合同价格的增加。	
12）投标是否符合业主在调查表中所规定的最低工作性能标准？	是/否
13）如果对 12)的答复为“是”，该项投标是否保证能给业主任何超过所规定的最低标准的财务利得？如果是，阐明按例如 10 年期计算的估计利得的价值，并要考虑到业主为了赚取这种利得所必须支付的额外费用。	是/否
14）投标人是否接受针对未能达到保证的工作性能标准所规定的违约赔偿金？	是/否
15）如果对 14)的答复为“否”，阐明业主因接受投标人关于一定程度降低效率的方案而受到的资本利用方面的损失。	

完成上述各项工作以后，就能估计出各项投标经过调整后的价值。

7. 资格复审与投标的拒绝

对于经济评标得标候选人还必须进行资格复查。候选人的资格预审文件是资格复审的基础。如经过复审后，第一中标人确实被认为在履行合同的能力和财务管理等方面都信得过，可以内定为得标人，如果该候选人在复审后不合格，则其标单将被拒绝。这时可对第二中标候选人进行资格复审，如合格，可作为中标者。

根据国际招标惯例，在招标文件中，通常都规定招标人有权拒绝全部投标。拒绝投标的决定一般是在出现下列情况时做出：

（1）最低标价大大超过国际市场的平均价格或招标人自己计算出的投标额。

（2）全部投标与招标文件的意图和要求不符。

（3）投标商太少(一般不足三家)，缺乏竞争性。

（4）得标候选人均不愿降价到标底线以下。

如果所有投标均被拒绝，业主方面应修改招标文件，而后重新招标或议标。

第三章　国际工程合同管理

第一节　国际工程承包合同概述

国际工程合同(International Engineering Contract)就是以“国际工程项目”为交易标的,为设立当事人权利和义务而签订的合同。对于工程业主而言,签订合同是为了获得自己期望的某一工程设施;对于承包商而言,签订合同是为了通过实施并完成工程项目,获得业主支付的资金。但由于工程本身的规模很大,有时可能被分解成很多工作内容,如土建工作、安装工作、设计、采购、管理咨询服务等。综上所述,可以将国际工程合同定义为:合同当事人为了实现某一国际工程项目的全部或部分交易而订立的关于各方权利、义务、责任以及相关管理程序的协议。

一、国内外工程承包环境的差异

国际工程合同管理有广义和狭义之分,广义的合同管理(Contract Management)是指从国际工程项目合同签订前开始,一直到工程履约完毕,详细了解项目状况,工程所在国的自然、政治、经济、社会条件等,在合同签订前对自己的权利、责任、义务、风险作出恰当判断,并通过谈判来调整。在合同开始后,针对工程实施过程进行监控,保证己方的工程实施过程遵守合同规定,在对方有违约行为时能及时主张自己的相应权利;在己方出现违约行为时,根据合同采取恰当的补救措施,努力减少违约损失;在双方出现争议时,通过谈判、仲裁、诉讼来解决。合同管理的目的是实现己方合同的合法利益最大化。

狭义的合同管理(Contract Administration)指的是合同签订后的合同管理工作。广义的合同管理是全过程的“事前、事中、事后”管理,狭义的合同管理侧重于“事中、事后”管理。

1. 国内外工程承包环境的差异

国内外工程承包环境的差异造就了国际工程合同管理的鲜明特点。这些差异表现在以下几个方面:

(1) 中外文化的差异。我国的管理文化包含灵活处理问题的文化,在处理问题时注重“和谐型”“长期性”等,而较少在事前制定规则,在合同中也较少将事情说得太具体,在执行过程中常根据实际情况进行协商,出现问题时常侧重于采用“合情、合理”的方法去商谈。国际上,尤其是发达的欧美国家及受到欧美文化影响的其他国家和地区，更注重规则文化，即合同思维。这种文化的好处是做事有规则，程序清楚，出现问题有规可依。显然，合同是一种属于法律性质的"规则制度"，这种文化主要追求的是"合法"。从目前国际经济交易规则的发展来看，往往是以规则为主、关系为辅的管理模式，因而，合同管理的思想仍然是国际商业交易中的主流思想。

(2) 经济制度形态及政府执行力的差异。我国改革开放以来，逐渐建成了具有中国特色的市场经济体系，市场经济已经得到了充分发展，相关的法律也逐步完善，但因为种种原因合同在处理经济交易关系中的重要性被降低，这导致了中国企业在走出去以后，在执行合同过程中，合同法律意识比较淡薄。国际上，更多的国家采用的是完全市场经济，行政干预较少，解决经济交易问题的手段往往是合同和法律，因此，人们的合同法律意识较强。在我国，大部分工程项目业主代表国家和政府，所以项目能得到各级政府的积极支持，项目政治环境较好，项目各级审批也很迅速，项目前期推动进展较快。而在有些多党执政的国家，政治斗争激烈，政治集团经济利益不同，他们为了各自的政治目的，干扰甚至阻碍项目实施，这使得项目有关批文审批困难，审批结果频繁变化。另外土地私有等，也给项目的前期推动和实施造成了较大的影响。

(3) 法律体系的差异。我国的法律体系是基于大陆法系逐渐发展起来的，考虑到我国是制定法国家，改革开放以后，中国开始大规模地建设法制社会，走上按现代法制精神建立自己的法律制度的道路，因此我国颁布的工程建设类法律法规较多，这可能带来两方面的影响：一是，即使工程合同签订不完善，仍可以从相关法律或主管部门颁布的相关管理条文中来寻求帮助；二是，合同签订自由受到了较多的限制，合同中的"签约自由"很难得到充分体现。在国际工程中，合同适用的法律往往是那些市场经济国家的法律，往往更强调"签约自由"和"合同中的承诺"，因此，在我国国内不存在问题的合同，在国外就可能出现法律方面的问题，甚至落入合同陷阱等。

2. 国际工程合同管理的特点

承包商与业主之间建立交易关系的纽带就是双方之间的合同，由于文化的差异，在国际工程市场中，合同管理的重要性远比我们想象的重要，且具有以下鲜明的特点：

(1) 跨国的经济活动。由于项目的各主要参与方来自不同国家，具有不同的政治、经济、法律背景，在语言、文化等方面也存在着较大差异，因而导致了思维和沟通方式等方面的差异。由于国际工程主要从事的是经济活动，参与各方利益不同，立场和观点不一致，再加上沟通和思维存在差异，因而，在国际工程中产生矛盾和争议的地方相对较多。

(2) 高度的不确定性。一般来说，国际工程比较复杂且工期长，承包商多是跨国经营，管理上的空间跨度大，对新环境也不熟悉，这导致工程实施过程中的不确定性因素增多。另外，近几年来，国际政治形势的不稳定，也使工程实施中的变数增加。因此，国际工程建设被业界认为是一个高风险行业。

(3) 合同关系的显著性。在国际项目中,合同关系的显著性体现在项目参与的各方是为了实现各自的利益而建立"合同"这一纽带的,各方的权利、责任、义务都体现在合同中,各方对合同的重视程度不言而喻。可以说,合同是国际工程实施和管理的出发点和落脚点。

(4) 管理工作的复杂性。由于国际工程的长期性和复杂性,各方利益的不一致性,外部环境的高度不确定性,实施中发生的问题较多,因而具有管理上的复杂性。解决问题可能需要多学科的交叉知识,如工程技术、金融、法律、财务、商务等,而且要求具有很强的协调能力以及较强的外语沟通能力。国际工程的特点决定了整个履约过程具有很大的波动性,特别是交易各方利益不一致,使得各方的履约行为具有很强的目的性。虽然,项目所有参与方都会在工程进度、质量、安全等方面做出很大努力,然而,业主关心的重点是承包商能否保质、安全、按期地完成该工程;而承包商关心的则是能否得到合适的工程付款,实现经营利润。一旦自身的利益受到侵害或者自身将会承受较大风险时,各方都会将风险尽可能转移给其他参与者,可以说,国际工程承包的交易过程是一个各方利益博弈的过程,所以,为了保证合同的恰当履约,必须对合同进行管理。

二、国际工程合同的适用法律

在国际工程商务活动中,由于项目参与方所在国的法律可能对同一商务活动有很多不同的限制,并存在着很多法律冲突,而要解决各国之间的法律冲突,就必须对国际工程合同的适用法律以及工程实施过程中应该遵守的法律加以规范和限制。

1. 法律冲突的解决方法

法律冲突的解决方法分为两大类,一是冲突法解决方法,二是实体法解决方法。

(1)冲突法解决方法即制定冲突规范来解决法律冲突,也被称为间接调整法。具体做法是通过在国内或国际条约中规定某类国际商务活动法律关系应受何种法律或条约支配,而不是直接规定当事人的权利和义务,也就是有关国家通过建立国际条约的形式,制定统一的冲突法来解决国际商务法律冲突。这避免了各国不同规范之间的冲突,以更合理有效的方式实现了冲突法的调整作用。冲突法不能直接规定当事人的权利和义务,使得用冲突法解决问题时,司法程序会相对复杂,导致解决问题的效率相对降低。

(2) 实体法解决方法也称直接调整法,主要包含两个方面的含义:一是根据国际条约或国际惯例中的统一实体法规范,直接规定国际商务活动法律冲突当事人的权利义务关系,从而避免法律冲突;二是一些从事国际司法统一的组织,在世界范围内或特定范围内,以类似国际立法的形式,制定相关的"统一法",供有关国家采用。这使得国际商务交易的法律冲突在事前就能得到一般性的解决。同样实体法解决冲突也有一定的局限性,其适用受到各国是否参加相关条约的限制,且实体法并不排除当事人另行选择适用法律的权利。

2. 合同法律适用的基本理论

合同法律适用问题也就是合同准据法如何选择的问题，从广义上讲，合同准据法是指解决涉及合同的一切法律适用问题的法律；从狭义上讲，合同准据法就是直接确定合同当事人的权利和义务的法律，主要用于解决合同的成立、内容与效力、履行和解释等问题，用来确定涉外民事法律关系当事人权利与义务的特定法域的实体法。一般而言，在国际合同中，当事人在合同中选定的合同准据法大多指的是狭义的合同准据法。合同法律的适用在国际项目合同管理中十分重要，关系到合同的形式、成立、效力、解释、履行等问题，尤其是当发生争议时，准据法就显得尤为关键。

(1) 意思自治原则(Theory of Autonomy of Will)。按照当事人的意思自治，由合同当事人选择的法律支配，这种原则赋予了当事人选择支配合同关系的准据法的特殊权利，其优点是符合签约自由原则，有利于合同当事人预知行为后果和维护法律关系的稳定性，适用法律的选择较为简便，有利于迅速解决争议，方便国际商务交往。

1) 在意思自治原则下，当事人可以选择如下法律：

① 国内法，可以是任何一方当事人的国内法，也可以是第三国法律。

② 国际惯例，国际惯例其本身不具备法律约束力，但当事人在合同中明确约定后，则具有法律约束力。

③ 国际条约，一般适用于缔约国，非缔约国有时也可以选择某一国际条约作为准据。

2) 大陆法系国家主张意思自治必须加以限制，一般在以下三个方面限制：

① 当事人选择的法律仅限于特定国家的任意法，不能排除强制性法律的适用。

② 当事人的选择必须是善意的，不能采用法律规避手段。

③ 当事人只能选择与合同有联系的法律。

(2) 客观标志原则(Theory of Localization of Contracts)。客观标志原则的含义就是合同准据法的选择应该是合同在那里“地域化”的国家的法律。用来确定合同准据法的客观标志包括：合同履行地、合同订立地、当时住所所在地、债务人所在地、被告所在地、当事人共同国籍国、物之所在地、登记地、法院地或仲裁地。确定合同准据法的基本方法有三种：一是，仅按某一固定的客观标志确定合同准据法；二是，根据合同不同种类来确定，如某国法律规定，工程建筑合同，若当事人未选择合同适用法律，则采用住所所在地法律作为合同准据法；三是，以与合同法律关系最密切联系地作为客观标志来确定，这一说法代表着合同准据法理论的最新发展方向。

(3) 我国涉外合同适用的法律原则：

1) 当事人自主选择原则。我国合同法规定：“涉外合同当事人可以选择合同争议所适用的法律，但法律另有规定的除外。涉外合同当事人没有选择法律的，适用于合同有密切联系的国家的法律。”我国法律同时规定，这种自主选择在某些情况下受我国法律限制，就是说在某些情况下，我国法律可以直接指定合同适用的法律，从目前来看，这种情况基本上只针对在我国境内履行的涉外项目。

2）国际条约优先适用原则。作为主权国家，我国恪守条约必须遵守国际准则。

3）最密切关系原则。最密切关系原则是我国涉外合同法律适用的补充原则。

4）国际惯例补充原则。由于我国立法不足等原因，在我国参与的国际条约没有规定，且不违反我国法律原则和公共利益的情况下，可以适用国际惯例。

第二节　国际工程合同的内容、模式及类型

一、国际工程合同的内容

合同内容(Contract Terms/Contractual Conditions)是合同条件的表现和固定化，是当事人通过文字将订立合同的合同意思条理化、体系化，是确定合同当事人权利和义务的根据。我国《合同法》将合同内容分为主要条款和普通条款。

1. 合同的主要条款

合同的主要条款，是合同必须具备的条款，若欠缺则合同不成立。合同的主要条款主要由合同的类型和性质决定。按照合同的类型和性质的要求，应当具备的条款就是合同的主要条款。例如，价格条款是买卖合同的主要条款，却不是赠与合同的主要条款。一般条件下，下列条款可成为合同的主要条款：

(1) 当事人的名称、姓名、国籍和住所。

(2) 合同的标的物条款，包括价格、币种、质量、数量、范围等。

(3) 合同的支付条款，包括支付方式、支付金额、保函、预付款、质保金、违约罚款等。

(4) 履行期限、地点和方式。

(5) 违约责任及索赔条款，采用仲裁还是诉讼的方式。

(6) 解决争议的方法。

(7) 法律适用条款，这牵涉到诉讼发生时将向哪里的法院起诉的问题，在国际工程合同中尤为重要。

2. 合同的普通条款

合同的普通条款，是指合同主要条款以外的条款，虽然法律没有直接规定，但基于当事人的行为，或者基于合同的明示条款，理应存在的合同条款。英美合同法称之为默示条款。

它包括以下内容：

(1) 该条款是实现合同目的及作用必不可少的，只有推定其存在，合同才能达到目的及实现其功能。

(2) 该条款对于经营习惯来说是不言而喻的，即它的内容实际上是公认的商业习惯或者经营习惯。

(3) 该条款是当事人系列交易的惯有规则。

(4) 该条款实际上是某种特定的行业规则,即明示或者约定俗成的交易习惯,在行业内具有不言自明的默示效力。

(5) 直接根据法律规定而成为合同条款。

二、国际工程项目合同管理模式

国际工程施工常用的管理模式在不同国家、不同的国际组织、学会、协会有不同的分类方法。目前最常用的是根据业主和各种国际组织、学会等对项目的管理进行分类,国际工程项目合同管理大致可以分成如下几类:

1. 施工承包合同模式

国际工程中采用施工承包合同类型的,一般是业主委托建筑师或咨询工程师(简称工程师)开展前期的可行性研究工作,待项目评估立项后再进行设计,编制施工招标文件,然后业主和承包商签订工程施工承包合同。业主单位一般指派业主代表与工程师和承包商联系,负责有关项目管理工作。在国际上,常常是做设计的建筑师/工程师在施工阶段继续担任监理工程师,这有利于检查设计要求,此时,工程师按照业主与承包商签订的合同中有关工程师的职责和权限进行项目管理工作。在这种合同类型下,项目管理的组织形式如图 3-1 所示。

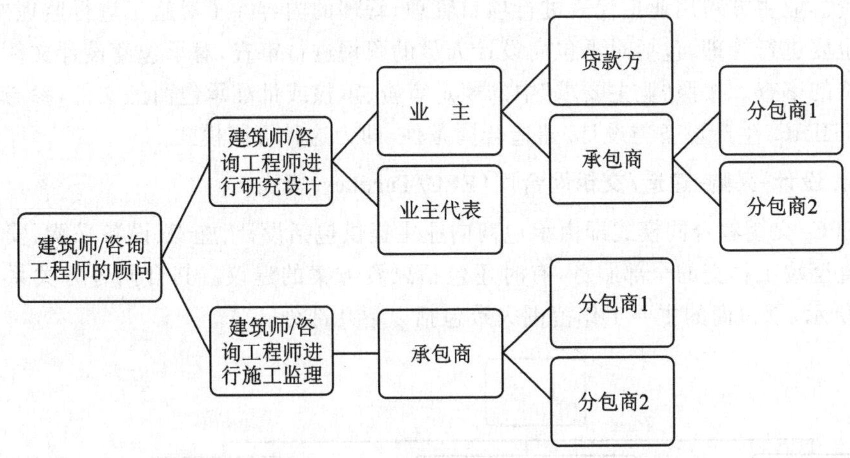

图 3-1 项目管理组织形式图

如图 3-1 所示,在施工承包合同类型下,业主管理组织形式这种合同类型在国际上常用的合同范本中,FIDIC《施工合同条件》使用较多,这种情况下,业主多采用多个主合同向不同承包商发包的形式,这种多个主合同的单独发包,可节省施工总承包商的管理费用,但往往会产生协调困难等问题,从而导致众多纠纷,加大业主代表的协调工作量。

2. 设计-建造合同(Design+Build)模式

设计-建造合同模式是一种相对简单的项目管理模式,其组织形式如图 3-2 所示。

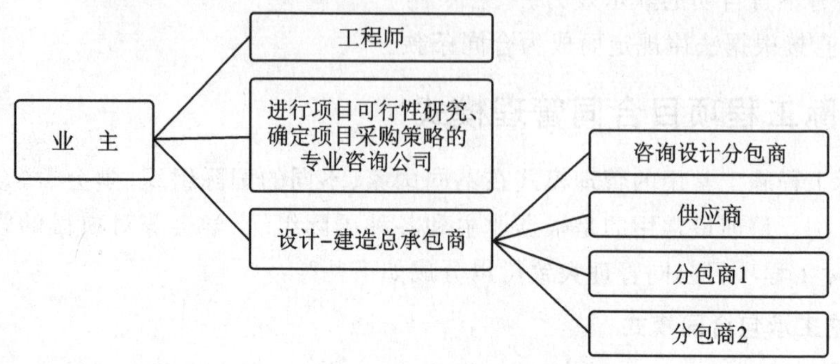

图 3-2　设计-建造合同组织形式图

如图 3-2 所示,设计-建造合同模式下,业主管理组织形式为业主首先聘用一家专业咨询公司为其研究拟建项目的基本要求,在招标文件中明确项目完整的工作范围,在项目的原则确定之后,业主需要选定一家公司对项目设计和施工进行总承包。这种合同模式下,投标和签订合同时通常以总价为合同基础,但允许价格调整,个别情况下,也允许某些部分采用单价合同。设计-建造合同的总承包商对整个项目的成本负责。业主方聘用业主代表进行项目管理,管理的内容除了对施工进行监理外,对设计也要进行管理,包括对承包商设计人员的资格进行审查,对承包商设计文件和设计图纸的审查。按照"业主要求"中的规定审查、审核或批准承包商的文件,参与讨论设计,FIDIC《生产设备与设计/建造合同条件》即为这种合同模式。

3. 设计-采购-建造/交钥匙合同(EPC/Turnkey)模式

EPC/交钥匙合同模式即由承包商向业主提供包括设计、施工、设备采购、安装和调试直至竣工移交的全部服务,有时还包括融资方案的建议。其合同各方关系如图 3-3 所示,承包商的主要工作范围大致包括以下几部分:

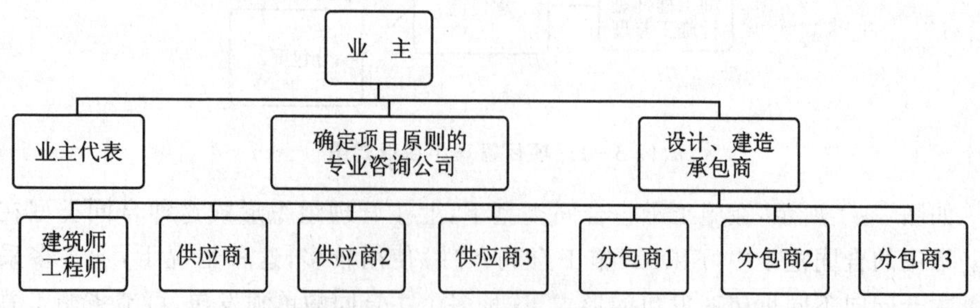

图 3-3　EPC/交钥匙合同模式下项目管理的组织形式

(1) 设计(Engineer):应包括"业主要求"中列明的设计工作,如项目可行性研究,配套公用工程设计、辅助工程设施的设计及结构/建筑设计的设计计算书和图纸等。

(2) 采购(Procure)：可能包括获得项目或施工期的融资，购买土地，购买包括在工艺设计中的各类工艺、专利产品以及设备和材料等。

(3) 施工(Construct)：由施工总承包商负责全面的项目施工管理，如施工方法、全管理、费用控制、进度管理、设备安装调试以及工作协调等。这种合同模式与常用的设计-建造合同模式相类似，但 EPC 合同总承包商承担的责任和风险更大。由业主代表对项目进行直接的较宏观的管理，不再设置工程师。

4. 建造-运营-移交 BOT 合同模式及公私伙伴关系 PPP 模式

1984 年，土耳其总统提出了建造—运营—移交(Build - Operate - Transfer)的合同管理模式，即 BOT 合同模式，迅速地被世界各国采用。20 世纪 90 年代末，英国政府总结了私人主导融资项目管理实践中的经验教训，推动建立公私伙伴关系(Public Private Partnership)，即 PPP 模式。与此同时，很多国际组织与其他国家也在研究 PPP 模式的发展，各个国家对 PPP 的理解不尽相同，但在利用公私双方优势互补、提供公共设施及社会服务方面存在共识。BOT 也可称为特许经营权方式，合同方式的典型合同框架如图 3 - 4 所示。

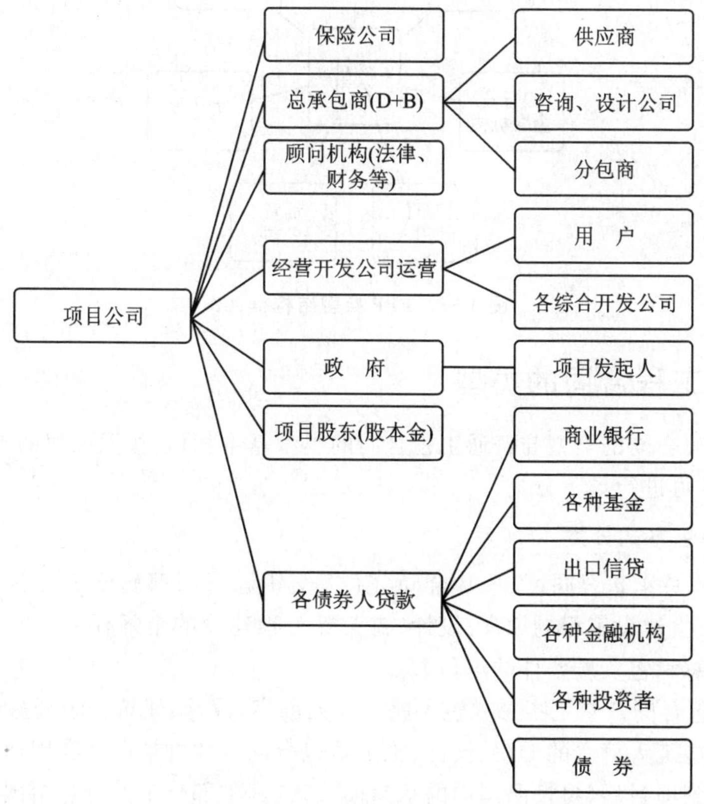

图 3 - 4　BOT 典型结构框架图

一般而言，PPP模式主要应用于基础设施等公共项目。政府针对具体项目特许新建一家项目公司，项目公司负责进行项目的融资和建设，融资来源包括项目资本金和贷款；项目建成后，政府特许企业进行项目的开发和运营，贷款人通过项目经营获得收益。PPP模式的实质是一种新型的项目融资模式：融资模式可以使更多的民营资本参与到项目中，以提高效率，降低风险；可以在一定程度上保证民营资本"有利可图"；减轻了政府初期建设投资负担和风险。这种模式的一个最显著的特点就是政府与项目的投资者和经营者之间的相互协调及其在项目建设中发挥的作用。它是政府、营利性企业和非营利性企业基于某个项目而形成以"双赢"或"多赢"为理念的相互合作形式，参与各方可以达到与预期单独行动相比更为有利的结果，其运作思路如图3-5所示。参与各方虽然没有达到自身理想的最大利益，但总收益即社会效益却是最大的，这显然更符合公共基础设施建设的宗旨。

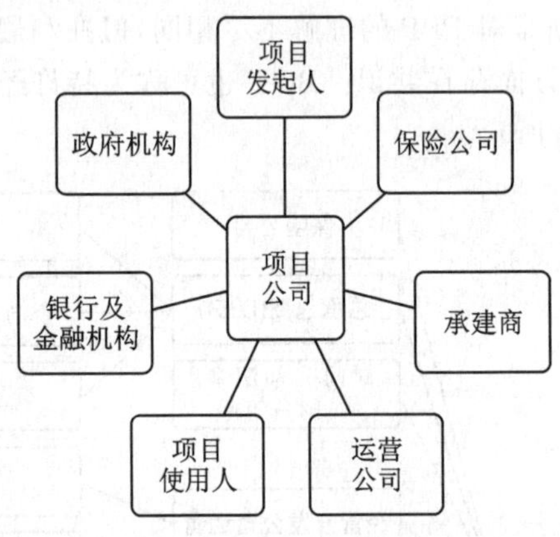

图3-5　PPP典型结构框架图

三、国际工程合同的类型

国际工程合同的类型与普通工程合同的类型基本相似，按照工程的不同性质、阶段、内容通常可进行如下分类：

1. 按承包方式分类

(1) 工程总承包合同。D＋B合同、EPC/交钥匙合同都属于工程总承包合同范畴，即发包人将建设工程的勘察、设计、施工等工程建设的全部任务一并发包给一个具备相应的总承包资质条件的承包人。

(2) 承包合同。它是指总承包人就工程的勘察、设计、建筑安装任务分别与勘察人、设计人、施工人订立的勘察、设计、施工承包合同。此种情况在我国通常遇到的是总承包商得到项目后，再按照国内的承包模式，将其中部分工作分包给国内施工建设单位，这种合同大多变相成为国外执行的国内合同模式。

(3) 专业分包合同。它是指施工总承包企业将其所承包工程中的专业工程发包给具有相应资质的其他建筑企业完成的合同。如单位工程中的地基、装饰、幕墙工程。

(4) 劳务分包合同。它是指施工总承包企业或者专业承包企业将其承包工程中的劳务作业发包给劳务分包企业完成的合同。

2. 按工程实施的不同阶段和职能分类

按工程实施的不同阶段和职能分类,国际工程合同类型包括勘察合同、设计合同、施工合同、招投标代理合同、监理合同、工程咨询合同、物资采购合同、工程保险合同、工程担保合同等。

3. 按照合同的计价方式分类

(1) 综合单价合同。如果承建项目规模巨大、施工复杂,招标人对工程内容、范围或经济技术指标尚不能做出明确具体的规定,可以采取单价合同的形式。

(2) 固定总价合同。固定总价合同的合同价格是根据工程设计图纸、技术规范和工程量表计算,工程造价一旦确定,不因工程量变化等因素而做调整。固定总价合同对招标人较为有利。招标人可在投标人充分竞争的条件下降低工程成本,但这种合同使承包商承担了较大的风险,故承包商索价较高。

(3) 成本加酬金合同。成本加酬金合同有下列几种形式:

1) 成本加百分比酬金合同。酬金按可接受的工程成本的一定百分比计算。

2) 成本加固定酬金合同。酬金通常是由双方协议的估算成本为依据计算出来的固定金额。

3) 成本加滑动酬金合同。酬金以可接受的工程成本为基础,参照某些滑动率进行调整。

4. 按施工内容(单位工程、分部分项工程)分类

按施工内容(单位工程、分部分项工程)分类,国际工程合同类型包括主体结构合同、地基与基础合同、设备安装合同、水电合同、装修合同、电梯合同、幕墙合同、弱电工程合同、锅炉合同、垃圾处理合同、室外道路合同、园林绿化合同等。

5. 按行业的不同分类

按行业的不同分类,国际工程合同类型包括建筑工程合同、市政工程合同、水利工程合同、公路工程合同、铁路工程合同、通信工程合同、航空工程合同、港口工程合同等。在近几年的国际工程实践中,随着我国工程承包企业的日益壮大和国际工程规模的逐渐变大,业主与承包商之间极少采用专业分包和劳务分包类型的合同,这两种类型的合同多出现在我国总承包商进行工程主体以外的其他工作分包中,也多以国内模式来做专业分包和劳务分包。近年来,人们对国际工程合同的分类也逐渐习惯以 FIDIC 合同样本为基础来分类,如施工总承包合同,D+B 合同、EPC 合同、BOT 合同等。同时也按照计价方式进行分类,如总价承包合同,综合单价合同、成本加酬金合同等。另外,还有一种单价结算、总价控制的合同模式也比较常用,在一些世界银行贷款类的项目中,一旦合同签订,合同额将作为总价控制的上限,施工中按照实际工程量计价,若出现实际工程量小于投标工程量的情况,则按照实际工程量结算,若实际工程量超出设计工程量则按设计工程量结算。这种合同模式对承包商极为不利,在这种合同模式下,承包商一般一并承担设计任务,这样就可从设计优化上规避风险。

第三节　国际工程合同的订立和履行

一、合同的订立

合同当事人形成协议是一个动态的过程,当事人之间通过接触和协商,相互讨价还价,最终形成共同意向,合同成立,这个动态的协商过程即为合同的订立。需要注意的是,合同的订立、成立和生效具有不同的法律含义,在合同中的理论作用各不相同。合同的订立是一个动态与静态的统一体,它包括合同双方的接触、协商、谈判的过程,和最终达成的静态协议。合同成立是合同订立的组成部分,标志着合同的产生和存在,属于静态协议。当事人对合同的主要条款达成一致意见,即形成合意。合同的成立并不意味着合同生效,合同的生效是法律评价合同的表现,是法律认可当事人协议的结果,成立的合同必须符合法律要求或者当事人约定的条件才会生效,规定合同生效后,当事人必须承担合同规定的责任和义务,并可能承担违约责任。合同的订立必须经过"要约"和"承诺"两个步骤,要约是当事人一方以缔结合同为目的,向对方当事人发出的意思表示。要约必须要以缔结合同为目的,内容要明确具体,还必须对要约人具有约束力,否则,不构成要约。要约的生效是要约产生法律约束力,这种约束力通常是对要约人而言的,受要约人一般不受要约约束。一般情况下,要约是可以被撤销的,但在下列情况下,要约不能被撤销:

(1) 要约写明有效期或者以其他方式表明要约是不可以被撤销的。

(2) 受要约人有理由信赖,该要约是不可撤销的,且已经按照要约做出了某些行为。

承诺是受到要约人同意要约的意思表示。承诺必须以一定的方式向要约人做出,缄默或不行为不构成承诺必须在要约存续期间无条件做出,承诺必须在要约有效期内及时做出,承诺不能改变要约的内容,若对要约的内容修改则构成新的要约。英美法系对承诺的生效采取投邮主义,即以书信、电报作出承诺时,承诺一经投邮,立即生效,合同即告成立,不存在承诺撤回的问题;大陆法系承诺可以撤回,但撤回通知必须在承诺生效之前或与承诺同时到达要约人。一般来讲,承诺生效,合同成立。

二、合同的效力

1. 合同的生效

合同只有符合法律的规定才会生效，所以，合同的生效须具备以下法律要件：

(1) 合同当事人需要具备相应的民事行为能力，活动主体应在法律许可的经营范围内订立合同。

(2) 当事人的意思表示真实。

(3) 合同的订立要符合法律规定，或者社会公共利益的原则，不得损害国家、社会和他人利益。

(4) 在一般法系中，还将"对价"(Consideration，指当事人一方在获得某种利益时，必须给付对方相应的代价)视为合同生效的条件。

2. 合同的无效

合同的无效是指合同严重欠缺有效文件，不能按照当事人协商的结果赋予法律效力的情况。有下列情形时，合同无效：

(1) 一方以欺诈、胁迫手段订立合同，损害国家利益的。

(2) 恶意串通损害国家、集体、他人利益的。

(3) 以合法形式掩盖非法目的的。

(4) 损害社会公共利益的，或违反法律、行政法规的强制性规定的。

3. 合同的撤销

合同的撤销是指因意思表示不真实而撤销合同，使已生效的合同归于无效。合同可因以下原因被撤销：

(1) 因重大误解而撤销。《国际商事合同通则(2004)》规定，在订立合同时存在误解，且误解严重到足以影响到当事人是否订立合同，存在误解一方当事人有权宣告合同无效。如果误解方存在重大过失，则无权宣告合同无效。

(2) 订立合同时显失公平的。当事人一方利用另一方的缺点，或者利用对方没有经验，使双方的权利义务明显不对等，或可判断合同的个别条款对一方当事人过分有利，或存在其他使合同出现重大利益失衡的情形的，另一方当事人有权要求撤销合同或相关条款。

(3) 一方以欺诈、胁迫等手段使对方违背实际意思而订立的合同。使对方在违背真实意思的情况下订立的合同，受损害方有权请求人民法院或者仲裁机构变更或者撤销。许多其他国家或国际公约则规定，撤销权的行使以撤销权人向对方当事人的意思表达做出宣告合同无效的通知到达对方当事人时生效。若具有宣告合同无效权的当事人明示或默认了合同有效，则不得再宣告合同无效。

三、合同的解释

合同的解释是指对合同及其相关资料和含义所做的分析和说明。广义的合同解释是指任何人都可以对合同进行解释和分析;狭义的合同解释是指当事人之间对合同发生争议时,有权解释的法院或仲裁机构对合同及其相关资料的含义做出具有法律效力的分析和说明,经过解释的合同内容可以成为对合同和解、仲裁或裁决的依据,具有法律约束力。合同的解释一般需要遵循以下原则:

(1) 以合同文义为出发点,客观结合合同双方共同意图的原则。要求解释格式条款不考虑订立合同的单个因素和具体因素,即不采取主观解释。所谓合同双方共同意图,是指当事人表示出来的意思,不仅依据合同用语来确定,还要考虑谈判过程、履约过程、交易惯例等正常情况下所应有的理解来解释。

(2) 体系解释原则。又称整体解释,是指把全部合同条款和构成部分看作一个统一的整体,从各个合同条款及构成部分的相互关联、所处的地位等各方面因素进行考虑,来确定所争议的合同条款的含义。

(3) 符合合同目的原则。当事人订立合同均为达到一定目的,合同的各项条款及其用语均是达到该目的的手段。合同解释必须依照当事人所欲达到的经济或社会效果而对合同进行解释。

(4) 参照习惯或惯例原则。是指在合同文字或条款的含义发生歧义时,按照习惯或惯例的含义予以明确或补充。

(5) 如果合同当事人赋予合同某些词语特别含义时,则要根据特别含义来解释,而不能利用词语的通常含义来解释。

(6) 如果某条款出现歧义时,在合同解释中,一般应该按照对提出该条款的当事人不利的方向解释。

(7) 如果合同由两种以上语言起草,且两种语言具有相同效力,但不同合同语言之间存在差异的,则优先根据合同最初起草的语言予以解释。

四、订立合同时应注意的问题

1. 充分掌握和熟悉各种资料

签订一份国际工程合同,涉及的面很广,既有技术问题,也有经济和法律方面的问题,为获得理想的效果,承包商应从招投标阶段开始,收集和掌握各方面的资料并认真研究,才能使订立的合同内容更合理。

2. 进行合同风险分析

承担任何一项工程,风险和利润都是共同存在的,为了避免或减少风险带来的损失,承包应在投标报价前和投标过程中,全面地对各种风险因素进行分析,从而力争在制订和签订合同时避免和减少风险。

3. 争取合理的合同条款

争取合理的合同条款是减少风险和获得利润的重要方式。

(1) 应按照双方权利义务对等原则,对风险性条款要求规定合理,如要求对物价汇率变化进行调差等。

(2) 一些有经验的承包商在签订合同时,特别关注关键性条款,如合同计息方式、付款时间、工程量计算方式等,在这些影响全局性的条款上做文章,防止潜伏性损失。如总承包商在签订劳务用工合同时常常把劳动合同期定为一年,这主要是因为国际惯例和大多数国家劳动法规定:① 凡被雇佣者工作期满一年,应增加工资。② 凡雇佣人员工作期满一年,均可享受一个月带薪回国探亲假并由雇主承担往返费用。

(3) 应避免限制自己权利的条款,不能用商量的口气来选用合同用语,合同条款用词必须明确具体,特别是“有权”“无权”类的词语,该用的时候一定要用,否则就会限制或丧失自己一方的权利。

(4) 防止关键性条款的失误,工程承包合同的关键性条款包括工程范围、合同价格、付款方式和时间、工期、材料进口和价格、工程验收、工程变更、违约责任、税收等,在合同签订时对这些条款内容一定要认真研究,避免因文字上的疏忽大意,或遣词造句不严密,造成漏洞,招致损失。另外对一些影响大局的细小问题也不能忽视,要注意一些细小问题上也能算大账。

五、国际工程合同的履行

1. 履行合同的原则

合同的履行表现为当事人执行合同义务的行为,当合同义务执行完毕时,合同也就履行完毕。合同的履行要遵守合同的基本原则,如诚实信用原则、协作履行原则等,在此基础上,还要遵循合同履行的特有原则,主要包括:

(1) 适当履行原则。是指合同主体在适当的履行期限、履行地点,以适当的履行方式按照合同规定的标的及其质量、数量等实际履行合同。适当履行合同是实际履行,不会产生违约责任,但实际履行并不都是适当履行,实际履行不当,可能产生违约责任。如当事人虽履行了义务,但其履行方式或时间、地点不符合合同的约定和法律的规定或构成不当履约。

(2) 协作履行原则。是指当事人不仅适当履行自己的义务,而且应基于诚实信用原则要求对方当事人协助其履行债务的履行原则。在一些合同中,如建设工程承包合同、技术开发合同等,债务人实施给付行为需要债权人的配合。协作履行的具体要求如下:一方当事人履行合同义务,另一方当事人应尽量为其履行合同义务创造必要的方便条件,以使其实际履行得以实现等。

(3) 经济合理原则。经济合理原则就是要求履行合同时追求经济效益,以最小的成本取得最大的合同利益。

(4) 情势变更原则。情势变更原则是指合同依法成立后,因不可归责于双方当事人的原因,发生了不可预见的情势变更,致使合同的基础丧失或动摇,若继续维持合同原有效力则显失公平,而允许变更或解除合同的原则。

2. 履行合同的规则

对于依法生效的合同而言,债务人应当根据合同的具体内容和合同履行的基本原则实施履行行为。债务人在履行的过程中,应当遵守一些合同履行的基本规则。

(1) 履行主体:合同履行主体不仅包括债务人,也包括债权人。除法律规定、当事人约定、性质上必须由债务人本人履行的债务以外,合同履行也可以由债务人的代理人进行。同样,债权人的代理人也可以代为受领。在某些情况下,合同也可以由第三人代替履行,只要不违反法律的规定或者当事人的约定,第三人也是正确的履行主体。

(2) 履行标的:必须严格按照合同的标的履行合同。合同标的的质量和数量是衡量合同标的的基本指标。如果合同对标的质量没有约定或者约定不明确,当事人可以补充协议,协议不成的,按照合同的条款、适用法律和交易习惯来确定。

(3) 履行时间:是指债务人履行合同义务和债权人接受履行行为的时间。如果当事人不在该履行期限内履行,则可能构成迟延履行而应当承担违约责任。履行期限不明确的,债务人可以随时履行,债权人也可以随时要求履行,但应当给对方必要的准备时间。这也是合同履行原则中诚实信用原则的体现。

1) 不履行合同义务是否剥夺了受害方当事人根据合同应该获得的利益,除非此结果是不履行一方当事人没有预见或不可能预见的。

2) 不履行合同义务是否是合同的实质性内容,如果该义务是合同项下的实质性内容而被要求严格遵守的,不履行该义务则被认为是根本不履行。

3) 当事人是否有意不履行合同义务,且该义务是合同重要内容。

4) 受害一方当事人是否能够根据该履行判断另一方当事人将来也不会履行合同。有明显事实或迹象表明一方当事人将不履行合同时,在对方当事人未履行合同或提供担保之前,另一方当事人可以终止合同。当一方当事人有理由相信另一方当事人根本不会履行合同时,可以要求对方提供如期履约保证,并可以拒绝履行自己的合同义务,对方当事人在合理时间内不能提供这种保证时,则要求提供保证的当事人可以终止合同。

合同的终止不影响当事人对不履行合同义务造成的影响进行赔偿的责任,不影响合同中关于争议解决的条款和其他解除合同后仍应执行的合同条款的效力,如承担保密义务、返还财物、恢复原状、赔偿损失等条款的法律效果。

[案例3-1]

某项目合同的订立：

(1) 工程概况及事件背景：

某水电站工程由拦河引水枢纽、输水建筑物、前池、压力管道及电站厂房等主要建筑物组成，招标标段包括引水枢纽和5.7 km引水渠道。引水枢纽主要建筑物包括拦河坝、泄水建筑物、进水闸、连接段、右岸挡水坝段及上游防护段等。引水渠道长5.7 km，梯形断面，底宽2.5 m，边坡1∶2，渠深5.2 m，纵坡1/200。2010年1月项目招标，招标文件中一些条款对承包商单方面约束过多，中标后实施期间会出现不利于施工单位的情况，造成施工单位的施工风险。

(2) 案例事件分析：

投标过程遵照招标文件条款进行了施工组织设计。接到中标函后，进入项目谈判阶段，承包商通过有效的谈判手段对部分条款进行了修改，降低了承包商履约风险。

1) 关于应由业主负责的“三通一平”及其他业主设施的提供时间可能引起履约风险。合同条件中，业主为现场提供电力，供电时间是2010年5月30日。在合同谈判过程中，承包商获知业主供电时间可能会推迟至2010年7月30日，这就无形中提高了承包商两个月无供电情况下的生产成本。谈判中，承包商坚持要求将具体的供电时间写入合同，不管实际情况如何，都为后期的索赔工作提供了重要的依据，减少了有可能引起的成本风险。

2) 工程所处位置交通不便，业主承担进场道路修筑。承包商前期采购砂石料的运输可能受到业主道路状况的影响。在合同谈判过程中，承包商对业主提供道路的时间要求在合同中明确规定，以避免现场道路对砂石料运输的影响。

3) 对于特殊的地理位置要考虑到额外产生的工程量与成本风险。工程处于某风景区，又是国家级草场，因此对于环境保护要求相对比较高。但是，具体的环保措施应该做到什么程度，这在合同中均没有明确的规定，只是根据以往的施工经验，列出一个粗线条，这样在实际实施过程中会给项目部增加很多额外的工程量和费用。

4) 关于招标文件中规定渠道衬砌要采用衬砌机。响应招标文件要求，投标时采用的是渠道衬砌机，而现场实际情况是渠道设计断面较小、曲线较多，根本无法使用渠道衬砌机，在合同谈判过程中针对此项条款承包商专门提出，并与业主达成一致，在保证质量的前提下不强求采用衬砌机。

5) 关于不可抗力的条款要量化。在一般的合同中，对于不可抗力的条款均无明确具体的规定。较常见的是风、雨、雪、洪、地震等自然灾害。达到什么程度的自然灾害才能被认定为是不可抗力，通用条款中未明确，实践中双方难以达成共识，为避免纠纷，双方当事人在合同中对可能发生的风、雨、雪、洪、地震等自然灾害程度应予以量化，如几级以上的大风、几级以上的地震、持续多少天达到多少毫米的降水等，才可能认定为不可抗力，以免引起不必要的纠纷。一般合同条款对不可抗力的规定局限于自然灾害，而忽略了不可预见因素及不可抗力的其他因素，业主承担责任部分也只是对于工期的推迟进行了明确，对于人员伤亡、工程本身及施工辅助设施受损等所造成的损失未明确，采取了规避责任的做法。这些情况承包商在合同订立过程中，或者在项目实施过程中都应该高度重视。

第四章 国际工程风险管理

第一节 国际工程风险概述

一、风险的概念

关于风险的定义有很多种,但最基本的表达是:在给定的情况下和特定的时间内,那些有可能发生的结果之间的差异,差异越大风险就越大。这个定义强调了结果的差异,还有一个具有代表性的说法是不利事件发生的不确定性。

一般认为风险就是不期望发生的事件的客观不确定性。还有一些项目管理专家对项目风险定义为:项目风险是所有能够影响项目目标实现的(不利于项目)不确定因素的集合。

上述几种对风险的不同描述,概括起来包含以下几点:

(1) 风险是同我们有目的的行为、活动有关,这是风险存在的前提,不与人们有目的的行为相联系的风险只能叫作危险。人们总是为了一定的结果而去从事各种活动,如果对于预期的结果没有十分的把握,人们就会认为该项活动具有风险。

(2) 客观条件的变化,即不确定性,是风险的重要成因,这种不确定性既包括主观对客观事物运行规律认识的不完全确定,这是由于人类认识客观事物能力的局限性所致;也包括事物本身存在的客观不确定,因为万事万物均处于不断的运动变化中。

(3) 风险一旦发生,实际结果与预期结果之间就会产生差异。这种差异越大,相应的风险也就越大;反之,则越小。

差异具有两面性。风险可能给投资人带来超出预期的损失,也可能带来超出预期的收益,也就是说风险可能是威胁也可能是机会。正是风险蕴含的机会才诱使人们去从事各项活动,同时风险蕴含的威胁则唤起人们的警觉。人们对风险的两重性的态度因人、因时和因地而不同。一般来说,人们对意外损失的关切,比对意外收益的关切要强烈得多,因此人们研究风险时侧重意外的损失(负偏离),即主要从不利的方面去考虑风险,普遍把风险定义为不利事件发生的可能性(纯粹风险)。

二、风险管理概述

中国对外承包工程企业能力强,国际工程承包市场规模大。中国工程承包企业自 20 世纪 70 年代末开始出海,至今已逾 40 年。凭借着中国人吃苦耐劳、劳动力价廉高效的优势,中国工程承包企业在国际工程市场异军突起。尤其是自 20 世纪

90年代初到2017年，中国国际工程承包合同额及营业额连续增长，每年ENR全球承包商排名，中国企业无论是业务规模还是上榜企业数量都表现抢眼。2004—2018年中国对外承包工程完成营业额和新签合同额情况如图4-1、图4-2所示。

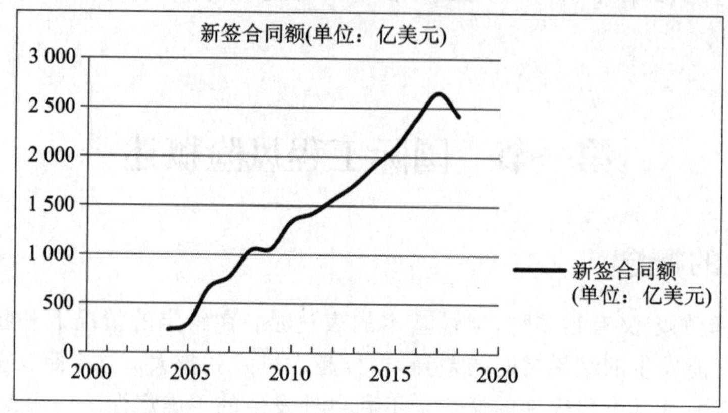

图4-1　中国对外承包工程新签合同额历年变化图

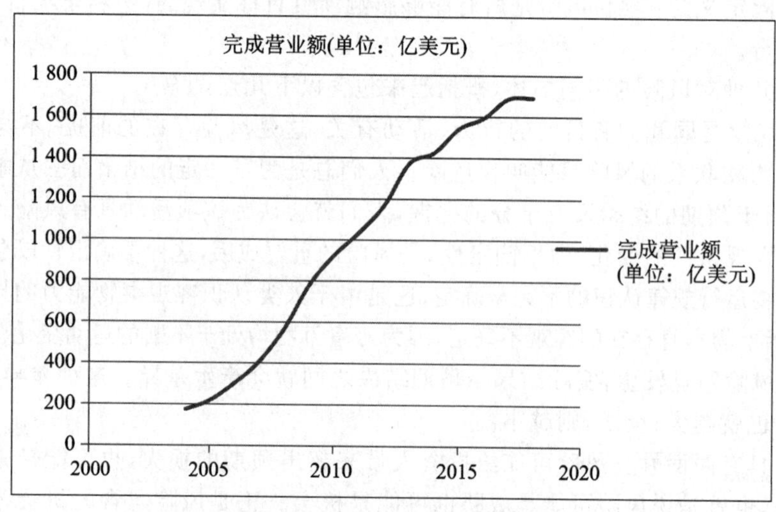

图4-2　中国对外承包工程完成营业额历年变化图

中国对外承包工程企业国际化程度偏低。麦肯锡研究院的研究表明，中国拥有111家《财富》世界500强上榜企业，数量与美国相当。但这些企业的收入主要仍来自国内市场，海外市场营收仅占18%，而标普500企业的这一指标平均比例为44%。海外业务收入占比是衡量一个企业国际程度的重要指标，中国信保发布的《国家风险分析报告(下册)》调研数据显示，2019年有近50%的受调研企业海外业务规模不足其总收入的20%，这也从一个方面印证了中国企业的国际化程度有待提高。

中国企业“走出去”的成绩固然可喜，但面临的严峻挑战更不容忽视，海外风险不易控制。今天的国际市场已成为政治、经济、宗教、文化、科技力量综合博弈的场所，这使企业面临的环境更加复杂，如贸易摩擦、知识产权保护、暴力活动、人质事件等。尤其是一些政治风险更加难以把握和控制，比如利比亚动荡和内战给企业带来巨大困难。各国引资政策出现分化，一些国家政府重新开始强调管制，以国家安全、环境保护、民众利益、保障就业等名义设置隐性投资壁垒，这些都加大了跨国投资的风险和成本。

1. 风险管理常用术语

风险作为项目中存在的普遍现象，具有以下特征：

1）客观性。风险的存在取决于决定风险的各种因素的存在。它不以人们的主观意志为转移，不管人们是否意识到风险，只要决定风险的各种因素出现了，风险就会出现。

2）突发性。风险突发产生，当人们面临突然产生的风险时，往往不知所措，其结果是加剧了风险的破坏性。因此要加强对风险的预警和防范，建立风险预警系统和防范机制，完善风险管理系统。

3）多变性。指风险会受到各种因素的影响，在风险性质、破坏程度等方面呈现动态变化的特征。企业在生产经营管理中面临的市场就是一种处在不断变化过程之中的风险。

4）多样性。随着项目和项目环境的复杂化、规模化，在一个项目中存在着许多不同种类的风险，如政治风险、经济风险、技术风险、社会风险等。

2. 项目风险管理(Project Risk Management)

国际工程项目具有投资大、周期长、一次性、涉及面广、制约条件多、法律和文化差异等特点，项目风险管理呈现出较强的复杂性。

项目风险管理是指项目管理组织对项目可能遇到的风险进行识别、估计、评价、应对、监控的动态过程，以科学的管理方法实现最大安全保障的实践活动的总称。

项目风险管理的目标是控制和处理项目风险，防止和减少损失，减轻或消除风险的不利影响，以最低成本取得对项目保障的满意结果，保障项目的顺利进行。

项目风险管理体系构架包括风险识别、风险评价、风险处理和风险监控四个重点环节。通过计划、组织、协调、控制等过程，综合、合理地运用各种科学方法对风险进行识别、评价，提出应对办法，随时监控项目的进展，重视风险的动态，妥善地处理风险事件造成的不利后果。

以下是几个与项目风险管理有关的概念：

1）风险事件(Risk Event)：指可能导致某个项目或系统发生问题，需要作为项目要素加以评估以确定风险水平的大事。

2）风险评估(Risk Assessment)：指对项目各个方面的风险和关键性技术过程的风险进行辨识和分析的过程，其目的是促进项目更有把握地实现其性能、进度和费用目标。

3）风险处理(Risk Handing)：指对风险进行辨识、评价、选定并实施应对方案的过程,目的是在给定项目约束条件和目标下使风险保持在可接受的水平上。

4）风险监控(Risk Monitoring)：指在整个项目管理过程中,按既定的衡量标准对风险处理活动进行系统跟踪和评价的过程,必要时还包括进一步提出风险处理备选方案。

三、国际工程常见风险类型

不同国际工程项目有不同的风险,项目不同阶段的风险有不同的表现。为全面地认识国际项目风险,在不同阶段制定相应的重点风险管理规章,需要系统地分析项目风险。项目风险主要有以下几种分类方法：

1. 按风险造成的后果划分

(1) 纯粹风险。不能带来机会、无获得利益可能的风险,叫纯粹风险。纯粹风险只有两种可能的后果：造成损失和不造成损失。纯粹风险造成的损失是绝对的损失。活动主体蒙受了损失,全社会也跟着受损失。

(2) 投机风险。既可能带来机会、获得利益,又隐含威胁、造成损失的风险,叫投机风险。投机风险有三种可能的后果：造成损失、不造成损失和获得利益。如工程的地质条件、通货膨胀、汇率变化等。

一般来讲,在相同的条件下,纯粹风险可能重复出现,人们更能成功地预测其发生的概率,从而相对地容易采取措施。而投机风险因其重复出现概率小,预测的准确性相对较小。纯粹风险和投机风险两者常常同时存在。

2. 按风险产生的根源划分

按产生的根源划分,国际工程项目风险可分为项目环境风险、项目自身风险、项目干系人风险。

(1) 项目环境风险包括政治风险、经济风险、法律风险、社会环境风险及自然条件风险等。

1）政治环境风险：是指由于政局变化、政权更迭、罢工、战争等引起社会动荡而造成财产损失和损害以及人员伤亡的风险。

2）经济风险：国际工程项目涉及跨国工程承包、多种金融货币结算,受各国经济政策以及世界金融环境等各种因素的影响,不可避免要面对汇率波动、价格上涨、通货膨胀等经济风险。

3）法律风险：是指因项目所在国相关法律制度不健全、法律规定差异或频繁变化等因素,给承包商项目实施带来的不利影响。如企业未能在国际项目投标前期识别所在国法律法规,在环境保护、税务策划、当地用工管理等方面出现大的失误等,影响公司利益和声誉。

4）社会环境风险。社会环境风险是指因项目所在国的治安秩序混乱、公众排外情绪强烈或承包商不熟悉当地的文化、风俗、语言差异，给承包商实施项目带来直接或间接的危害。

5）自然条件风险。自然条件包括工程场地的地理位置、交通运输条件、场地地形、地貌、海拔、气象水文资料、工程地质、自然条件限制等要素。在项目投标决策阶段需要全面地了解工程实施过程中可能遇到的自然条件风险，估算其对工期及费用的影响，并体现在报价中。

（2）项目自身风险包括项目决策风险、缔约和履约风险、技术风险等。

1）项目决策风险。是指由于承包商在项目评估阶段对市场和项目环境考察不充分、对项目主要参与方情况不了解等因素，造成承包商的市场选择、项目决策和投标报价失误的风险。主要包括信息取舍失误或信息失真风险、中介与代理风险、保标与买标风险、报价失误风险等。

2）缔约和履约风险。指在缔约时，合同条款中存在不平等条款、合同中的定义不准确、合同条款有遗漏；在合同履行过程中，协调工作不力，管理手段落后，既缺乏索赔技巧，又不善于运用价格调值办法等的风险。

3）技术风险。是指项目设计、施工、制造、工艺控制过程和检验检测程序等有关环节中涉及的技术条件不确定性引起的风险，如采用新技术、技术文件与技术规范、所选工艺、设备的技术缺陷等，还可能与项目执行环境有关。这些技术风险贯穿整个项目实施的全过程，与各种不同的风险因素交织在一起，产生更大的不确定性。

（3）项目干系人风险包括来源于业主、工程师、承包商、供应商、分包商、政府部门、保险公司、金融机构等方面的风险。

中国承包商做国际工程项目，除了要提高自身水平外，面对工程所在国的业主、工程师、供应商、政府、金融机构等项目干系人，必须要熟悉当地的市场规范和习惯以及运作的方法等。不同的项目干系人对项目有不同的期望和需求，可能会对项目造成积极或消极的影响，从而产生风险。

1）业主风险：是指因业主的支付出现风险，存在资格缺陷或越权承诺、对工程要求不明确、协助不利或对项目过度干预等因素而给承包商项目实施带来的危害。

2）工程师风险：工程师的职责是其对项目实施的过程中各工序施工、技术规范、材料报批、图纸报批等都有非常严格的控制。工程师本身的工作经验、公正性、工作方式和效率直接影响到承包商的管理工作，从而产生风险。

3）承包商风险：主要包括承包商的组织管理能力、道德风险和沟通风险。一个合格的承包商需要有一个高效运转的组织管理团队，具有良好的沟通能力，良好地履约行为，履行社会责任，获得项目所在国民众的信任，维护品牌信誉。

3. 按风险发生的时间阶段划分

在项目全生命周期视角下，项目风险可分为可行性阶段风险（可理解为投标前期风险管理）、设计阶段风险、施工阶段风险和施工后阶段风险。

根据风险产生的根源和时间将项目风险进行分类，对各项风险在整个项目管理中要全程进行跟踪。风险在不同阶段的影响和发生概率不同，所以要在特定阶段重点关注，制定风险清单，并及时更新各项风险评估状态。

第二节　国际工程风险管理

一、工程项目风险管理

一般认为，工程项目风险管理就是对工程项目在其寿命周期中可能遇到的风险进行识别、估计、评价，并在此基础上有效地应对风险，以最低的成本实现最大的安全保障。即参与工程项目建设的各方，包括发包方、承包方、监理单位、咨询公司、材料供应商等在工程项目的决策、勘察设计、施工以及竣工后投入使用各阶段采取识别、估计、评价、应对工程项目风险的方法和技巧，控制和处理项目风险，防止和减少损失，保障项目的顺利进行。

工程项目风险管理已经有了一些通用的分析方法，如概率分析法、模拟法、专家咨询法等。而要研究具体项目的风险，还必须与项目的特点相联系。应该综合考虑项目的规模、技术工艺的成熟程度，项目的类型和所在的领域，以及项目所处的地域，如国度、自然环境等，再选择合适的风险分析方法，只有这样才能得到正确的分析结果。

风险管理在很大程度上仍依赖于管理者的经验、管理者过去的工作经历、对环境的了解程度，以及对项目本身的熟悉程度。在整个风险管理过程中，人的因素对风险管理的影响很大，如人的认识程度、冒险性、创造力等，所以，风险管理中要注意对专家经验和教训的调查分析，这不仅包括他们对风险防范、规律的认识，还包括他们对风险的处理方法、工作程序和思维方式等，应将这些经验教训系统化、信息化、知识化，用于对新项目的决策支持。

基于风险所产生的成本，风险造成的损失或减少的收益以及为防止发生风险事故采取预防措施而支付的费用，都构成了风险成本。风险成本包括有形成本、无形成本以及风险管理所需的费用。

1. 风险损失的有形成本

风险损失的有形成本包括风险事故造成的直接损失和间接损失，这两种损失在前面已经提及。

2. 风险损失的无形成本

风险损失的无形成本是指由于风险所具有的不确定性而使项目主体在风险事件发生之前或之后付出的代价，主要表现在如下几个方面：

(1) 减少了获利的机会。由于对风险事件没有把握，不能确定风险事件的后果，项目活动的主体不得不事先做出准备。这种准备往往占用大量资金或其他资源,使其不能投入再生产、不能增值,因而减少了获利的机会。

(2) 阻碍了生产率的提高。人们有时会消极回避风险,不愿尝试新工艺、新材料、新的施工方法,这就阻碍了新技术的应用和推广,阻碍了生产率的提高。

(3) 引起了人们的恐慌心理,影响了人们的积极性。

3. 风险管理费用

为了预防和控制风险损失,管理者必然要采取各种措施,如向保险公司投保,向有关方面咨询,配备必要的人员,购置用于预防和减损的设备,对有关人员进行必要的教育或培训以及人员和设备的维持和维护费用等。一般而言,只有当风险事件的不利后果超过工程项目风险管理费用时,才有必要进行风险管理。

二、风险管理计划

在项目开始前风险管理人员就应制订项目风险管理计划,并在项目进行的过程中,实行目标管理,进行有效的指挥和协调。项目风险管理实质上是整个组织全体成员的共同任务。因此,实行风险目标管理要求自上而下层层展开,又要求自下而上层层保证风险管理目标的实现。在管理实践过程中,要积极发挥执行者的作用,开发他们的潜在积极性和能力。

项目风险管理计划应根据项目的具体情况而定,可以从如下方面来考虑项目风险管理计划的内容:

1. 项目提要

项目提要主要包括项目的目标、总要求、关键功能、应达到的使用特性、应达到的技术特性、总体进度、应遵守的有关法规等。这部分内容和其他各种计划一样,它应为人们提供一个参考基准,以了解项目的概貌,还要说明项目组织各部门的职责和联系。

2. 项目风险管理途径

项目风险管理途径主要包括与项目有关的技术风险、经济风险、自然风险、社会风险等的确切定义、特性、判定方法以及对处理这些项目风险的合适方法的综述。

3. 项目风险管理实施的准备

项目风险管理实施的准备包括对项目风险进行定性预测与识别、定量分析与评估的具体程序与过程,以及处置这些项目风险的具体措施,并做好项目风险预算的编制。

4. 对项目风险管理过程进行总结

对项目风险管理过程进行总结是指记录有关资料、信息的来源,以备查证。对周期很长的重大工程项目,在制订风险管理计划时,还应有短期与长期之分。短期计划主要是针对项目的现状而制订,长期计划则具有战略性,是围绕风险规避、风险控制、风险转移、风险自留等而作的综合性行动预定。

此外,在制订项目风险管理计划时,还应注意与其他相关计划的协调关系。在制订了项目风险管理计划后,应在项目运行过程中予以实施,并应对实施情况进行跟踪监测,做好信息反馈工作。只有这样,才能及时调整风险管理计划,以适应不断变化的新情况,从而有效地管理项目风险。就国际工程的施工而言,该计划系统由预防计划、灾难计划和应急计划组成。

(1) 预防计划:

预防计划的主要作用是降低损失发生的概率,具体措施包括:组织措施、管理措施、合同措施、技术措施。例如,明确各部门和人员的安全分工,设立警卫人员,建立相应的风险预警工作制度和会议制度。采用风险分隔措施和风险分散措施。如在现场将易发生火灾的木工加工场尽可能远离现场办公用房位置。在治安不良的国家,承包商营房应有隔离区,有彻夜照明灯。在国际工程结算中采用多种货币组合的方式付款时,应分散汇率风险。注意尽量让分包商开具履约保函、付款不能太快。技术措施包括地基加固、周围建筑物防护等。

(2) 灾难计划:

灾难计划是一组事先编制好的、目的明确的工作程序和具体措施,为现场工作人员提供明确的行动指南,使其在各种严重的、恶性的紧急事件发生后,不至于惊慌失措,也不需要临时讨论研究应对措施,可以做到从容不迫,及时妥善地处理,从而减少人员伤亡以及财产和经济损失。例如,工程所在国发生战争、动乱,承包商人员配合使馆人员安全撤离现场,援救及处理工程现场的伤亡人员。控制资产及环境损害的进一步发展,如海洋漏油、煤气管道泄漏等的处置。

(3) 应急计划:

应急计划是在风险损失基本确定后的处理计划,其主要工作是在严重风险事件发生后,使工程尽快全面恢复,并减少进一步损失,使其影响程度降至最低。国际工程中的应急计划包括:调整整个国际工程的施工进度计划,调整材料、设备的采购计划,并及时与材料、设备供应商联系,必要时可能要签订补充协议;准备保险索赔依据,确定保险索赔的额度,起草保险索赔后,要全面审查可使用资金的情况,调整筹资计划等。

三、工程项目风险管理程序

结合企业风险管理及国际项目风险管理实践,将风险管理过程分为五个阶段,包括风险识别、风险评估、风险评价、风险应对和风险监控。各阶段需要开展的工作、达到的效果如图 4-3 所示。

1. 风险识别

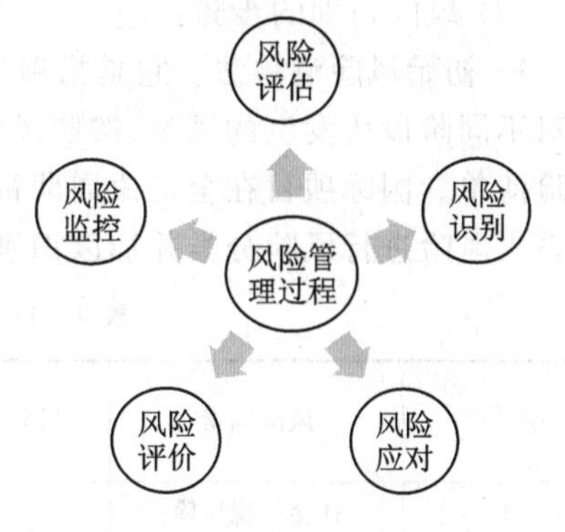

图 4-3　项目风险管理过程

风险识别是风险管理的基础性工作，它通过提供必要的信息使风险估计和评估更具效果及效率。风险识别做得不好，通常意味着风险评估也会做得不好。可以说一个已识别的风险已不再是风险，而是一个管理问题，毫无疑问，对风险的错误定义将导致进一步的风险。风险识别包括确定风险因素、风险产生条件，描述其风险特征和可能的后果，并对识别出的风险进行分类。风险识别是工程项目风险管理中一项经常性的工作，不是一次就可以完成的，应当在项目的自始至终定期进行。

(1) 风险识别的特点：

风险识别具有全员性、系统性、动态性、信息性及综合性五大特点。通过组织企业、项目组人员全员参与，从项目投标、实施、运营及移交等阶段系统地对项目全寿命周期进行风险识别，建立项目长期风险清单，及时收集各类信息并进行动态性监控，运用风险识别工具，确保项目各类风险可控。

(2) 风险识别的依据：

1) 项目的前提、假设和制约因素。项目的建议书、可行性研究报告、设计或其他文件一般都是在若干假设、前提的基础上作出的。这些前提和假设在项目实施期间可能成立，也可能不成立，因此，项目的前提和假设之中隐藏着风险。任何一个项目都处于一定的环境之中，受到许多内外因素的制约，这是项目管理班子不能控制的，其中隐藏着风险。因此，项目的前提、假设和制约的因素是风险识别时应该参考的依据。

2) 项目规划。项目规划中的项目目标、任务、范围、进度计划、费用计划、资源计划、采购计划及项目承包方、业主方和其他利益相关者对项目的期望值等都是项目风险识别的依据。

3) 工程项目常见风险种类。工程项目常见风险种类有政治风险、经济风险、自然风险、技术风险、商务风险、信用风险等。若风险分类罗列全面，则最终的识别结果就不致遗漏，还可避免风险识别盲目、无从下手的情况。

4) 历史资料。项目的历史资料可以是以前亲身经历过的项目的经验总结，也可以是通过公共信息渠道获得的他人经历过的项目的历史文档。过去建设过程中的档案记录、工程总结、工程验收资料、工程质量与安全事故处理文件，以及工程变更和施工索赔资料等，记载着工程质量与安全事故、施工索赔等处理的来龙去脉，这对当前工程项目的风险识别是很有帮助的。

(3) 风险识别的步骤:

1) 初始风险清单法。它是指项目专业人员利用丰富的经验,在项目全生命周期内对不同阶段所发生的风险,按照风险类别进行系统分类,识别风险,建立项目初始风险清单。国际项目在全寿命周期视角下,按照社会环境风险、项目自身风险、项目干系人风险进行风险分类并加以识别。项目初始风险清单如表 4-1 所列。

表 4-1 项目初始风险清单表

序号	风险因素	风险描述	阶段		
			标前阶段	实施阶段	交付阶段
1	社会环境风险				
1.1	社会治安				
1.2	法律法规风险				
1.3	……				
2	项目自身风险				
2.1	合同风险				
2.2	设计风险				
	……				
3	项目干系人风险				
3.1	业主方面的风险				
3.2	……				

2) 专家调查法。通过组织专家人员辨识项目风险是常采用的方法。包括头脑风暴法、德尔菲法和访谈法。

头脑风暴法又叫集思广益法,通过营造一个无批评的自由的会议环境,使与会者畅所欲言,充分交流、互相启迪,产生大量创造性意见的过程。头脑风暴法以共同目标为中心,参会人员在他人的看法上建立自己的意见,可充分发挥集体的智慧,提高风险识别的正确性和效率。

德尔菲法是一种反馈匿名函询法,也叫专家调查法。在对所要预测的问题征得专家意见之后,进行整理、归纳、统计,形成初步意见,再次征求意见,确定最终意见。

3) 财务报表法。财务报表法有助于确定项目可能遭受哪些损失以及在何种情况下遭受损失。通过分析项目结算款到位、资金流、汇率变化、资产负债表等情况,可识别项目的资产负债、责任及人身损失风险,预测项目未来的风险。

4) 风险调查法。该法是风险管理中用来记录和整理数据的基本方法,在风险识别时,对已完成类似项目曾发生过的风险及预计项目可能潜在的风险进行分析汇总,形成风险调查表,为下一阶段风险评估奠定重要基础。

2. 风险评估和评价

风险评估就是综合衡量风险对项目实现既定目标的影响程度。风险估计只对项目各阶段单个风险分别进行估计量化，而风险评价则考虑所有风险综合起来的整个风险以及项目对风险的承受能力，从系统工程的观点来看，国际工程承包项目的风险评价是一个层次系统问题。它含有若干个子系统，每个子系统又由许多因素组成，对于这样一个复杂的多层次系统，采用常规的数学方法是不能彻底解决的，需要更系统的评价方法。

(1) 风险评估的目的：

1) 确定项目风险的先后顺序对工程项目中各类风险进行评价，根据它们对项目目标的影响程度，包括风险出现的概率和后果，以确定它们的排序，为判断风险控制的先后顺序和风险程度对项目的不同影响提供依据。

2) 确定各项风险事件的内在联系，表面上看起来不相干的多个风险事件常常是由一个共同的风险因素所造成的。例如，遇上未曾预料到的技术难题，则项目会造成费用超支、进度拖延、产品质量不合要求等多种后果。风险评价就是要从工程项目整体出发，弄清各风险事件之间确切的因果关系，这样才能准确估计风险损失，并制定适应的风险应对计划，在以后的管理中只需消除一个风险因素就可避免多种风险。

3) 把握风险之间的相互关系，考虑不同风险之间相互转化的条件，研究如何才能化威胁为机会，还要注意，以为是“机会”的风险在什么条件下会转化为“威胁”。

4) 进一步量化以识别风险的发生概率和后果，降低风险发生概率和后果估计中的不确定性。必要时根据项目形式的变化重新估计风险发生的概率和可能的后果。

(2) 工程项目风险评估的步骤：

1) 确定项目风险评估基准：

工程项目风险评估基准就是工程项目主体针对不同的项目风险后果，确定可接受水平。单个风险和整体风险都要确定评价基准，分别称为单个评估基准和整体评估基准。项目的目标多种多样：工期最短、利润最大、成本最小和风险损失最小等，这些目标多数可以量化，成为评估基准。

2) 确定项目风险水平：

项目风险水平包括单个风险水平和整体风险水平。工程项目整体风险水平是综合所有风险事件之后确定的。要确定工程项目的整体风险水平，有必要弄清各单个风险之间的关系、相互作用以及转化因素对这些相互作用的影响。另外，风险水平的确定方法要和评估基准确定的原则和方法相适应，否则两者就缺乏可比性。

3) 比较：

将工程项目单个风险水平与单个评价基准、整体风险水平与整体评价基准进行比较，确定它们是否在可接受的范围之内，进而确定该项目应该就此止步，还是继续进行。

3. 风险应对

经过风险评估，项目整体风险有两种情况，如图 4 - 4 所示。

第一种情况，项目管理者有两种选择：一是当整体风险超过评估基准很多时，立

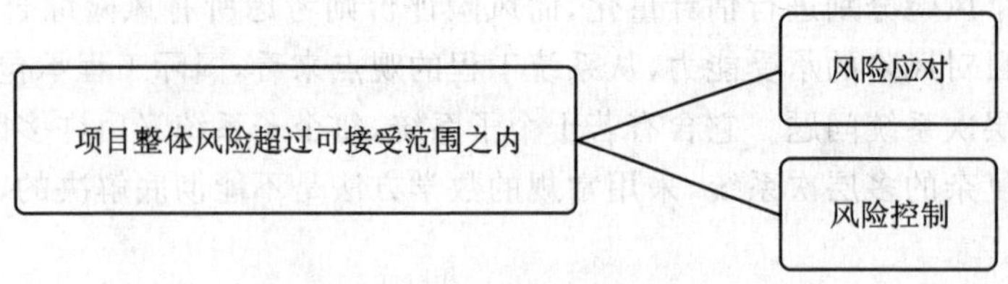

图 4-4　项目整体风险情况图

即停止，取消项目；二是当整体风险超过评估基准不多时，采取挽救措施。挽救措施有两种：第一，降低风险评估基准；第二，修改原有项目实施方案或重新拟定。无论采取哪种措施，都要重作风险分析，并且风险评估基准降低后项目一般不能达到原定目标。第二种情况，项目整体风险水平在可接受范围之内，则不必改变项目原定计划，而应采取必要的措施控制识别的风险，制定风险应对计划，在计划实行过程中，集中注意力监控应对措施的有效性，深入查找尚未显露的新风险，努力提高项目取得成功的可能性。这时如果有个别单个风险大于相应的评估基准，则可以进行成本效益分析，争取择优选择风险小的替代方案。风险应对技术分为两大类：控制性技术和财务性技术。控制性技术的主要作用是避免、消除和减少风险事故发生的机会，限制已发生的损失继续扩大。具体策略包括风险规避、非保险转移、缓解和利用。财务性技术是在风险发生后通过财务安排来减轻风险对项目目标实现程度的影响，具体策略包括保险性风险转移和风险自留。

(1) 风险规避：

风险规避就是通过变更工程项目计划，消除风险或风险产生的条件，或者是保护工程项目的目标不受风险的影响。风险规避是一种最彻底地消除风险影响的一种方法。这是一种消极的方法，在避免风险的同时也失去了获利的机会。工程法是有形的规避风险的方法，其以工程技术为手段，消除物质性风险的威胁。该法在规避项目安全风险方面应用较为广泛。如在高空作业下方安置安全网；在楼梯口、预留孔洞、坑井口设置围栏和盖板等。工程法的特点是每一种措施总与具体的工程设施相连，因此，采用该法规避风险成本较高。程序法是无形的风险规避方法，其要求用标准化、制度化和规范化的方式从事工程项目活动，以避免可能引发的风险。教育法就是通过对项目人员广泛开展教育，提高大家的风险意识，使大家认识或了解工程项目目标所面临的风险，了解和掌握处置风险的方法和技术，这是规避项目风险的有效方法。

(2) 风险转移：

工程风险应对策略中采用最多的是风险转移。风险转移是设法将某风险的结果连同对风险应对的权利和责任转移给他方。实行这种策略要遵循三个原则：风险转移应有利于降低工程造价和有利于履行合同；谁能更有效地防止或控制某种风险或减少该风险引起的损失，就由谁承担该风险；风险转移应有助于调动承担方的积极性。认真做好风险管理,进行风险转移,并不意味着一定是降低成本,节约投资。风险转移给了他人,他人肯定会受到风险损失。各人的优劣势不一样,对风险的承受能力也不一样。在某些环境下,风险转移者和接受风险者会取得双赢。风险转移可以通过工程的发包与分包(在国外还可以采用工程转包,但在国内是不合法的)、工程保险以及工程担保来实现。工程的发包与分包属于非保险风险转移。通过合同条款的签订、合同计价方式的选择,能够有效转移风险。合同按计价形式划分,有总价合同、单价合同和成本加酬金合同。采用总价合同时,承包商要承担很大的风险,而业主的风险相对而言要小得多;成本加酬金合同,业主要承担很大的费用风险;采用单价合同,承包商和业主承担的风险相当,因而承包单位乐意接受,故应用较多。工程保险的实施手段是购买保险,通过保险投保人将本应自己承担的责任转移给了保险公司(实际上是所有向保险公司投保的投保人),工程担保的实施手段是通过担保公司、银行或其他机构与组织开具保证书或保函,在被担保人不能履行合同时,由担保人代为履行或作出赔偿。工程担保和保险都是一种补偿机制,其中担保主要是对人为责任的补偿,而保险则是对非人为或非故意人为责任的补偿。与发达国家相比,我国对项目实施过程中风险的转移主要停留在工程的发包以及分包这一层面上。在国际上,建设工程有关的险种非常丰富,几乎涵盖了所有的工程风险。建设项目的业主不但自己为建设项目施工中的风险向保险公司投保,而且还要求承包商也向保险公司投保。在工业发达国家或地区,工程担保作为建筑工程社会保障体系一个极其重要的部分,已经形成了一套完整而健全的体系。国内工程项目只有少数进行了工程保险,至于工程担保则基本上还处于刚刚起步的阶段。我国对工程保险的有关规定相对薄弱,尤其在强制性保险方面,所以,应尽快建立起参照国际惯例并符合我国国情的工程保险和工程项目担保制度。

(3) 风险缓解:

风险缓解,就是减轻风险,是指将工程项目风险的发生概率或后果降低到某一可以接受的程度。风险缓解的前提是承认风险事件的客观存在,然后再考虑用适当的措施去降低风险出现的概率或者消减风险所造成的损失。在这一点上风险缓解与风险规避及转移的效果是不一样的,它不能消除风险,而只能减轻风险。风险缓解采用的形式可能是减轻风险的新方法,采取更有把握的施工技术,运用熟悉的施工工艺,或者选择更可靠的材料或设备。风险缓解还可能涉及变更环境条件,以使风险发生的概率降低。分散风险也是有效缓解风险的措施,通过增加风险承担者,减轻每个个体承担的风险压力,如联合投标和承包大型复杂工程,不需要单独的投标者完全承担失标的风险,而是作了分散处理。中标后,风险因素也很多,这诸多风险若由一家承包商承担十分不利,而将风险分散,即由多家承包商以联合体的形式共同承担,可以减轻它们的压力,并进一步将风险转化为发展的机会。在制订缓解风险措施时,必须将风险缓解的程度具体化,即要确定风险缓解后的可接受水平。至于将风险具体减轻到什么程度,这主要取决于项目的具体情况、项目管理的要求和对风险的认识程度。在实施风险缓解措施时，应尽可能将项目每一个具体风险减轻至可接受水平。

(4) 风险自留：

风险自留是一种风险财务技术，其明知可能会有风险发生，但在权衡了其他风险应对策略之后，出于经济性和可行性的考虑，仍将风险留下，若风险损失真的出现，则依靠项目主体自己的财力，去弥补财务上的损失。当采取其他风险应对策略的费用超过风险事件造成的损失数额，并且损失数额没有超过项目主体的风险承受能力，才可以自留风险，所以风险自留要求对风险损失有充分的估计。若从降低成本、节省工程费用出发，将风险自留作为一种主动积极的方式应用时，则可能面临着某种程度的风险及损失后果。甚至在极端情况下，风险自留可能使工程项目承担非常大的风险，以至于可能危及工程项目主体的生存和发展，所以，掌握完备的风险事件的信息是采用风险自留的前提。

风险自留一般在事前对风险不加控制，但有必要预先制订费用、进度和技术各方面的后备措施，这样就可以大大降低风险发生时实施应对计划的成本。

4. 风险监控

风险监控就是对工程项目风险的监视和控制。在实施风险应对计划的过程中，对风险和风险因素的发展变化进行观察，对应对措施实施的效果和偏差进行评估；寻找机会改善和细化风险应对计划；获取反馈信息，以便更好地控制风险，这就是风险监视。风险监视应该是一个实时的、连续的过程。风险控制就是在风险事件发生时实施风险应对计划预定的处理措施；另外，当项目的情况发生变化时，重新进行风险分析，并制订新的应对措施。风险管理是一个系列化的动态过程，随着工程的进展，反映工程建设环境和工程实施方面的信息越来越多，原来不确定的因素也逐渐清晰，通过分析项目目标的实现程度可以判断风险管理者对项目风险的分析是否客观，已采取的应对措施是否奏效。因此，只有及时或是定期地进行监控，才能确保风险管理的充分性、适宜性和实效性。应注意选择风险监视时机：工程项目开工前；分项工程、分部工程开工前；特殊作业、危险作业开工前；新材料、新工艺、新技术、新型机具设备使用前；现场组织机构、工程审计、现场布局等有重大变化时；在常规情况下，也应定期监控。监控的主要内容包括：风险因素的辨识是否充分，是否有新的风险因素产生；风险等级评价是否合理，是否有风险程度的变化；风险应对措施是否适宜，实施是否有效；是否有改进的需要。在风险监视的基础上，应针对发现的问题，及时采取措施，这些措施包括：权变措施、纠正措施、变更项目计划、变更风险应对计划。

(1) 权变措施：

风险控制过程中，风险管理者若发现某些风险的严重性超出预计，或者出现了新风险，就应该随机应变，提出权变措施。对这些措施必须及时记录，将其纳入风险监控过程中。

(2) 纠正措施：

纠正措施就是使项目的进展与原定计划一致所做的变更。若监视结果显示，工程项目风险的变化在按预期发展，风险应对计划也在正常执行，这表明风险计划和应对措施有效地发挥了作用；反之，则应对项目风险作深入分析，并在找出引发风险事件影响因素的基础上，及时采取纠正措施，包括变更项目计划和变更风险应对计划。

1）变更项目计划：

过于频繁地执行权变措施和纠正措施，会浪费许多宝贵的项目资源，大大地增加项目的风险，同时也会降低执行风险应对计划的严肃性。在这种情况下，可以考虑变更项目计划，比如改变项目的范围、改变工程的设计、改变实施方案、改变项目环境、改变工程项目费用和进度安排等。

2）变更风险应对计划：

随着项目的进行，通过有效的风险监控，可能会减少一些已识别风险的出现概率和后果。因此，有必要对项目的各种风险重新进行评价，将项目风险的次序重新进行排列，对风险的应对计划相应也进行变更，以使新的和重要的风险能得到有效的控制。通过分析，可以看出风险控制并不是一成不变地执行风险应对计划，而是风险监视与风险控制交替进行，随时将前期所做工作与实际项目进展进行比较，不断发现新情况，不断地完善应对计划。工程项目管理应该是管理者能随着项目的进行而相应修改其计划的动态风险管理。

四、国际工程风险管理案例

[案例 4－1] 马里某水电站项目

马里某水电站项目为 EPC 总承包模式，位于马里境内塞内加尔河上，是对现有的水电站的综合治理。工程主要包括对原有挡水堰进行加高，新建引水系统、电站厂房、进场道路及输电线路等，电站装机容量 3×21 MW，合同工期 38 个月。

主要风险分析及应对：

(1) 马里 2012 年 3 月 21 日哗变（项目环境风险——政治环境风险）：

2012 年 3 月 21 日，马里首都巴马科发生军人哗变，街道上枪声持续不断，机场及边境被关闭。动乱造成工期延误、施工费用增加。

企业成立应急小组，掌握事态的发展并做好各种防范措施。2012 年 3 月 21 日，马里哗变对某水电站施工造成的影响是显而易见的，使企业损失了很多时间。对此，企业向业主、监理提出了工期延长及损失赔偿意向。

(2) 马里社会治安风险（项目环境风险——社会环境风险）：

军人哗变之后，马里社会更加动荡，正常的工作效率很难保证。针对此情况，项目部高度重视、密切关注马里社会安全动态，制定了社会治安应急预案，并成立了领导小组。另外，项目部还从当地保安公司聘用了保安，保障工地及营地安全，同时要求业主增加安全保卫力度，业主聘用宪兵，驻扎现场。至项目完工，项目所在地没有发生或遇到过类似抢劫或不安全的事件。

(3) 业主支付风险（项目自身风险——业主风险）：

随着马里哗变的持续发酵，世行于 2012 年 6 月暂停支付项目工程款，项目资金回收风险加大。企业紧急启动业主风险评估应急预案，分析项目存在的风险及应对措施，并提出策略。通过风险评估，业主后期资金落实到位，有效化解了项目资金风险。

[案例 4 - 2] 波兰项目

A2 高速公路连接波兰华沙和德国柏林，是连通波兰和中西欧之间的重要交通要道。这条路招标时要求必须在 2012 年 5 月 31 日前建成通车。2009 年 9 月，中国海外集团和中铁隧道联合上海建工集团及波兰德科玛公司(DECOMA)组成中海外联营体(简称“联营体”)，中标 A2 高速公路中最长的 A、C 两个标段，总里程 49 km，总报价 13 亿波兰兹罗提，约合 4.72 亿美元。该报价仅为波兰政府预算价 28 亿波兰兹罗提的 46%，一度引起低价倾销的讼争。然而，2011 年 6 月初，距离预定工期已经过去一大半，而工程量只完成不到 20%。据中海外联营估算，如果坚持做完该工程，联营体预计亏损 3.94 亿美元。由于资金拮据，联营体无法支付分包商款项，造成波兰分包商游行抗议，给中国企业在波兰当地造成了严重的负面影响。工程业主——波兰公路管理局则向联营体开出了 7.41 亿波兰兹罗提(约合 2.71 亿美元)的赔偿要求并终止了合同，外加 3 年内禁止其在波兰市场参与投标。联营体中的波兰合作伙伴德科玛公司亦可能在业主方的强硬追索下破产。

主要风险分析：

(1) 决策风险(承包商风险——项目干系人风险)：

中海外联营把欧盟国家波兰视为打入欧洲市场的第一站。因为急于拿下合同，他们对波兰建筑市场的相关政治、经济、法律、技术规范、市场环境、业主态度、主要竞争对手的实力、心态以及 A2 公路的背景等情况的全面深入调查了解不够，这给项目实施带来了隐患。同时，急于求成的心态导致签订合同的草率——为了中标轻易地接受了许多不平等、不公正的合同条款。

(2) 合同风险(招标文件风险——项目自身风险)：

联营体与波兰企业主签订了过于严苛的合同。招标合同参考了国际工程招标通用 FIDIC 条款，但与 FIDIC 标准合同相比，联营体与波兰公路管理局最终签署的合同删除了很多对承包商有利的条款。例如，FIDIC 施工合同规定，如果因原材料价格上涨造成工程成本上升，承包商有权要求业主提高工程款，承包商实际施工时有权根据实际工程量的增加要求业主补偿费用；FIDIC 中的“如果业主延迟支付工程款项，承包商有权终止合同”，这些条款被明确删除。关于仲裁纠纷处理的条款全被删除，代之以“所有纠纷由波兰法院审理，不能仲裁”。FIDIC 标准合同中的这些条款在最终签订的合同中被一一删除或修改，这使得联营体失去了在国际仲裁法庭争取利益的机会。

合同对变更有着严格的限制。关于变更程序，A2 合同补充规定称：所有导致合同金额变动或者完成工程时间需要延长的，必须建立书面的合同附件。正是由于承包商忽略了合同条款分析，轻视了合同对于双方商务关系的重要性，使得承包商在与业主的谈判中步履维艰。

(3) 法律风险(项目环境风险)：

中海外联营体没有细致研究项目所在国的法律规定。波兰《公共采购法》明确规定：禁止承包商在中标后对合同金额进行“重大修改”。中海外联营体的几次变更申请均被波兰公路管理局拒绝，理由和依据就是这份合同以及波兰《公共采购法》等相关法律规定。

波兰加入欧盟后，各项法规向欧盟靠拢，变更频繁且突然。因欧盟标准更高，联营体经常在施工中因执行新标准而被迫放弃投标时的施工方法和价格，致使工程费用大大增加。联合体施工人员进入工地时，必须持有波兰政府颁发的各种签证(如临时居住证、劳动许可证、特殊公众资格证等)，办理这些证件的时间长达1～3个月。这些条件不仅增加费用、影响工期，而且迫使联营体无法使用国产设备，只能租赁当地设备，增加了成本。

按波兰《劳工法》，必须按当地工资水平雇佣海外劳工。这就意味着，中国劳动力的低成本优势不复存在。据有关方了解，中海外联营体的波兰项目中只有500名工人来自中国，不到总人数的1/6。

当地环保法律措施严格。欧盟的法律很注意对当地动植物的保护。A2高速公路西段综合投资为13亿欧元，其中环保成本就占将近25%。C段报价单上包括动物通道、声屏障(这一成本超过0.4亿波兰兹罗提)、路边的绿化和腐殖质土壤处理等所有可被视为“环保成本”的条目共计0.825亿波兰兹罗提，占综合成本的19%。项目C段的设计公司要求中海外联营体在高速公路通过区域为蛙类和其他大中型动物建设专门通道，避免动物在高速公路上通行时被行驶的车辆碾死。但中海外联营体的C标段合同报价中，桥梁方面的动物通道成本并没有明确被列入预算。同时，出于保护当地珍惜蛙类的需要，还使得施工不得不中断了两周。

(4) 经济风险(项目环境风险)：

中海外联营体对原材料市场的预测不足。为了2012年夏天举办的欧洲足球杯，波兰开始兴建大量的基础设施，各种基建原材料价格大幅上涨，一年多的时间，部分原材料和挖掘设备的租赁价格上涨了5倍以上，基建工程成本直线上升。欧洲基建承包商在波兰都有成熟的原材料供应商体系，也有自己的工程设备，受原材料价格上涨的冲击较小，而初来乍到的中海外联营体不仅享受不到优惠的原材料的供应价格，还受到欧洲竞争对手的排挤，致使原材料成本大大超出预算。

(5) 自然条件风险(项目环境风险)：

中海外联营体没有进行细致的现场勘查，对当地地质条件缺乏了解，而且项目说明书上的很多信息很模糊。施工中发现，很多工程量都超过了项目说明书的规定数量，如桥梁打入桩，项目说明书规定为8 000 m，实际施工中达60 000 m；桥涵钢板桩，项目说明书中没有规定，可实际工程中所有的桥梁都要打桥涵钢板桩；软基的处理数量也大大超过预期。

(6) 语言风险(社会文化风险——项目环境风险):

波兰的官方语言是波兰语,英语在波兰人日常生活中并不普及,精通中文且具备法律和工程专业背景的翻译人员更是凤毛麟角。联营体和公路管理局签署的是波兰语合同,而英文版和中文版只是简单摘要,由于合同涉及大量的法律和工程术语,当时聘请的翻译并不能胜任。由于语言上存在障碍,造成项目实施过程中沟通不畅,这也是项目亏损的一个主要原因。

(7) 业主方风险(项目干系人风险):

业主支付条件苛刻,付款态度消极,使项目执行情况雪上加霜。业主付款周期为56天,但联营体对劳务、材料供应商、设备租赁商、分包商的付款周期最短为3天。同时,大量设计文件、施工规范被工程师拖期审批,以致无法按时施工;因考古引起工程延误等一系列的索赔要求也被工程师驳回。

五、国际工程风险管理要点分析

国际工程项目具有高金额、高风险、高损失的特点,对比分析中国承包商经历的诸多失败案例,不难发现,导致这些项目失败或陷入困境的原因具有明显的共同特性。

从上述案例可以看出,源于中国承包商自身的原因主要包括:决策失误,风险评估薄弱,缺乏合适的转移控制措施;无视合同的严肃性,草率签订合同;设计与技术标准受限;缺乏属地化分包管理;粗放式项目管理。

1. 标前考察薄弱

在中国承包商与国际承包商的成本优势日益缩小的前提下,有些中国承包商还在投标阶段急于求成,追求营业额和开拓新市场,以超低价格中标,而不重视项目市场的环境调研,投标决策做得很草率,导致项目实施过程中出现严重困难,很多项目实施环境与做出决策时提出的理想状况有很大差距。由于承包商事先市场调查做得很草率,对项目所在地的社会情况、文化环境、法律条件等研究不细致,照搬国内实施项目的方法,结果自然是导致项目的亏损和失败。这也恰恰是不注意识别和遵守国际工程项目客观规律的体现。用“赌博”的方式和“碰运气”的心态开展充满高风险的国际工程项目,其结局可想而知。

2. 对合同重视不足

受国内工程项目经验的影响,有些中国承包商缺乏尊重合同和法律的传统,将合同仅仅看作一个形式,甚至有时工程都做完了合同却还没翻过,不重视合同条款所规定的内容,对保护承包商自身的条款重视不足,甚至主动或轻易放弃了承包商应有的权利。

3. 保险保障不充分

目前，有些中国承包商较缺乏保险意识，特别是政治险、罢工险等险种，因为一旦发生政治方面的风险，其严重性往往超过其他方面，其影响也是多方面、大范围的，很有可能导致国际承包商陷入绝境，所以不可不防。

4. 学习与交流机制缺乏完善

有些中国承包商用高成本换来的海外工程经验常常是低效率的，单个人的经验不能成为企业风险管理的一部分，常常出现“人走了，经验也被带走了”的现象。有时，承包商之间也很难建立有效的沟通交流机制，个别企业的经验教训很难成为整个行业的共同财富。

针对上述问题，承包商在“走出去”开展国际项目时，应遵循“竞合、共赢、遵守游戏规则”的理念，把握好时机，与各利益攸关方沟通协调好，加强国际化人才建设，加强风险防控，破解制约因素，稳健地迈好“走出去”的步伐。应做到：理解各种项目管理模式的风险；熟悉合同及索赔条款；了解合同制定背景与目的（如 FIDIC 的背景为英国普通法）；提升项目管理能力；借助外脑，即法律顾问、保险顾问、成本和工期索赔顾问、技术专家等。另外，在承包商企业内部培养风险管理文化，使员工能够长期保持危机感并习惯从风险管理的角度分析、处理问题，这将会有效推进承包商的风险管理建设。

第五章 国际工程质量管理

第一节 国际工程质量管理概述

一、质量的概念

质量的概念可分为广义和狭义两种。《辞海》中对质量的定义是：质量是产品(劳务)或工作质量的优劣程度，这是一种较为广义的质量的概念；而狭义的质量则仅仅指产品(劳务)的质量。

国际质量管理体系 ISO 9000：1994 对质量的定义：产品过程或服务满足规定或潜在要求(或需求)的特征和特性的总和。

二、工程项目质量系统

工程项目质量，根据上述质量概念所述，是指通过工程建设过程而形成的工程项目产品，应满足用户从事生产、生活所需的功能和使用价值，应符合设计、合同规定的质量标准；同时，工程项目是一个系统工程，工程项目的质量是多层次、多方面的要求，应达到整体优化的目的。因此结合质量的概念，工程项目质量系统的内涵应包括以下几个方面：

1. 工程项目的实体质量系统

工程项目都是由分项工程、分部工程和单位(项)工程所组成，而项目的建设过程是通过一道道工序来完成的。工序创造了分项、分部工程项目，分项、分部构筑了单位(项)工程，单位(项)工程构筑了工程项目实体。因此，工程项目实体质量最终的形成是经过工序质量、分项工程质量、分部工程质量和单位(项)工程质量这样一些特定过程的。其中单位(项)工程质量又包含了建筑工程、安装工程和生产设备(装置)本身的质量。

2. 工程项目的功能质量系统

任何产品都必须能够满足国家建设和顾客需求所具备的自然属性，工程项目作为一件特殊的产品，其质量必然体现在适用性、可靠性、安全性、经济性、使用寿命、外观质量与环境协调等方面。

(1) 工程项目的适用性：

工程项目必须满足特定的技术特性、外观特性以及适用范围，同时工程项目要保证做到技术先进、布局合理、使用方便、功能适宜。

(2) 工程项目的安全可靠性：

工程项目必须在设计规定的时间和使用条件下，达到和通过指定性能的能力；必须应对规定的强度、刚度和抵抗各类设计范围内的外力破坏，包括地震、耐酸、耐碱等，最终达到设计使用寿命；另外工程项目对人、生产、环境等方面的安全保证程度，必须符合国家标准，满足顾客需求。

(3) 工程项目的经济性：

工程项目从设计、建设到整个产品的使用寿命期内的成本必须经济合理，例如造价要合理、施工周期短、维修费用少、使用费用低等。

(4) 工程项目使用寿命：

任何产品都有寿命，工程项目作为一种产品也不例外，其使用寿命是指在其满足使用条件下的使用年限。例如工业建筑一般为 50 年，民用建筑一般为 70 年等。

(5) 外观质量与环境协调性：

工程项目首先必须技术先进、施工方便、工艺合理、功能合适，且造型新颖、美观大方、与周边环境相协调适应。

三、国际工程项目质量管理的主要特点

1. 重视建筑法规的立法及执法工作

国际上都十分重视建筑法规的立法及执法工作，即通过法律手段实施建设工程的质量管理，确保建设工程质量。经济发达国家一般都有完善的法规体系，如规划法、建筑法、工程建设标准、建设工程从业人员专业资格管理制度、建筑材料、构配件和设备生产许可和监察制度以及与其相配套的一系列的法规实施细则等。这些国家政府主管机构在工程项目建设的各个阶段都严格执行这些法规和制度，监督检查业主方、承包商的守法情况，以确保工程建设市场的规范有序。

此外，在国际上，特别是一些经济发达国家的行业协会、学会等组织十分发达，它们常年从事建筑法规的制定、修订，并参与国家相关法规的制定和组织各种行业规范的制定工作，因此他们的建筑法规的专业性、适用性都很强，并具有很好的可操作性。

经济发达国家和一些发展中国家的建筑企业或从业人员的法律意识一般都比较强，大都能自觉遵守法规要求，并少有不良之风问题，建筑市场基本能保证在正常的法规轨道上运作。

2. 全面贯彻 ISO 9000 质量管理体系标准

国际标准化组织（International Organization for Standardization，ISO）于 1986—1987 年发布了 ISO 9000 质量管理系列标准，而后于 1994 年补充修订为第 2 版，2000 年全面修订为第 3 版，2008 年又做了部分修订，发布了第 4 版标准。世界各国，特别是经济发达国家和较多的发展中国家都积极推行这一系列标准，将其作为

规范承包商乃至工程项目质量管理的基础标准。在工程项目建设全过程中，承包商始终要按照这一系列标准要求开展项目经理部的质量管理工作，业主方/监理工程师亦要按照这一系列标准要求进行工程建设全过程的质量监控工作。例如，在工程项目正式开工前，承包商要按 ISO 9001 标准(质量管理体系要求)、ISO 10005 标准(质量管理质量计划指南)和 ISO 10006 标准(质量管理体系项目质量管理指南)，编制项目质量计划并报业主/监理工程师审批，而后业主/监理工程师将其作为对承包商项目施工全过程监控管理的主要依据之一。

3. 工程项目外部(政府)对设计质量的监督控制力度大

与我国的设计体制不同，国际上多数国家的设计单位都是私营的，设计单位的规模较小，人员较少(多数仅有几个人，而二三十人的就属于大的设计单位了)；在一些经济发达国家也有一种联合设计事务所的组织模式，即由数家小规模的设计事务所组成联合事务所。对于这样的设计组织机构形式，即仅由一个小型设计所来确保工程建设项目的工程设计质量和水平有一定的难度，而且也不能充分发挥国家的整体技术优势。据此，这些国家就对设计加大了社会的评议和监督的力度。例如，一些国家规定，设计成果(施工图)须经当地政府质量监督部门审批，甚至施工过程中的设计变更也须经当地政府质量监督部门审批。

4. 项目工程质量控制完全纳入合同管理之中

业主在招标文件的技术附件或技术规范说明书中，均明确了对工程质量的要求，即质量管理内容构成了合同的组成部分，它可以和国家的质量标准不一致，而更多的是体现业主/投资人的个性要求。因此，承包商在每一设计阶段或施工阶段开始之前，应向业主/监理工程师提出相关程序和实施合同规定的技术、质量要求的文件，以使业主方面相信承包商能够达到规定的要求。而监理工程师的职责是代业主行使职权，监督承包商按合同要求施工。这与我国国内工程的质量控制更多地体现在国家或行业要求及施工单位的自律上是有着明显区别的。

5. 严格实施过程质量监督

(1) 工程项目实施阶段的质量监督主要反映在三个层次的过程监控：承包商的自我监督检查；业主方/监理工程师的监督管理和政府质量监督部门的监督检查。除去承包商的自我监督检查与国内工程相仿外，其余两个层次的监督对比我国国内的做法有其独特的特点。

(2) 在国际上，特别是从一些经济发达国家的情况来看，业主方承担工程质量的首要责任，政府一旦发现工程质量有问题，首先追究业主的责任；另外，业主本身是工程产品的购买者，它最关心工程的使用价值，因此它势必重视工程质量的监督管理。业主方的监督管理主要是按合同技术附件或技术规范说明书的要求进行的。它是通过业主委托的监理工程师或业主授权的其他机构进行的过程质量监督检查。对于每次检查的情况及结果均要形成书面记录，并交承包商签字确认。监理工程师或其他被委托的监督管理人员均是充分体现业主意志，严格实施过程监控。他们关注的重点是承包商是否严格按设计施工，施工过程及其结果是否符合合同中所规定的技术规范、质量标准的要求。

(3) 政府的质量监督管理主要包括：制定质量法规，通过专业机构对设计进行评议/审核，颁发施工许可证；通过专业机构或人员对施工过程进行重点监督检查，颁发使用许可证等。国际上较多的国家规定了政府质量监督部门对工程实施过程的监督检查。不同国家的相关规定尽管不完全一致，但总的原则都是从宏观上控制关键过程内容的工程质量。政府质量监督关注的重点均是与建筑安全、人身安全直接相关的工程内容。例如，对工程设计监督关注的是地基与基础的安全性、主体结构的安全性、建筑防火、火灾人流紧急疏散措施等；对于工程施工则重点关注地基基础、混凝土结构、钢结构、回填土、防水等工程质量。

6. 关注过程证据性资料

ISO 9000 系列标准全面贯彻质量保证的思想，即为了取得相关方的信任，承包商必须提供与质量相关的过程活动及其结果符合要求的证据。这些证据对施工活动来说主要是以过程记录的形式来体现，它包括与业主、监理、设计、质量监督部门、供应商、分包商间往来的信函、文件、会议纪要，以及施工过程中的各种质量检查记录、试验记录、施工日志等。这些证据不仅仅能证实工程施工过程及其结果的符合性，更重要的还是承包商向业主进行索赔或规避业主索赔的证据，特别是当承包商与业主方发生争议乃至诉讼时，它们更是必不可少的。

我国一些承包商在国际工程承包中，因为不重视证据性资料的收集及管理，导致索赔不成功或是在诉讼案中败诉的案例非常多，这与国人长期以来证据意识观念不强是分不开的。

四、质量管理的指导思想和方法

1. 质量管理的指导思想

国际工程质量管理的指导思想是当代很先进的全面质量管理思想，它贯穿于工程建设的全过程。

(1) 全面质量管理的含义：

全面质量管理（Total Quality Management，TQM）是指企业动员其所有层次，所有人员参与的以产品质量为核心，把专业技术、管理技术、数理统计技术集合在一起，控制生产过程中影响质量的因素，以优质的工作和最经济的办法提供满足顾客要求的产品的管理思想。

(2) 全面质量管理的主要特点：

全面质量管理的特点：管理是全面的，即控制产品形成的全过程；质量与每一个人的工作有关，因此需要企业全员参与；通过每一个岗位的工作质量来确保产品质量。

(3) 全面质量管理的核心思想：

1) 顾客至上。提供产品和服务的组织要树立以顾客为中心、为用户服务的思想，以向顾客提供满意的产品和服务为管理目标。

2) 质量是制造出来的，而不是检验出来的。产品质量的好坏，主要在于产品的设计与制造，检验只是证实产品质量是否符合要求。

3) 通过过程质量来保证结果质量。即只有过程质量符合要求，最终产品的质量才能满足要求。

4) 用数据说话。数据是生产、管理过程活动的定量反映，只有用数据反映过程活动，才可以进行准确的分析判断和控制。

5) 预防为主。要求相关管理者对可能导致产品不合格的原因进行分析，并针对原因采取有效的预防措施，以防止所预见到的不合格产品的产生。

全面质量管理的核心思想已全部反映在目前国际上最为先进的质量管理方法、质量管理的标准化管理——ISO 9000 质量管理系列标准之中。

2. 质量管理的方法

(1) 按 ISO 9000 系列标准的要求开展项目的质量管理：

国际工程项目质量管理的方法主流是按国际标准化组织发布的 ISO 9000 质量管理系列标准的要求，开展项目经理部的质量管理。

国际标准化组织于 1986—1987 年发布了质量管理系列标准，世界上 100 多个国家和地区等效或等同采用这个标准，作为本国的质量管理标准，以规范本国的质量管理。在工程建设项目的质量管理上，这些国家均是按 ISO 9000 系列标准，要求承包商开展相应的质量管理活动。

ISO 9000 质量管理系列标准全面贯彻了全面质量管理的思想，并将其落实到标准的各项要求中去。例如，在 ISO 9000 系列标准所坚持的八项原则，即以顾客为关注焦点、领导者作用、全员参与、过程方法、管理的系统方法、持续改进、基于实施的决策方法、与供方互利的关系原则中，都充分体现了全面质量管理的思想。

(2) ISO 9000 系列标准的主要标准：

目前国际标准化组织发布的质量管理体系标准主要包括：

ISO 9000：2005《质量管理体系基础和术语》；

ISO 9001：2008《质量管理体系要求》；

ISO 9004：2000《质量管理体系业绩改进指南》；

ISO 10005：2005《质量管理体系质量计划指南》；

ISO 10006：2003《质量管理项目质量管理指南》；

ISO 10007：2003《质量管理技术状态管理指南》；

ISO 10002：2004《质量管理顾客满意、组织顾客投诉指南》；

ISO 10012：2003《测量管理体系测量过程和测量设备的要求》；

ISO/TR 10013：2001《质量管理体系文件指南》；

ISO/TR 10014：1998《质量经济性管理指南》；

ISO 10015：1999《质量管理培训指南》。

3. ISO 9000 质量管理系列标准的特点

ISO 9000 质量管理系列标准的特点主要包括：

(1) 质量管理体系系列标准的结构与内容适用于所有产品类别，以及不同规模和不同类型的组织。

(2) 强调质量管理体系的有效性和效率，引导组织关注顾客和其他相关方、产品与过程，而不仅仅是关注程序文件和记录。

(3) 对标准要求的适用性进行了科学与明确的规定，在满足标准要求的途径与方法方面，提倡组织在确保有效性的前提下，可根据自身经营管理的特点做出不同的选择，给予组织更多的灵活性。

(4) 标准中规定了质量管理八项原则，便于使用者从理念和思路上理解标准的要求。

(5) 采用“过程方法”的结构，体现了组织管理的一般原理，有助于组织结合自身的特点采用标准来建立质量管理体系，并重视有效性的改进与效率的提高。

(6) 强调最高管理者的作用，包括做出并持续改进质量管理体系的承诺，确保顾客的需求和期望得到满足，制定质量方针和质量目标并确保得到落实，确保所需的资源。

(7) 将顾客和其他相关方满意或不满意信息的监督作为评价质量管理体系业绩的一种重要手段，强调要以顾客为关注焦点。

(8) 突出了“持续改进”的理念，它是提高质量管理体系的有效性和效率的重要手段。

(9) 对文件化的要求灵活，强调文件应能够为过程带来增值，记录只是证据的一种重要形式。

第二节　ISO 9001 标准实施

在国际工程项目管理中运用的主要管理体系标准是 ISO 9001《质量管理体系要求》。这一标准对产品形成全部过程的管理及须提供的证据性文件提出了全面而具体的要求。这些要求也是业主方、监理方、政府质量监督方对承包商/项目经理部实施质量管理的基础要求。

本节主要介绍项目经理部如何依据 ISO 9001《质量管理体系要求》标准开展项目经理部的过程质量管理活动。

一、对主要质量管理术语的理解

以下对在质量管理过程中使用频率较高且十分关键、容易引起歧义的几个主要术语做出简要说明。

1. 要　求

在 ISO 9000：2005 标准中对“要求”(Requirement)是这样定义的：“明示的、通常隐含的或必须履行的需求或期望。”

(1)“明示的要求”对于工程建设行业来说是指业主方、设计方、监理方等用文字以约定形式所表达的需求或期望，如合同、合同技术附件、经批准的设计图纸/设计说明、监理工程师指令、工程变更通知、与需求或期望有关的会议纪要等。

(2)“通常隐含的要求”是指，承包商、业主方或其他相关方的惯例或做法，其所考虑的需求或期望是不言而喻的，即不需要任何方面指出或强调，承包商应自觉贯彻落实或遵守。

(3)“必须履行的需求或期望”是指，以法定形式所做出的必须贯彻或履行的，如技术质量方面的法规、技术规程、规范，承包商自己的规定性文件如管理规定、程序文件等。

2. 过　程

在 ISO 9000：2005 标准中对“过程”(Process)是这样定义的：“将输入转化为输出的相互关联或相互作用的一组活动。”

(1) ISO 9000 系列标准是贯彻了全面质量管理的过程思想的，即产品的质量是通过过程的质量来实现的，通过过程的质量来保证结果(产品)的质量。这是现代管理的一个十分重要的理念过程思想。

(2) 过程包括了管理过程和施工操作过程。管理过程如：合同评审、合同交底、施工技术方案编制、分包商评价与选择、供应商评价与选择、进场物资检验、人员培训等。施工操作(作业)过程如：模板安装、钢筋绑扎、混凝土浇筑、二次结构砌筑、设备吊装等。

(3) 采用过程控制方法实施工程项目质量管理的前提是，要识别项目的过程，即识别出项目建设全过程中所有需要控制的过程，而后才是按相关要求实施控制。

3. 程　序

在 ISO 9000：2005 标准中对“程序”(Procedure)是这样定义的：“为进行某项活动或过程所规定的途径。”

(1) 为了规范工程项目的管理过程或操作(作业)过程，确保过程结果能满足要求，需要对过程预先做出“途径性”的规定。

(2)“途径”包括了“5W1H”六个方面，即：活动的目的(Why?)，活动的对象(What?)，活动的责任者(Who?)，活动的时间(When?)，活动的地点(Where?)，活动的方法(How?)。

(3) 程序可以形成文件,也可以不形成文件。但当不形成文件,过程无法准确实施或不能准确达到预期结果时,就需要形成文件并发布。这时所形成文件的程序即为"程序文件"。例如,承包商对于文件的管理、物资采购的管理、施工生产过程的控制等,不形成文件,不能规范操作或不能保证活动的效果时,就需编制相应的程序文件,即文件管理程序、物资采购程序、施工生产过程控制程序等。

(4) 编制的程序文件应能准确说明"5W1H",以保证程序的可操作性和可检查性。

4. 组　织

在 ISO 9000: 2005 标准中对"组织"(Organization)是这样定义的:"职责、权限和相互关系得到安排的一组人员及设施。"并提出了示例:"公司、集团、商行、企事业单位、研究机构、慈善机构、代理商、社团或上述组织的部分或组合。"

在国际工程承包的项目管理中,承包商、业主、监理、分包商、供应商等都是一个组织。

二、项目过程质量管理流程

项目过程质量管理流程如图 5-1 所示。

三、主要质量管理活动

1. 质量计划(Quality Plan)

(1) 制定质量计划的要求:

在 ISO 9001 标准中提出了这样的要求:"组织应策划和开发产品实现所需的过程。产品实现的策划应与质量管理体系其他过程的要求相一致。"

(2) 在对产品实现进行策划时,组织应确定以下方面的适当内容:

1) 产品的质量目标和要求;

2) 针对产品确定过程、文件和资源的需求;

3) 产品所要求的验证、确认、监视、测量、检验和试验活动,以及产品接受准则;

4) 为实现过程及其产品满足要求提供证据所需的记录。

ISO 9001 指出:"策划的输出形式应适合于组织的运作方式。"阐述了项目策划的概念及要求,指出项目策划的输出形式为项目策划书及项目实施计划,其中实施计划中就包括了质量计划。

2. 质量计划的概念

在 ISO 9001: 2008 标准的"产品实现策划"一节中,是这样解释质量计划的:"对应于特定产品、项目或合同的质量管理体系的过程(包括产品实现过程)和资源做出规定的文件可称之为质量计划。"在 ISO 9000: 2005 标准中,是这样定义质量计划

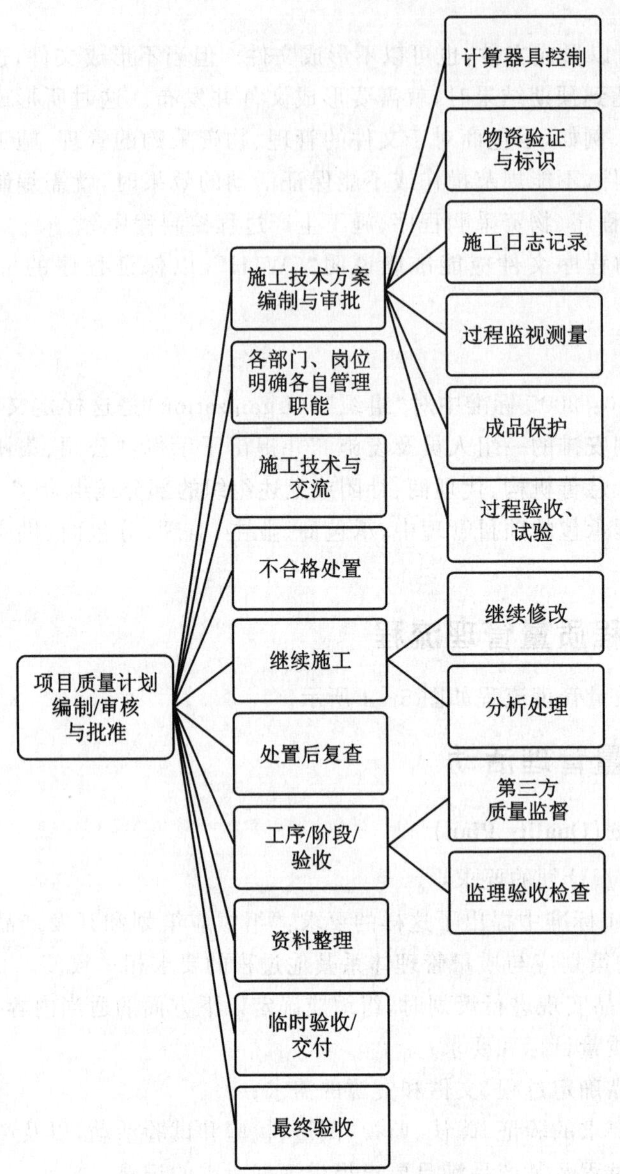

图 5－1　项目过程质量管理流程

的:"对特定的项目、产品、过程或合同,规定由谁及何时使用哪些程序和相应资源的文件。"

从以上定义,我们可以看出:

(1) 质量计划是针对特定的项目或合同而编制的。

(2) 质量计划应明确产品(工程)实现所需要的过程及资源。

(3) 质量计划应明确过程实施中的具体责任人员和实施的时间,说明质量计划是一个具备可操作性及可检查性的文件。

(4) 编制质量计划应遵循组织(承包商)已获批准的管理体系中的程序文件。

3. 制定质量计划的意义

在 ISO 10005：2005 标准中,已对质量计划制定的必要性做出了说明。对于从事国际工程建设的承包商来说,其编制的意义主要在于:

(1) 满足业主方/监理工程师的要求,使其作为监督项目经理部质量管理的依据之一。在欧美等经济发达国家和地区以及欧美监理工程师受聘于发展中国家承担工程监理任务时,一般都要求承包商的项目经理部在开工前向他们提交项目质量计划,以作为他们对项目施工全过程中的质量控制的依据之一。为此项目经理部应按照 ISO 9001 标准及 ISO 10005 标准的要求编制结合实际并具有可操作性的质量计划。

(2) 具体指导承包商在项目上的质量控制工作,通过各岗位在过程中的工作质量,保证工程产品质量。

(3) 规范项目经理部各岗位的工作,完整有效地落实各自的管理职能,按要求做好相应的证实工作,提出符合要求的证据性资料。需要说明的是,在 ISO 10005：2005 标准中还指出:“对于特定情况,可能需要也可能不需要制订质量计划。一个已经建立质量管理体系的组织,在现有的体系下可能能够满足质量计划的全部需要,那么该组织就没有必要单独制定质量计划。”也就是制订质量计划不见得是必须的。项目经理部是否制订质量计划,还需按照该标准所提出的制订质量计划的必要性,来判断自己是否有必要制订质量计划;但当业主方/监理工程师要求项目经理部应向其提供项目质量计划,否则不同意正式开工时,那项目经理部就必须按要求制订符合 ISO 9000 系列标准要求的质量计划。

4. 质量计划编制的依据

(1) ISO 10005：2005《质量管理体系质量计划指南》。

(2) 承包商组织的质量管理体系文件。

(3) 经批准的本项目策划书等。

5. 质量计划与承包商组织程序文件的关系

(1) 程序文件是质量计划的编制依据之一,即质量计划的过程控制及记录要求均应符合承包商组织的程序文件的要求。

(2) 程序文件是对承包商的各职能以及工程项目所有过程活动所作的程序性规定,质量计划是针对工程项目的实际,将程序文件展开为项目可操作性的程序。

(3) 程序文件规定的过程活动责任人以及活动时间均为原则性的,而质量计划规定的工作要落实到项目的具体责任人,规定的活动时间是可操作的活动时间。

6. 质量计划的内容

质量计划的主要内容包括:

(1) 各部门、岗位的职能(职责、权限和作用)。

(2) 应控制的过程(活动)及其控制方法。

(3) 应完成的主要过程记录。

(4) 业主方对质量计划的要求。在 ISO 10006：2003 中指出："在合同环境下，顾客可能规定对质量计划的要求。"

7. 制订质量计划的注意事项

(1) 质量计划应由项目经理部中熟悉项目管理及承包商组织程序文件的管理骨干来编写。

(2) 为简化文字，质量计划可引用承包商组织的程序文件或质量管理手册的相关内容和要求。

(3) 质量计划内容一定要具有可操作性，不能说原则话或提原则要求。

(4) 质量计划经项目经理部上级主管部门审批后，按要求报业主方/监理工程师。

(5) 质量计划应发至项目经理部每一管理岗位。使每一岗位人员都了解自己在质量管理体系中的位置和应开展的工作。

四、施工过程质量控制

ISO 9001 标准的"生产和服务提供"条款中提出："组织应策划并在受控条件下进行生产和服务提供。"对于工程项目施工，主要是按其要求做好施工全过程的质量控制。

1. 施工过程质量控制的目的

项目经理部开展施工过程质量控制的目的，就是确保工程产品质量符合要求，以达到业主的满意。

2. 施工过程质量控制的必要条件

按照 ISO 9001 标准"生产和服务提供的控制"所提出的要求，可认为在工程施工全过程中进行质量控制的必要条件包括：

(1) 有符合要求的指导施工的技术文件，包括规定质量要求。

(2) 配备、使用适宜的各类资源，包括监视测量设备。

(3) 实施过程监视测量和产品监视测量。

(4) 工序交接、工程交付满足要求。

3. 进行项目过程质量控制必须做的主要工作

项目经理部在施工全过程中应开展的主要工作包括：

(1) 全面贯彻落实项目质量计划，项目经理要组织落实各岗位的管理职能，要求他们按照计划要求开展各相关过程的管理活动。

(2) 设计报审。当项目经理部负责工程设计或深化设计(二次设计)工作时，项目经理部应按工程所在国工程设计审查的相关规定向监理工程师/政府质量监督部门报审设计输出，并根据审核意见调整设计文件。

(3) 编制并组织落实指导施工的技术文件，包括编制指导施工的专项技术方案和作业指导书，向作业班组进行施工技术交底，并保存交底记录。

(4) 采购样品报验。项目经理部应按工程所在国的有关规定，在选择供应商的过程中向业主方/监理工程师报送物资样品，在其得到确认后方可进行物资采购，以确保物资质量，并达到业主满意。

(5) 过程检验试验及报验。项目经理部按工程所在国相关法规或合同要求，实施相关的检验和试验，并按规定要求提前通知监理工程师实施监督，以确认过程或阶段的检验和试验程序和结果。

(6) 过程监视和测量。项目经理部应坚持开展过程监视和测量活动，及时发现过程活动中的不合格情况，确保过程质量。

(7) 不合格品控制。项目经理部应坚持按要求实施对产品的监视和测量，及时处理发现的不合格品。

(8) 采取纠正措施和预防措施。项目经理部对于在过程监视测量中发现的过程不合格以及在产品监视和测量过程中发现的产品不合格，应适时采取纠正措施，或预先采取预防措施，以实现管理的持续改进。

4. 业主方/监理工程师在过程质量控制中的主要工作

业主方/监理工程师将根据合同和工程所在国适用的法律法规，对项目经理部的施工过程进行必要的质量控制，主要包括：

(1) 审核项目经理部报送的项目质量计划。

(2) 审核项目经理部报送的工程设计或二次设计输出，审核设计变更。

(3) 审批分包商(包括外部委托试验室)选择结果。

(4) 审核物资样品、审批物资供应商选择结果。

(5) 参加或监督过程检验、试验，确认工序质量或阶段工程质量。

(6) 实施必要的过程监视测量或旁站监督。

(7) 向项目经理部发出质量不合格整改指令。

(8) 审核质量事故处理方案。

(9) 组织工程临时验收和最终验收。

5. 政府实施过程质量控制的主要方式

国际上，许多国家都十分重视政府对工程项目建设全过程的质量监督，高度关注工程项目的设计、投用物资的质量控制以及施工过程的质量控制。其主要监督方式有：

(1) 法国模式。法国的建筑法规《建筑职责与保险》要求项目总承包商必须向保险公司投保，保险公司则要求项目经理部必须委托一个质量检查公司对其进行过程质量监督检查。质量检查公司将对项目经理部从工程的设计开始，直至工程竣工、提交工程质量评价报告等施工全过程进行质量监督检查。

(2) 美国模式。美国模式主要体现在政府主管部门直接参与工程项目质量的监督和检查。这种监督检查又分为两种情况：一种情况是政府直接派出自己的监督检查人员，另一种情况是政府聘请或要求业主聘请属于政府认可的外部专业人员。在施工全过程的监督检查中，其重点是工程物资的投用以及地基基础和主体结构的质量。

(3) 德国模式。德国模式采取由州政府建设主管部门向由国家认可的质监工程师组成的质量监督审查公司委托或授权，由他们代表政府对工程质量实行全过程监督检查。

(4) 第四种模式。这主要是一些非洲国家所采用的模式。政府专职的质量监督部门(类似我国的地、市政府的质量监督站)对工程施工全过程进行监督检查，其监督检查重点是工程设计(包括设计变更)、地基工程、结构工程、回填土工程、防水工程等直接影响工程安全使用功能的施工内容。

6. FIDIC 合同条件中对过程质量控制提出的主要要求

1999 年版《施工合同条件》(新红皮书)中涉及过程质量控制的主要条款，如表 5-1 所列。

表 5-1　FIDIC《施工合同条件》中与质量控制有关的条款的说明

序　号	类　别	条款号	主要内容
1	施工准备	4.1	当承包商负责设计某一部分永久工程时，应向工程师提交设计文件
2		4.4	承包商开工后选择分包商，需报工程师批准
3		4.7	承包商按工程师提供的数据做工程的放线和定位。承包商应事先对工程师提供的数据复核
4		4.9	承包商应按合同要求建立一套质量保证体系，并报工程师审查，每一阶段工作开始前，需向工程师报送其工作程序及相关文件
5		4.10	承包商应充分了解业主提供的现场水文、地质、环境等相关数据和资料
6		6.9	承包商应配备具有相应资质、技能、经验的称职的各工种和专业人员
7		7.2	在将材料投用于工程之前，承包商应向工程师提交其样品和资料，以取得工程师的同意
8		7.4	承包商应为合同所规定需进行的检验提供合格的人员和必备的资源
9	过程检验和试验	6.8	在施工过程中，承包商应对工程进行监督管理，为此需保证有足够的胜任相应工作的专业管理人员
10		7.3	承包商应为业主在工程设备制造、材料加工期间进入现场实体检查、检验等提供方便
11		7.3	承包商应为业主方的过程检验提供必要条件，在对工程进行隐蔽施工前，承包商应通知工程师进行检查

续表 5-1

序　号	类　别	条款号	主要内容
12	过程检验和试验	7.4	过程检验时间和地点由工程师和承包商商定。工程师可根据变更条款改变检验地点,要求或增加附加检验
13		7.4	工程师应提前 24 小时通知承包商其将参加的检验内容
14		7.4	承包商应在检验后及时向工程师出具检验报告
15		7.5	对任何检验不合格的,工程师可拒收,承包商应及时修复缺陷使之达到合格要求
16		7.5	工程师有权要求对检验不合格处置后,按相同的条件重新检验
17	竣工检验和试验	9.1	承包商应提前 21 天将可以进行竣工检验的日期通知工程师,检验应在此后的 14 天内,由工程师指定日期进行
18		9.1	通过竣工检验后,承包商应及时向工程师出具正式的检验报告
19		9.2	如因业主原因延误竣工检验,则按 7.4 和 10.3 款相关规定处理
20		9.2	如因承包商问题延误竣工检验,工程师可通知承包商 21 天内检验;
21			如承包商未能在 21 天内进行竣工检验,业主方可自行进行检验,其费用和风险由承包商承担,且还要认可业主方的检验结果
22		9.3	如工程未通过竣工检验,可按相同条件重新进行检验
23		9.4	如未通过竣工重复检验,工程师有权决定再次检验;业主可拒收或决定颁发接收证书,但要对合同价格进行扣减
24		10.2	业主自行决定接收部分工程时,工程师可为此发接收证书,并要求承包商在缺陷通知期期满前进行竣工检验
		10.3	由于业主方原因影响工程不能在 14 天内进行竣工检验,则可视为业主在本应完成竣工检验的日期接收了工程,工程师为此发接收证书,但应要求承包商在缺陷通知期期满前进行竣工检验
25	缺陷责任	7.6	尽管已对承包商颁发了检验证书,但工程师仍可要求承包商对不符合的问题进行处理
26		11.1	承包商应在工程师指示的时间内完成接收证书中注明的扫尾工作,并在工程的缺陷通知期期满前完成缺陷的修复
27		11.4	如承包商未能在规定的时间内及时修复缺陷,业主可通知承包商在限定的日期前修复;如承包商仍未修复,业主可自行委托他人修复,但由承包商负担费用;如出现的缺陷问题不能使业主获得工程或相应的使用功能,业主可终止全部或部分合同
28			
		11.5	如缺陷不能在现场就地修复,承包商经业主同意可将此部分工程设备移出现场处置

续表 5-1

序　号	类　别	条款号	主要内容
29	缺陷责任	11.6	如对工程缺陷修复处置后可能影响工程适用功能，工程师可要求重新进行检验，其所发生的费用及风险由责任方承担
30		11.8	如工程师要求，承包商应在工程师指导下调查缺陷产生的原因
31		11.9	工程师在缺陷通知期满后 28 日内向承包商颁发履约证书，至此可认为承包商的义务已经完成
32	业主权利	15.2	如承包商无正当理由，在收到工程师有关处理质量缺陷通知后 28 天内不安排整改，业主有权终止合同
33		15.6	如果业主判定承包商在合同实施过程中涉嫌欺诈行为，业主可根据 15.2 款终止合同(注：此款为 2006 年 FIDIC《施工合同条件》多边开发银行协调版第 2 版增加的内容)，此条款中对欺诈行为解释为："指以干预采购过程或合同执行为目的，篡改或掩盖事实"

五、关键施工过程控制

1. 关键施工过程的概念

关键施工过程是指对工程产品功能效果起至关重要作用的施工过程，如混凝土工程、防水工程、回填土工程等。如果这类工程出现质量不合格问题，其不仅处置难度比较大，而且会给工期、施工成本等带来较大的不利影响，甚至会严重影响承包商的声誉。

还有一些直接影响施工安全和工程安全的施工过程，也属于关键施工过程控制的范畴，如深基坑土方开挖工程、高支模工程、高大脚手架工程等。对于这类过程如果不能给予严格控制，很容易导致重大人身伤亡安全事故，其不仅会严重影响工期，而且还会给承包商造成重大的经济损失。

2. 关键施工过程的控制方法

按照 ISO 9001 标准所提供的指导，关键施工过程的控制关键在于抓好以下工作：

(1) 编制符合实际的施工技术方案，并经严格审批，必要时应经技术专家论证，以确保方案的合理性、可行性和安全性。

(2) 做好施工技术交底工作。施工技术负责人员应向作业层进行全面的施工技术交底，使作业层每一个相关者均清楚施工技术操作工艺、质量及安全等要求。交底后，交底人及接受交底人均应在技术交底记录中签字确认。

(3) 实施严格的过程监视和测量。施工过程中，项目经理部的质量检查人员应进行全过程的质量监督(旁站)，全面监控影响质量、安全的"4M1E"(人、机、料、法、环),必要时要进行有关工艺参数的测量(如混凝土施工过程中的坍落度测量),以确保过程始终处于稳定状态。

六、特殊过程控制

1. 特殊过程的概念

在 ISO 9000：2005《质量管理体系基础和术语》标准中,对特殊过程是这样解释的:“对形成的产品是否合格,不易或不能经济地进行验证的过程,通常称之为特殊过程。”在 ISO 9001：2008《质量管理体系要求》标准中,将特殊过程称之为需“确认”的过程:“当生产和服务提供过程的输出不能由后续的监视或测量加以验证,使问题在产品使用后或服务交付后才显现时,组织应对任何这样的过程实施确认。”依据以上国际标准的阐述,我们可以认为,特殊过程在建筑安装工程施工中包括在以下两种情况内:

(1) 生产和服务提供过程的输出不能由后续的监视或测量加以验证的过程;

(2) 在产品使用或服务交付之后问题才显现的过程。

对于第一种情况,建筑安装工程施工中主要是地下防水过程、钢结构防腐过程、钢结构防火涂层施工等施工过程。因为这类过程的结果不能通过后续的检验和试验完全判断其质量效果是否符合要求。

对于第二种情况,我们接触最多的是钢结构、锅炉压力容器、压力管道安装工程的焊接过程。这类过程的特点是尽管在焊接过程中以及焊接完成后可以通过很多无损检测的方法(射线、超声波、磁粉、渗透、声发射、涡流等)检测焊缝的内外部质量,但工程交付前尚不能判断其交付后在使用过程中的动态质量问题(如焊缝的延迟裂纹、突发性脆断等),也就是说它们存在着“交付之后问题才显现的问题”。对于这类特殊过程,承包商如不能给予严格控制,很容易酿成工程产品交付后的灾难性事故,如结构倒塌、锅炉压力容器爆炸或因其导致有毒有害或易燃易爆介质泄露。

2. 特殊过程的控制方法

在 1994 年版 ISO 9001 标准中对特殊过程的控制提出了两方面的要求,即:“过程能力预先鉴定和过程参数的连续监控”;2000 版及 2008 版标准则根据其覆盖产品类型广泛繁多(不仅仅是制造业)的情况,针对特殊过程的控制提出了“过程的确认”和“再确认”的要求。尽管对其控制要求的阐述方式有所不同,但其对特殊过程控制要求的本质是完全一致的。按照 ISO 9000 系列标准的要求,以及结合工程建设行业的特点,对于常见的特殊过程(如地下防水工程、钢结构焊接过程)的控制,承包商应坚持做好以下两方面的控制工作:

(1) 过程能力预先鉴定(过程确认)。过程能力预先鉴定的对象是影响产品质量的 4M1E,即：人、机、料、法、环。这里所言的“预先”,即是指在特殊过程的正式施工之前,管理者应做好过程能力预先鉴定的工作。在过程能力预先鉴定中,发现 4M1E

中任意要素不符合要求时，项目经理部应要求作业队组不得正式开始施工；只有当五个因素反映出的能力全部符合要求时，项目经理部相应管理者才能发出正式开始施工的指令。这种管理思想就是从源头上控制过程质量。项目经理部在实施过程能力预先鉴定后应填写过程能力预先鉴定记录。

(2) 过程参数的连续监控(过程再确认)。在特殊过程施工进行中(如焊接施工)，项目经理部的焊接工程师或质量工程师应对影响焊接质量的五个方面因素(4M1E：焊工资格焊接设备和检测设备、焊接母材和焊接材料、焊接工艺、焊接作业环境)实施连续的监控。所谓连续，即是不间断地监视和测量，即监控这五个方面因素是否稳定地符合预先规定的要求；如果五要素中某一要素发生变化，项目的管理者应再次确认其是否仍然符合要求。实施焊接全过程连续监控的目的就是确保影响焊接质量的诸因素始终处于稳定状态之中，从而确保焊接质量符合要求。管理者实施特殊过程的连续监控时应准确记录监视测量的情况。表 5-2 和表 5-3 所列为“特殊过程参数连续监控记录”的一种格式示例。

表 5-2 特殊过程参数连续监控记录(钢结构焊接工程)

单位工程名称			特殊过程名称	
施工时间	年 月 日	天气	施工区域	
施工队伍				
操作人员资格	本次监控检查期间共有______名焊工参加施工，其中______人无焊工合格证，焊接资格与所从事的焊接工作相符合______人，不符合______人，参加施焊焊工，其中______人接受了技术交底。 检查人/日期：			
焊接设备情况	共检查______台焊机，其中交流机______台，直流机______台，焊机运行情况正常______台，不正常______台。 检查人/日期：			
焊接环境	气温______℃，相对湿度______%(<90%)； 风速______(<5 级)，当风速超过 5 级时，有□ 无□ 防风遮挡措施。 检查人/日期：			
焊接材料情况	焊材合格证有□ 无□；焊材烘干情况符合规定□ 不符合规定□；焊材烘干记录有□ 无□，记录另见______ 检查人/日期：			
焊接预热后的情况	预热温度要求，检查结果符合要求□ 不符合要求□ 层间温度要求，检查结果符合要求□ 不符合要求□ 后热温度要求，检查结果符合要求□ 不符合要求□ 记录另见______ 检查人/日期：			

续表 5-2

<table>
<tr><td colspan="2">焊接规范执行情况</td><td>焊接电流、电压及焊速 符合□ 不符合□
焊接工艺评定,记录另见________
检查人/日期:</td></tr>
<tr><td rowspan="2">焊后处理</td><td>热处理</td><td>焊后热处理符合□ 不符合□ 焊接工艺,有□ 无□ 记录,记录另见________
检查人/日期:</td></tr>
<tr><td>消除残余应力处理</td><td>消除残余应力方法________,消除残余应力操作符合要求□。不符合要求□,记录另见________
检查人/日期:</td></tr>
<tr><td colspan="2">监控结论</td><td>焊接过程正常□ 不正常□,监理情况另见________
项目副经理/日期:</td></tr>
<tr><td colspan="3">说明:每工作班至少填写本记录一份。</td></tr>
</table>

表 5-3 特殊过程参数连续监控记录(地下卷材防水工程)

<table>
<tr><td colspan="2">单位工程名称</td><td colspan="3"></td><td>特殊过程名称</td><td></td></tr>
<tr><td colspan="2">施工时间</td><td>年 月 日</td><td>天气</td><td></td><td>施工区域</td><td></td></tr>
<tr><td colspan="2">施工队伍</td><td colspan="5"></td></tr>
<tr><td colspan="2">操作人员资格</td><td colspan="5">本次监控检查期间共有____名防水工参加施工,其中____人有上岗操作证,其中____人接受过技术交底
检查人/日期:</td></tr>
<tr><td colspan="2">作业环境</td><td colspan="5" rowspan="2">作业环境温度为____℃。其他相关条件:________
检查人/日期:</td></tr>
<tr><td colspan="2">材料表面检查</td></tr>
<tr><td colspan="2">基层处理检查</td><td colspan="5">检查人/日期:</td></tr>
<tr><td rowspan="2">涂层检查</td><td>基层涂层</td><td colspan="5">检查人/日期:</td></tr>
<tr><td>中间涂层</td><td colspan="5">检查人/日期:</td></tr>
<tr><td colspan="2">卷材铺贴检查情况</td><td colspan="5">搭接情况:________
粘接情况:________
转角处附加层情况:________
表面损伤及处理情况:________
检查人/日期:</td></tr>
</table>

续表 5-3

关键点控制情况	检查人/日期：
监控结论	项目副经理/日期：
说明：每工作班至少填写本记录一份。	

七、过程监视和测量

1. 过程监视和测量的概念

在 ISO 9001 标准中提出了四种监视和测量的概念，即顾客满意的监视和测量、内部审核、过程监视和测量及产品监视和测量。过程监视和测量是指对与产品实现有关的过程所进行的监督检查和必要的测试、度量工作。

ISO 9001：2008 标准中提出："组织应采用适宜的方法对质量体系过程进行监视，并在适用时进行测量。这些方法应证实过程实现所策划结果的能力。当未能达到所策划的结果时，应采取适当的纠正手段和纠正措施。"过程监视测量仍然体现了现代管理的"过程方法"思想。

这里所说的过程能力是指经策划确定的过程在稳定工作状态下所应具有的能力。例如，焊接工程要求焊接作业人员必须具有相应的焊接能力（通过焊接技能或焊接资格考试来确认），防水施工作业人员必须具有相应的防水作业资格，这就是对于人的能力预先策划的结果。

又例如混凝土浇筑过程，为了保证混凝土工程的质量，必须对浇筑过程的混凝土进行坍落度测试，以判断混凝土的水灰比是否控制在预先确定的范围之内，这是对原材料（规定的能力）是否符合要求的一种监视和测量。

2. 过程监视和测量的作用

通过管理者对过程的监视和测量，管理者可及时发现并解决过程能力不足的问题，确保过程始终具备预期策划的能力，以使过程始终处于稳定状态，从而保证产品的符合性。这种工作充分体现了通过对过程的控制，达到对产品结果控制的思想。

3. 对过程能力进行监视和测量的原因

由于产品实现主要是施工生产的各过程，在实施中不可避免地会出现人、机、料、法、环等诸多能力因素的变化，而这种变化不一定都能始终保持符合规定的过程能力要求，因而需要对其进行监视和测量，以判定其符合要求的程度。当发现过程能力达不到要求或偏离了预期的目标时，管理者就应采取必要的措施，包括采取纠正手段或采取纠正措施。例如，在防水工程施工过程中，作业人员的更换、防水材料的更换、环境条件的变化（气象条件、作业条件）都会影响防水工程的质量，如管理者不关注它们的变化,很可能就埋下质量隐患,最后造成渗漏问题。

4. 过程监视和测量的范围和内容

具体地说,项目实施过程监视和测量的内容,主要是与形成产品质量直接相关的所有过程,其内容则是影响过程能力的诸因素,即:人(作业者试验检测人员)、机(施工机械设备、检测试验设备)、料(原材料)、法(施工工艺、操作方法)、环(作业环境)、测(检测)等。项目实施过程监视的管理者应以预先对相应过程能力因素的规定为依据,进行相应的监督检查及必要的测试和度量。

5. 过程监视和测量与企业内部审核的区别

(1) 监视和测量的方式不同。ISO 9001 标准将内部审核与过程监视和测量两个方面的工作都认为是一种对过程进行监视和测量的手段。质量体系内部审核可以理解为定期集中的有计划的监视和测量。而"过程监视和测量"可理解为日常的、连续的、例行的监视和测量。根据这一思想,我们可以认为,按照质量管理体系标准所开展的内部审核,实际上就是一种滞后式的过程监视和测量,而过程监视和测量则是进行式、跟踪式的内部审核。

(2) 监视和测量的对象不同。内审的对象主要在于三个方面:ISO 9001 标准中所规定的过程、产品实现过程(即以往所说的产品寿命周期中的过程)、组织所确定的有关过程(如作业文件、内部规定等),它基本涵盖了组织质量体系的所有过程。过程监视和测量的对象主要是产品实现过程,即直接影响产品符合性的所有过程,或称为"确保产品符合性的所有过程",如施工作业过程,其重点则是关键过程和特殊过程。

6. 过程监视测量和产品监视测量的区别

(1) 对象不同。过程监视和测量是针对与产品实现有关的过程,以确保产品的符合性;而产品的监视测量是针对工程产品的质量特性,即通过控制产品实物质量保证放行产品的符合性。

(2) 判定符合性的依据不同。过程监视测量是依据组织/项目预先规定的过程能力要求,如在程序文件、质量计划中所规定的与作业过程有关的过程能力要求。产品监视测量是依据相应的工程产品技术质量标准和设计要求。

(3) 执行者不同。过程监视测量主要是由承包商项目的职能部门的管理者实施,而产品监视测量主要是由项目的质量检查以及试验人员来进行。

八、不合格品控制

1. 不合格品的概念

在 ISO 9000:2005《质量管理体系基础和术语》标准中对"不合格"是这样解释的:"未满足要求。"标准给出的定义我们可以理解为管理工作未满足要求即构成了不合格项(不符合项),工程产品未满足要求,即构成了不合格品。不合格定义中"未满足要求"中的"要求"是指:未满足规定的要求、隐含的要求或适用的法律法规要求。

2. 对不合格品的控制要求

(1) 项目经理部技术负责人或质量负责人组织对不合格品的评审，对其评审所确定的处置方式需要报现场监理工程师确认。

(2) ISO 9000：2005 标准中指出，对不合格品的处置有五种方式：即返工、返修、让步、降级、报废。在该标准中，分别对这五种处置方式作了定义：

1) 返工：为使不合格产品符合要求而采取的措施。

2) 返修：为使不合格产品满足预期用途而对其采取的措施。

3) 让步：对使用或放行不符合规定要求的产品的许可。

4) 降级：为使不合格产品符合不同于原有的要求，而对其等级的变更。

5) 报废：为避免不合格产品原有的预期用途而对其所采取的措施。

对不合格品处置后的确认：项目经理部按评审确定的处置方式实施后，项目质量负责人应验证处置结果是否符合要求，确认符合要求后报现场监理工程师验证。

对不合格品的评审、处置及验证均应做出记录，如表 5－4 所列为不合格品的处置记录格式示例。

表 5－4　不合格品评审处置记录

工程名称			分部分项工程	
不合格品发现时间			不合格品发现人	
不合格品情况说明				
不合格品评审意见		返工□ 返修□ 让步□ 降级□ 报废□ 不合格品责任单位/日期：		
不合格品处置措施		措施制定人/日期：		
不合格品处置后确认		确认人/日期：		

九、预防措施和纠正措施

1. 预防措施和纠正措施的概念

在 ISO 9000：2005 标准中对“预防措施”是这样定义的：“为消除潜在不合格或其他潜在不期望情况的原因所采取的措施。”对“纠正措施”的定义是：“为消除已发现的不合格或其他不期望情况的原因所采取的措施。”

“预防措施”及“纠正措施”都是为了防止“不合格”的发生所采取的措施，前者是针对已预见到的可能会发生的“不合格”，后者是针对已发生的“不合格”。即它们一个是针对潜在的“不合格”，一个是针对已出现的既定的“不合格”。

这两个措施的共同点都是针对产生"不合格"的原因，其目的是控制"不合格"产生的根源，使其不出现或不发生作用；而不是处置"不合格"，即不是使"不合格"转化成"合格"或可以接受的工作，这样的工作在ISO 9000标准中称其为"纠正"。采取这两个措施的前提是必须准确分析出造成"不合格"的原因，即找出导致"不合格"的根源。

2. 采取纠正措施

针对发现的过程不合格项或工程产品中的不合格品，除应对其进行必要的处置(按以上所介绍的五种处置方式)外，为了防止类似的问题再次发生，项目经理部应组织有关人员，对造成不合格的原因进行分析，并针对其原因采取纠正措施，以实施项目的持续改进。一般情况下，项目经理部没有必要对所有发生的不合格都采取纠正措施，而只针对出现的严重不合格或重复多次发生的不合格考虑制定纠正措施。

3. 采取预防措施

对于以前项目施工中出现的或外单位发生的管理问题、产品不合格问题，或本项目经理部预见的可能会遇到的不合格问题，项目经理部应组织有关人员对造成这些不合格的原因进行分析，并针对其原因采取预防措施，避免类似问题在本项目施工过程中发生。一般情况下，这一工作可以体现在施工技术方案或作业指导书的编制工作中，而对于重大的、技术比较复杂的工程或管理过程，可考虑单独编制保证质量的措施。

第六章　国际工程环境管理

第一节　国际工程环境管理概述

环境是人类赖以生存与发展的基础。环境保护直接关系到人类的命运与前途，它影响着每一个国家、地区乃至每一个家庭、每一个人的生存与发展。自20世纪50年代以来，由于工业发达国家对自然资源的过度开发利用，导致了对自然环境的破坏，造成了自然资源的枯竭和生态环境的不断恶化，特别是国际上八大公害事件相继发生后，开始引起了国际上对环境保护的广泛关注。从20世纪末开始，世界上众多的国家开始关注全球环境保护的问题，认识到保护环境的重要性和迫切性，在国际上已逐步形成了关爱地球、保护人类赖以生存的自然环境的广泛共识。特别是近十几年来，在国际社会的积极倡导和不断努力的推动下，许多国家都把环境保护提到国家的社会经济发展的战略高度来认识，并根据本国的实际情况制定了强有力的环境保护政策、措施，以确保环境保护工作顺利持续地开展。

当前，经济全球化与环境保护全球化相互交织、相互影响，建设循环经济和循环社会已成为人类社会发展的新趋势；发展循环经济，最大限度地实现企业之间资源的循环利用和废弃物的零排放，已成为国际上环境保护工作的广泛共识。

一、国际环境管理以及国际工程承包环境管理的形势和特点

伴随着经济全球化进程的不断加快，国际环境保护管理呈现出许多新的特点，分述如下。

1. 实施“可持续发展”战略

可持续发展战略是20世纪80年代在国际上首先出现的一个新理念。它是应时代的变迁、国际社会经济高速发展的需要而产生的。1987年4月，世界环境与发展委员会(The World Commission on Environment and Development，WCED)在大量调查研究的基础上发表了《我们共同的未来》的报告。这一报告系统地阐述了人口与资源、环境和发展之间的关系，首次提出了“可持续发展”的理念，即“在不牺牲子孙后代需要的情况下，满足我们这代人的需要。”随即这一理念得到了国际各方的认可，并逐步被众多国家和地区广泛引用。而后于1989年举行的第15届联合国环境署理事会期间，通过了《关于可持续发展的声明》；1992年，联合国环境与发展国际大会制定并通过了全球《21世纪议程》，明确提出了人类社会要“可持续发展”的战略口号，认

为世界各国应联合起来，共同解决人口、资源和环境问题。

(1) 可持续发展的概念：

国际学者们将可持续发展定义为：随着时间的无限推移、时代的更替而永久保持下去的经济发展。

(2) 可持续发展理念的基础：

可持续发展的理念是建立在这样的认识基础之上的，即在不破坏人类赖以生存的自然环境资源的前提下，实现世界经济长期稳定的发展是可能的，社会经济效益与环境生态效益是可以调和的，两者可以而且必须兼顾。

(3) 对可持续发展理念的理解：

“可持续发展”是要求当代社会，在其满足现代人类需求又不损害后代人需求的能力，既要达到发展经济的目的，又要保护好人类赖以生存的外部环境和自然资源(如大气、淡水资源，海洋、土地和森林等自然资源)，使我们的子孙后代能够保持持续发展和安居乐业。除了传统意义上环境保护的内容以外，可持续发展还包括了保护生物多样性、提高资源利用率、优化产业结构、提高人口素质、控制人口总量、完善社会保障体系、发展卫生医疗事业等方面的内容。

(4) 可持续发展战略：

可持续发展战略是指实现可持续发展的计划和纲领，它是在众多领域中落实可持续发展理念的总称：它应使各方面的发展目标，尤其是社会、经济与生态、环境的目标相协调。1992 年 6 月，联合国环境与发展大会在巴西里约热内卢召开，会议提出并通过了全球的可持续发展战略《21 世纪议程》，要求各国结合本国的实际，制定各自的可持续发展战略。1994 年 7 月 4 日，中国国务院批准了第一个国家级可持续发展战略——《中国 21 世纪人口、环境与发展白皮书》。

目前国际上不仅经济发达国家，而且多数的发展中国家已将可持续发展战略理念逐步落实到本国的经济发展策略之中。

2. 强化环境保护的法律意识

20 世纪 50 年代以来全球范围内的环境污染，特别是经济发达国家相继出现的环境公害泛滥问题，引起了国际上的广泛关注，促使各国纷纷相继制定了大量以污染控制为主的法律法规，要求工矿企业的污染物排放在限定的时间内达到排放限额标准，同时还要求政府机构在做出决定的过程中考虑其对环境的不良影响。与此同时，还在自然资源的开发、利用、保护方面制定了一系列的审批以及许可证等行政管理制度，这都发挥了十分重要的作用并取得了良好的效果。

经济发达国家在环境保护方面的法制建设体现了：将环境知情权作为公众参与的前提条件；把公众参与权贯穿于环境立法、执法及监督的全过程，确立了公众参与的法律地位；公众参与方式的多样化，赋予公众环境行政监督权；环境信息公开化，保证公众的知情权等特点，因此不仅大大强化了公民的环境保护意识，而且使环境保护工作建立在强大的法律机制上，因此收到了很好的环境保护效果。

3. 环境保护的市场化和产业化

随着国际社会经济的不断发展以及环境保护法律法规的不断健全和完善，自20世纪末以来，经济发达国家的环境保护事业越来越趋于市场化和产业化。首先是将环境保护的污染预防从原来的谁污染谁治理的企业单独行为转化为市场经济条件下的社会分工和合作的关系，出现了社会上专业化的环境保护行业，向污染单位提供商业性的环保服务；其次是逐步发展了涉及环保工作的咨询、物资、技术资金、人才等资源提供的市场化和产业化，因此大大促进了环境保护事业的发展。

4. 普及清洁生产的理念

1992年联合国环境与发展大会所制定的《21世纪议程》，将清洁生产作为实现可持续发展的一项重要举措，要求各国工业界提高能效，开发更先进的清洁技术，更新、替代对环境有害的产品和原材料，实现环境和资源的保护与合理利用，体现将“末端治理”转变为“源头控制”的新理念。

(1) 清洁生产的概念：

清洁生产是指将整体性预防的环境保护战略持续地应用于生产和服务过程中，通过源头控制，以提高原材料和能源利用效率，减少污染物的产生量、排放量，以降低对环境的危害影响。清洁生产是国际社会在总结工业污染治理经验教训的基础上提出的一种新型污染预防和控制战略。

(2) 清洁生产理念是实践经验的总结：

20世纪60年代，经济发达国家都是通过采取一系列技术手段来对生产过程中产生的废弃物和污染物进行处理，即所谓的“末端治理”。但很多情况下，末端治理代价往往过大，而且其本身又在大量消耗能源甚至带来二次污染。20世纪70年代开始，一些发达国家开始采用“污染预防”“废物最小化”“零排放”“零废物”等理论和措施，来提高资源利用率和降低生产过程对环境的不利影响。在总结实践经验的基础上，联合国环境规划署(UNEP)于1989年提出了清洁生产的战略和推广计划。

目前，清洁生产的理论及实践已趋于成熟，并为世界各国所认可。许多国家如美国、英国、德国、加拿大、日本、荷兰、法国、韩国等国家都陆续出台了有关清洁生产的法规和推进计划。在1998年UNEP的第五次“清洁生产国际高级研讨会”上提出了《国际清洁生产宣言》，促进了国际清洁生产事业的发展。我国国务院在1994年3月通过的《中国21世纪议程》中就列入了清洁生产的内容，2002年6月29日第九届全国人民代表大会常务委员会第二十八次会议通过了《中华人民共和国清洁生产促进法》，这将大大促进中国的清洁生产事业的发展。

5. 发挥经济杠杆作用来调动污染控制的积极性——征收“环境税”

自20世纪70年代起，世界各国开始重视以经济调节手段，采取征收“环境税”的政策来促进环境保护工作的开展。

“环境税”(Environmental Taxation)，也称之为生态税(Ecological Taxation)、绿

色税(Green Tax),它是20世纪末国际税收学界兴起的一个新概念。紧跟最早开征"环境税"的荷兰,许多经济发达国家纷纷效仿,而后由于世界银行、联合国环境规划署、联合国开发计划署、经济合作与发展组织(OECD)等国际机构都积极推进这项工作,使"环境税"得到了国际上的广泛重视和推广。发达国家的典型环境税主要有大气污染税、水污染税、噪声税、固体废弃物税和垃圾税。

6. 大力推进"绿色建筑"的进程

建设工程项目的工业与民用建筑工程、公用工程以及其他配套工程在其实施的不同阶段都可能产生对环境的诸多不利影响,特别是随着世界经济的快速发展,建设工程项目也越来越多,大型公共建筑、高层建筑、住宅工程,其数量之多,规模之大,造型之复杂,设计之新颖,都是过去所不能比拟的。但随之而来的环境问题也越来越明显地成为影响一个国家乃至全球社会和经济发展的重要因素,这不能不引起人们的忧虑和思考。在这种背景下,国际上出现了新的理念——"绿色建筑"。

绿色建筑,最早是在1992年联合国环境与发展大会上被明确地提出来的。当时科学界和社会各界认识到,日益快速发展的经济给我们的环境带来了越来越大的影响和压力,人们怎样利用地球上有限的资源,尽可能减少对环境的不利影响,以取得经济社会的更大发展,已成为整个人类关心的问题。对建筑工程来说,人们希望居住得更加健康、更加安全、更加舒适,与此同时,人们也希望能高效利用有限的资源、最大限度地降低建设全过程对环境的不利影响,即提出了绿色建筑的思想。

绿色建筑是指工程项目在设计与建造过程中,充分考虑建筑物与周围环境的协调,充分利用光能、风能等自然界中的能源,最大限度地减少能源的消耗以及对环境的污染。从概念上来讲,绿色建筑主要包含了三个方面:一是节能,主要是强调减少各种资源的浪费;二是保护环境,减少环境污染;三是满足人们使用上的要求,为人们提供"健康""安全""适用"的使用功能。

绿色建筑在世界的兴起,既是形势所迫,又是建立创新型企业的必然组成部分,它已日益显现出旺盛的生命力,具有广阔的发展前景。

7. 推行ISO 14000系列环境管理体系标准和管理体系认证

面对国际环境形势的不断恶化,特别是20世纪中叶发生的八大公害事件,世界各国都开始高度关注人类所面临的环境问题。1972年,联合国成立"世界环境与发展委员会"(WCED),该委员会承担重新评估环境与发展关系的调查研究任务,并于1987年发布了《我们共同的未来》的报告,得到了世界众多国家的认同和支持。自20世纪80年代起,以美国为主的经济发达国家为响应"可持续发展"的呼吁,开始研究各自的环境管理方式。1985年荷兰率先提出建立企业环境管理体系的概念,随后英国在发布质量管理体系标准(BS 5750)的基础上,制定了BS 7750环境管理体系标准,从而促进了欧洲许多国家环境管理体系建设及环境管理体系认证活动的开展。这些实践活动为ISO 14000环境管理体系系列标准的产生奠定了基础。

国际标准化组织(ISO)于1993年6月成立了ISO/TC 207环境管理技术委员会,开始着手环境管理系列标准的制定工作,以规范企业和社会团体等所有组织的环境行为,支持世界的环境保护工作。1996年国际标准化组织在汲取世界经济发达国家多年环境管理经验的基础上制定并发布了ISO 14000环境管理系列标准,作为指导企业环境管理体系建立以及通过环境管理体系认证的依据。同年,我国将其等同转换为国家标准GB/T 24000系列标准,开始了我国的环境管理体系认证工作。从此国际的环境管理步入了规范化管理的轨道。

二、环境管理的指导思想和方法

1. 环境管理的指导思想

环境管理的指导思想是指组织通过其所建立和实施的一套完整的环境管理体系,以规范自身的环境行为,使之与社会经济发展相适应,为改善环境质量,减少各项活动所造成的环境污染,节约能源,为促进全社会经济的可持续发展做出自己的贡献。

2. 环境管理的方法

ISO 14001《环境管理体系要求及使用指南》是目前国际上普遍采用的环境管理体系标准。这一标准与之前国际上所普遍采用的ISO 9001等国际标准一样,都被称之为现代的管理方法。承包商走向国际,必须要运用现代的管理模式和方法,将包括环境管理在内的所有生产经营管理活动科学化、规范化。

ISO 14000和ISO 9000这两个系列标准在其贯彻、实施与认证等工作上,均可以同步进行,这是因为这两个管理体系标准的中心思想是一致的,即都是指导组织加强其基础管理工作。

承包商实施ISO 14000系列环境管理体系标准,可促进工程项目的文明施工,对工程施工过程中所产生的噪音、扬尘、固体废弃物、有害气体、污水等实施有效的控制,以实现其对社会所作的环境保护承诺,从而提升企业形象。特别是在当前国际上已将企业是否通过环境管理体系认证作为选择合作伙伴的通行证的形势下,走向国际的承包商更必须贯彻ISO 14000系列环境管理体系标准并通过环境管理体系认证,以确保其在工程项目建设全过程中按该标准要求规范自己的环境行为,以消除国际上以此为要求的环境保护方面的技术壁垒。

第二节　ISO 14001标准实施

一、关于ISO 14000系列标准

1. 标准的发布情况

国际标准化组织自1996年以来陆续发布了ISO 14000系列标准,其主要标

准有：

ISO 14001：2004《环境管理体系要求及使用指南》；

ISO 14004：2004《环境管理体系原则、体系和支持技术通用指南》；

ISO 14010：2004《环境审核指南通用原则》；

ISO 14011：2004《环境审核指南审核程序——环境管理体系审核》；

ISO 14012：2004《环境审核指南环境审核员资格准则》；

ISO 14040：2004《生命周期评估原则和框架》等。

2. ISO 14001 标准的主要特点

ISO 14001《环境管理体系要求及使用指南》是 ISO 14000 系列标准中的主体标准。它明确了环境管理体系的诸多要素，规定了组织建立环境管理体系的要求。它要求组织须据此建立一套程序来确立自己的环境方针和管理目标，通过管理体系的有效运行来向社会表明其环境管理体系的符合性，以达到支持环境保护和污染预防的目的。这一标准既是指导组织建立和运行环境管理体系的标准，又是对组织实施环境管理体系认证的依据。

ISO 14001 标准的主要特点有：

(1) 强调遵章守法。标准要求采用这一标准的组织最高管理者须向社会承诺其组织的所有活动均符合有关环境法律法规和其他要求。

(2) 强调污染预防。标准要求组织应从源头上采取措施预防和减少对环境污染的产生，而不是末端治理。

(3) 强调持续改进。标准要求组织不断地提高环境管理水平，不断地提高环境绩效水平。

(4) 广泛适用性。标准既适用于企业单位，也适用于事业单位、商业单位、政府机构以及民间机构等任何类型的组织。

3. 对主要管理术语的理解

以下对在环境管理中常用的主要术语作简要说明。

(1) 环境因素和重要环境因素：

在 ISO 14001：2004 标准中对“环境因素”是这样定义的：“一个组织的活动、产品或服务中能与环境发生相互作用的要素。”并在注解中将“重要环境因素”定义为：“具有或能够产生重大环境影响的环境因素。”

环境因素和重要环境因素是 ISO 14001 标准的核心概念。这是因为 ISO 14001 标准是以确保重要环境因素得到有效控制为目的，标准中的各要素都是围绕它们而开展管理活动的。因此也可以说，承包商在工程项目上全面识别环境因素，准确评价重要环境因素是建立和保持工程项目环境管理体系的基础工作。

(2) 环境绩效：

在 ISO 14001 标准中对“环境绩效”是这样定义的：“组织对其环境因素进行管理

所取得的可测量结果。”其注解为：“在环境管理体系条件下，可对照组织的环境方针、环境目标、环境指标及其他环境表现要求对结果进行测量。”根据其定义，我们可以认为：环境绩效是组织对其环境因素进行管理所取得的可测量的结果，环境绩效参数是表达组织环境绩效相关信息的特定形式。环境绩效是通过测量组织的相关环境绩效参数得出的，如对于建筑工程项目，其可测量环境绩效参数主要有：原材料或能源的使用量、污水的排放量、单位建筑面积所产生的废物、材料和能源的使用效率、噪声排放值、建筑垃圾弃置量、用于环境保护方面的投资、环境方面的投诉数量等。

(3) 法律法规和其他要求：

在 ISO 14001 标准中有一个要素即是“法律法规和其他要求”。这是一个十分重要的要素，因为环境管理体系管理十分重要的依据是“法律法规和其他要求”，这也是 ISO 14000 系列标准要求“组织”必须遵章守法所决定的。

“法律法规”是指国际、国家和地方性的所有适用的涉及环境保护的法律法规。对于国际承包商来说，进入工程所在国应立即收集并执行其所有适用的环境管理法律法规。

“其他要求”是指组织和政府相关机构的协定，与顾客（业主）的协议，非法规性指南，自愿性原则或业务规范，自愿性环境标志或产品护理承诺，行业协会的要求，社区团体或非政府组织的协议，组织或其上级对公众的承诺以及本单位的要求等。

二、ISO 14001 标准的贯彻与实施

1. 环境因素识别

实施 ISO 14001 环境管理体系标准的核心任务是通过对组织本身活动、产品和服务中存在的环境因素进行充分的识别，并采用适当的方法进行评价、确定重要环境因素。

(1) 环境因素识别的原则：

1) 识别要全面。即应充分考虑项目施工全过程中能够控制及对其施加影响的各方面因素。

2) 识别要具体。因环境因素识别的目的是提供环境管理体系控制的具体对象，为此识别应与下一步的控制相一致。

3) 要明确其环境影响。对环境因素控制的目的是降低或消除其环境影响。因此，识别时应明确其具体的环境影响。

4) 准确描述环境因素。环境因素通常可以描述为“污染物的名称与某一行动或动作的组合”，即名词加动词，如污水排放、噪声排放、固体废弃物弃置等。

(2) 环境因素识别的范围：

全面识别工程项目的环境因素，应从三种状态、三种时态和七种类型进行全面排查。

1) 三种状态：正常（连续施工生产时）、异常（如停工、设备维修等）和紧急状态

（如停水、停电、大风、暴雨、爆炸、火灾事故等）。

2）三种时态：过去（如开工前现场遗留的环境问题）、现在（如当前正在施工生产的环境问题）和将来（如工程交付使用后可能带来的环境问题）。

3）七种类型：大气排放、废水排放、噪声排放、废弃物弃置、土地污染、原材料及自然资源的使用和消耗、当地其他环境问题和社区关注的环境问题。

（3）环境因素识别的方法：

对于工程建设项目的环境因素，识别方法主要有：过程分析法、头脑风暴法、专家评议法等。

1）过程分析法以工程项目施工全过程为分析对象，按照从输入到输出的分析思路，逐一排查。如排查从施工准备开始，经物资采购、物资贮存、各分部分项工程施工、工程收尾、工程试运行、工程交付等过程，一直到项目经理部撤离现场为止；运用观察、分析及统计等方法，识别确定每一过程从输入到输出存在的环境因素。这一方法的优点是在定性的基础上，能较为直观、快捷地识别出环境因素，且因其过程细化，很少会遗漏环境因素。

2）头脑风暴法又称集体思考法或智力激励法。它是采用会议的形式，召集相关有经验的人员开座谈会征询他们的意见，把他们以往的经验及相关意见，有条理地组织起来，最终由策划者汇总成统一的意见。参加会议的人员的地位应当相当，以免产生权威效应，而影响另一部分人员创造性思维的发挥。参会人数一般为 5～10 人。这一方法的特点是便于操作，体现了集思广益和合作的智慧。

3）专家评议法由有关环保专家、咨询师、承包商的管理者和技术人员组成专家评议小组，采用过程分析的方法，对不同过程进行评议，以识别环境因素。评议小组成员应具有较丰富的环保知识，熟悉 ISO 14000 系列标准要求，并对建设工程比较熟悉。如果评议小组人员选择得当，识别工作就能达到快捷、准确的效果。

2. 重要环境因素评价

（1）重要环境因素评价的意义：

重要环境因素是环境管理体系的主要管理与控制对象，是环境管理体系建立的基础，即组织的整个管理体系都是围绕控制重要环境因素及其影响而展开的。因此，承包商必须在环境因素识别的基础上进行重要环境因素的评价，即确定项目上的重要环境因素，以便有计划地控制它，从而实现项目的环境管理目标，实现其对社会公众的污染预防承诺。

（2）重要环境因素的评价原则：

评价环境因素是否构成为本工程项目的重要环境因素，应主要考虑以下几个方面：

1）持续改进和污染预防的迫切性。

2）与适用的法律法规和其他要求的符合性。

3）相关方关注度，对公众形象的影响。

4）职业健康与安全的要求。

5）资源消耗的程度等。

（3）重要环境因素的评价方法：

重要环境因素的评价离不开其对环境影响的评价，即针对其对环境的影响程度是否构成为组织的重要关注方面来进行评价。其评价方法包括多因子打分法、专家评议法、头脑风暴法等。

建筑业可采用因子打分法进行评价，其打分的思路（供参考）如下：

1）发生频次：偶然发生（1分），间歇发生（2分），连续发生（5分）。

2）影响程度：对环境或健康影响较小（1分），对环境或健康影响较大（2分），对环境或健康影响严重（5分）。

3）影响范围：场界内（1分），周围社区（2分），超出社区（5分）。

4）相关方关注程度：关注程度较小（1分），关注程度一般（2分），强烈关注（5分）。

5）资源消耗：资源消耗较小（1分），资源消耗一般（2分），资源消耗较大（5分）。

6）法律法规及标准的符合性：符合（1分），超标（2分），严重超标（5分）。

若对某一环境因素评价后汇总的分值大于或等于14分时，应考虑确定其为重要环境因素。

3. 识别和获取适用的环境法律法规和其他要求

贯彻实施ISO 14001标准的一个重要特点就是要切实遵守适用的环境保护法律法规和其他要求。为此，承包商/项目经理部在做施工准备时就应收集工程所在国及其所在地区发布的适用的环境保护法律法规及其他要求，并对与本项目有关的内容做出摘录印发至项目经理部的所有管理部门及作业单位，使所有相关人员了解相应的环境保护法规性要求。在做环境因素识别及评价重要环境因素时，也应对照相关适用的法律法规及其他要求，以体现需要控制的方面。之所以这样做的目的就是确保在项目建设全过程中的所有活动均符合当地的环境保护法规要求，不出现任何违规行为。

4. 制定环境管理方案（计划）

在ISO 14001：2004标准的"目标、指标和方案"中指出："组织应针对其内部有关职能和层次，建立、实施并保持形成文件的环境目标和指标。"

建立项目的环境目标、指标和编制实现其目标、指标的措施，其主要的工作就是针对评价出的重要环境因素拟定具有可操作性的环境管理方案。在一些经济发达国家，也将其称之为环境管理计划，要求承包商在开工初期向业主/监理工程师提出报审。

（1）制定环境管理方案的目的：

针对项目经理部评价出的重要环境因素，制定控制措施，明确责任人及其职责和控制措施的实施时间等，以有效控制重要环境因素，防止违反环境保护事件的发生，以实现项目的环境管理目标。

(2) 编制的内容：

环境管理方案应包括以下主要内容：

1) 应控制的重要环境因素。

2) 确定的控制目标和指标。

3) 具体的控制方法。

4) 实施的责任部门和责任人以及他们的职责。

5) 控制措施完成时间。

环境管理方案的原则格式如表 6-1 所列。

表 6-1　环境管理方案的原则(格式示例)

序　号	施工阶段	重要环境因素	环境目标	环境指标	控制要求	完成期限	责任人及其职责
1	土方施工阶段	机械噪声排放	达标排放	各种情况的分贝值：结构施工≤70分贝；夜间≤55分贝	合理安排施工时间，晚10点至早6点期间不安排作业	开工前完成措施编制，施工中设专人监视管理	
2		现场施工扬尘	现场无扬尘	道路硬化率100%；车辆覆盖率100%	路面洒水降尘，每小时1次；出场汽车，清洗车轮等		

为了使环境管理方案具有较好的可操作性，一些国家要求承包商编制环境管理计划，即针对特定的项目编制具体的控制计划，以确保有效控制项目评价出的重要环境因素。环境管理计划的一般格式如附件 6-1 所示。

5. 运行和检查

(1) 传达环境管理要求：

1) 向本项目经理部的各职能和层次传达环境管理要求，使他们了解各自活动中需落实的环境保护要求。

2) 应将本单位环境管理要求以文字形式传达至所有与其合作的相关方，包括分包商、供应商、运输商等，使他们了解并遵守项目的环境管理要求。

(2) 组织环境管理体系运行：

1) 要求各职能和层次以及相关方落实项目经理部的环境管理体系要求。

2) 必要时编制具有可操作性的指导性文件(程序)，如环境管理作业指导书。在这类文件中应规定如何进行操作、操作的具体要求以及运行的标准，以统一大家对某一活动的认识和要求。这里所说的必要时是指当没有程序指导时，以及运行与活动有可能偏离组织的环境方针、目标时，这时就应制定程序，以预防出现可偏离。

承包商/项目经理部可根据本项目实际情况编制的作业指导书，如：废弃物控制作业指导书，施工噪声控制指导书，水污染控制作业指导书，施工扬尘控制作业指导书，施工机械管理作业指导书，易燃易爆品、油品及化学品的管理作业指导书等。

（3）检查：

在 ISO 14001 标准中，“检查”包括了两方面的内容：“监测和测量”和“合规性评价”。

1）监测和测量。项目经理部应按照 ISO 14001 标准的要求，开展监测和测量活动，其主要内容包括：

① 项目的环境绩效监测。项目对重要环境因素的控制结果和成效，如污染预防所取得的结果，节能降耗所取得的成果等。

② 对有关运行控制的监测。如对搅拌站污水排放前处置的日常检查，对垃圾分类情况及清运情况的监测。这项工作可以与施工安全、文明施工检查，环境卫生检查等结合起来进行。

③ 目标指标实现程度的监控。在项目的环境管理方案运行一段时间后，对环境管理方案中所确定的目标和指标完成情况进行监测，如污水排放指标、施工噪声排放指标等。

④ 对监测仪器进行必要的校准和维护，保证检测结果的准确性。项目一般主要是对使用的噪声测试仪进行必要的控制。

⑤ 对于以上的监测均应能提供记录，以反映本单位环境管理体系的运行情况及效果。

2）合规性评价。在 ISO 14001 标准中提出了合规性评价的要求：“为了履行对合规性的承诺，组织应建立、实施并保持一个或多个程序，以定期评价对适用环境法律法规的遵守情况。”项目经理部应定期对遵守相关环保法规及其他要求的情况进行自我评价，其目的是落实承包商/项目经理部向社会所作的遵章守法的承诺。在评价中，如发现有违章现象，项目经理部就应及时采取措施，避免违规问题的延续。

项目合规性评价记录的格式如表 6－2 所列。

表 6－2　项目合规性评价记录（格式示例）

序　号	重要环境因素	适用的法律法规及其他要求		正常运行时的遵循情况		违规信息	合法性评价结论
		名称	相关具体要求	说明	证据		

附件 6－1

项目环境管理计划(格式示例)

1 项目概况

2 编制依据

- 项目策划
- 环境管理手册、程序文件、工程合同文件
- 适用的环境保护法律法规及其他要求

3 环境因素的识别与评价

识别本项目的所有环境因素的结果:《环境因素台账》。

评价出的重要环境因素:《重要环境因素清单》。

4 法律与其他要求

适用于本项目的环境保护法律法规及其他要求(列出清单)。

5 项目环境目标和指标

<table>
<tr><th>序 号</th><th>重要环境因素</th><th>目 标</th><th colspan="3">指 标</th></tr>
<tr><td rowspan="6">1</td><td rowspan="6">施工噪声</td><td rowspan="6"></td><td rowspan="2">施工内容</td><td colspan="2">场界噪声限值(dB)</td></tr>
<tr><td>昼间</td><td>夜间</td></tr>
<tr><td>上石</td><td></td><td></td></tr>
<tr><td>打桩</td><td></td><td></td></tr>
<tr><td>结构施工</td><td></td><td></td></tr>
<tr><td>装修施工</td><td></td><td></td></tr>
<tr><td rowspan="3">2</td><td rowspan="3">施工现场扬尘</td><td rowspan="3"></td><td colspan="3">施工现场道路硬化率%</td></tr>
<tr><td colspan="3">搅拌站封闭率%</td></tr>
<tr><td colspan="3">水泥等易飞扬材料入库率%</td></tr>
<tr><td rowspan="3">3</td><td rowspan="3">施工污水排放</td><td rowspan="3" colspan="2"></td><td>pH</td><td></td></tr>
<tr><td>悬浮物</td><td></td></tr>
<tr><td>油类</td><td></td></tr>
<tr><td rowspan="2">4</td><td rowspan="2">废弃物</td><td colspan="2">垃圾分类管理</td><td colspan="2"></td></tr>
<tr><td colspan="2">可回收废物及时回收</td><td colspan="2"></td></tr>
<tr><td>5</td><td>道路喷洒</td><td colspan="2"></td><td colspan="2"></td></tr>
<tr><td>6</td><td>……</td><td colspan="2"></td><td colspan="2"></td></tr>
</table>

6 组织机构及重要环境管理岗位

6.1 项目组织机构图

6.2 重要环境管理岗位设置及职责描述

6.2.1 项目经理(×××)

6.2.2 项目执行经理(×××)

6.2.3 项目总工/技术经理(×××)

6.2.4 合约商务经理/合约商务部

6.2.5 质量安全部/环境管理员(×××)

6.2.6 技术组部：工程部/机电部

6.2.7 行政部办事员(×××)

6.2.8 办公区域废弃物控制责任人(×××)

6.2.9 施工区域废弃物控制责任人(×××)

6.2.10 施工噪声控制责任人(×××)

6.2.11 施工扬尘控制责任人(×××)

6.2.12 施工污水控制责任人(×××)

7 重要环境因素控制措施

7.1 施工噪声控制措施

序　号	施工内容	目标/指标	控制措施	责任人	完成时间
1	土石方施工				
2	桩基施工				
3	结构施工				
4	装修施工				
5	机电安装施工				
6					

7.2 施工扬尘控制措施

序　号	施工/活动内容	目标/指标	控制措施	责任人	完成时间
1	施工现场清理及道路硬化				
2	混凝土搅拌站				
3	土方施工				
4	松散型物料运输与贮存				
5	拆除旧建筑物				
6					

7.3 污水排放的控制措施

序　号	施工/活动内容	目标/指标	控制措施	责任人	完成时间
1	雨水管理				
2	搅拌站污水				
3	水磨石施工污水				
4	车辆等清洗污水				

续表

序　号	施工/活动内容	目标/指标	控制措施	责任人	完成时间
5	食堂污水				
6	厕浴污水				
7					

7.4 固体废弃物的控制措施

序　号	施工/活动内容	目标/指标	控制措施	责任人	完成时间
1					
2					
3					
4					
5					

8 应急准备与响应

应急准备与响应的具体要求。

9 监测与测量

9.1 监测和测量的主要内容

- 适用的环境保护法律法规在本项目的贯彻执行情况。
- 环境管理体系文件要求的实施情况及效果。
- 重要环境因素控制的绩效(关键特性的实际效果)。
- 监测仪器的校准情况。

9.2 遵循法律法规及贯彻环境管理体系文件情况的监测

9.3 环境管理目标指标及重要环境因素关键特性的监测

9.4 施工噪声的监测

包括监测内容、责任人、监测时间要求及频次。

9.5 水污染的监测

包括监测内容、责任人、监测时间要求及频次。

9.6 施工扬尘的监测

包括监测内容、责任人、监测时间要求及频次。

9.7 水电耗用监测

包括监测内容、责任人、监测时间要求及频次。

9.8 监测仪器的校准情况的监测

包括责任人、监测频次。

10 不符合项的处理

11 培训安排

12 信息交流管理

12.1 内部信息交流

包括内部信息交流内容、责任人及交流要求。

12.2 外部信息交流

包括外部信息交流内容、责任人及交流要求。

13 记录要求

包括主要记录、记录责任人、收集保管要求。

14 其　他

- 重要环境因素清单。
- 施工现场平面布置图。
- 施工现场临时污水管网布置图(包括化粪池、沉淀池、隔油池的位置)。

第七章 国际工程保险管理

第一节 国际工程保险概述

一、国际工程保险的含义

1. 保险的概念

保险是指投保人根据合同的约定，向保险人支付保险费，保险人对于合同约定的可能发生的事故因其发生所造成的财产损失承担赔偿保险金责任，或者当被保险人死亡、伤残、疾病或者达到合同约定的年龄、期限时承担给付保险金行为。

保险是一种经济补偿制度。这一制度通过对有可能发生的不确定性事件的数理预测和收取保险费的方法，建立保险基金；以合同的形式将风险从被保险人转移到保险人，由大多数人来分担少数人的损失。保险并不能防止风险的发生，但可以减轻被保险人对不确定性的担忧和经济负担。

2. 工程保险的内涵

1929 年英国签发了承包泰晤士河上拉姆贝斯大桥（Lambeth Bridge）工程的第一张建筑工程险保单，至今已有 90 多年的历史。相对火灾险、海运险等财产险来说，工程保险是新生事物，但是其发展却十分迅速。

工程保险（Engineering/Construction Insurance）是指投保人通过与保险人签订工程保险合同，投保人支付保险金，在保险期内一旦发生自然灾害、意外事故或人为原因造成财产损失、人身伤亡，及第三者责任造成损失时，由保险人按照工程保险合同约定承担保险赔付责任的商业行为。

工程保险由于承保的风险具有特殊性，对被保险人的保障具有综合性，使用的范围极其广泛，保险的期限跨度多变，保险金额具有可变性，保险合同条款具有个性化等特点，使得工程保险不能够简单地归属于现有的财产险、人身险、责任险等险种。其承保过程中的费率约定、合同条款的约定、防灾定损以及相关的风险分析评估都需要具有专业的多学科背景的专业人才来操作，因此工程保险是一项具有综合性、高度专业性的商业保险行为。

二、保险合同

1. 保险合同的概念

与一般消费者和商家的商品买卖关系不同,保险产品的买卖是建立在合同基础之上的,因此它是一种法律关系。保险合同是保险关系双方间订立的一种在法律上具有约束力的协议,即根据当事人双方的约定,一方支付保险费给对方,另一方在保险标的发生约定事故时承担经济补偿责任。

任何法律关系都包括主体、客体和内容三个不可缺少的组成部分。保险合同的主体为保险合同的当事人和保险合同的关系人;保险合同的客体为保险利益;保险合同的内容也就是保险合同当事人和关系人的权利与义务关系。

2. 保险合同的主体

(1) 保险合同的当事人:

保险合同的当事人包括保险人和投保人。保险人是向投保人收取保险费,在保险事故发生时对被保险人(受益人)承担保险责任的人,一般保险人即指保险公司;投保人又称要保人,是对保险标的具有保险利益,向保险人申请订立保险合同并负有缴付保险费义务的人,对建筑工程一切险来说,投保人为业主或承包商。

(2) 保险合同的关系人:

保险合同的关系人包括被保险人、保单所有人和受益人。被保险人是指其财产、利益或者生命和健康等受保险合同保障的人。在建筑工程一切险等财产保险中,保险标的是建筑工程、临时设施、材料设备等财产,被保险人可以是业主、承包商、分包商、监理公司等所有与投保工种有关的利益方;在建筑工程第三者责任险中,保险标的是民事赔偿损害责任,被保险人是对第三者的财产损毁或人身伤亡负有法律责任,因而要求保险人代其进行赔偿,因此对自己的利益进行保障的人,可以是业主、承包商、分包商、监理公司等;在人身保险中,人的生命、身体和健康是保险标的,被保险人是从保险合同中取得对其生命、身体和健康保障的人,同时也是保险事故发生的本体。

保单所有人又叫保单持有人,是拥有保单各种权利的人,保单所有人的称谓主要适用于人寿保险的场合。

受益人也叫保险金受领人,是指在保险事故发生后直接向保险人行使赔偿请求权的人。

3. 保险合同的客体

保险合同的客体为保险利益,保险利益是指投保人或被投保人对保险标的所具有的法律上承认的利益。保险标的是指保险合同中所载明的投保对象,是保险事故发生所在的本体。保险利益与保险标的含义不同,但两者又是互相依存的,在被保险人没有转让标的情况下,保险利益以保险标的存在为条件。

保险利益必须满足三个条件才能成立：必须是法律认可的利益，必须是可以用货币计算和估价的利益，必须是可以确定的利益。

4. 保险合同的特点

(1) 具有经济合同共有的性质：

保险合同属于合同的一种，因此具有一般合同共有的法律特征。保险合同的当事人必须具有民事行为能力；保险合同是双方当事人意思表示一致的行为，而不是单方法律行为，任何一方都不能把自己的意志强加给另一方，任何单位或个人对当事人的意思表示不能进行非法干涉；保险合同必须合法才能得到法律的保护，一方不能履行义务时，另一方可向国家规定的合同管理机关申请调解或仲裁，也可以直接向人民法院起诉。

(2) 特殊性质：

与一般合同相比，保险合同是一种特殊类型的合同，它有自己的特点，这些特点主要体现在最大诚信性、双务性、机会性、补偿性、条件性、附和性和个人性方面：

1) 最大诚信性。任何合同的签订都是以合同当事人的诚信作为基础的，采取欺诈、胁迫等手段所签订的合同为无效合同，从订立之日起就没有法律约束力。由于保险的特殊性，最大诚信性在保险合同中体现得更加明显。这是因为保险公司在考虑是否承保某种风险时，必须具有精确完整的信息才能做出理性的决定。

2) 双务性。合同有双务合同和单务合同之分，单务合同只对当事人一方发生权利，对另一方只发生义务，如赠与合同。双务合同则是当事人双方都享有权利和承担义务，一方的权利即另一方的义务，在等价交换的经济关系中，绝大多数合同都是双务合同。保险合同的投保人有按约定缴付保险费的义务，而保险人则负有在保险事故发生时赔偿或给付保险金义务。但保险合同又有其特殊性，在一般的双务合同中除法律或合同另有规定以外，双方应同时对等给付。而在保险合同中，虽然投保人一定要先缴保险费，但只有在保险事故发生后，保险人才履行保险金赔偿或给付的义务，如果没有发生保险事故，保险人则无须履行赔偿或给付的义务。

3) 机会性。保险合同具有机会性特点，履行的结果是建立在事件可能发生，也可能不发生的基础之上的。保险合同的机会性特点来源于保险事故发生的偶然性，这在财产保险合同中表现得尤为明显。在合同有效期内，假如保险标的发生损失，则被保险人从保险人那里得到的赔偿金额可能远远超出其所支付的保险费；反之，如果保险标的未发生损失，则被保险人只付出了保险费而得不到任何货币补偿。保险人的情况则正好与此相反；当保险事故发生时，其所赔付的金额可能大于所收取的保险费；而如果保险事故没有发生则其只有收取保险费的权利而无赔付的责任。

4) 补偿性。保险合同的补偿性主要体现在财产保险合同上，保险人对投保人所承担的义务仅限于对损失部分的补偿，补偿不能高于损失的数额。保险的一个最主要目的是让被保险人恢复到损失发生前的经济状况，而不是改善被保险人的经济状况。这样做的目的是为了避免个别被保险人故意犯罪，通过保险获利。

5）条件性。合同的条件性是指只有在合同所规定的条件得到满足的情况下，当事人一方才履行自己的义务，保险合同就具有这样的特点。投保人可以不去履行合同要求的义务，但也不能强迫被保险人履行其义务。比如说，保险合同通常规定被保险人必须在损失发生以后的某一规定的时间内向保险人报告出险情况，如果被保险人未在规定的时间内向保险人报告，那么保险人就可以不向其赔付。

6）附和性。附和性是指当事人的一方提出合同的主要内容，另一方只是做出取或舍的决定，一般没有商议变更的余地。改革开放前，我国保险合同就具有这样的特点，保险公司制定出格式的合同条款，投保人一般没有修改条款的权利，只能选择或接受该条款投保，或不接受该条款拒绝投保。但近年来，随着保险市场的开放，各家保险公司已经采取与投保人协商的方式签订保险合同，有经验的投保人可能在保险公司制定的格式合同条款的基础上，扩展保险范围。所以除人寿保险外，建筑工程一切险等财产保险合同并不是严格的附和合同，而是具有附和合同的性质。保险合同之所以具有附和合同的性质，是因为保险公司掌握保险知识和业务经验，而投保人往往不熟悉保险业务，因此被保险人很难对条款提出异议。

7）个人性。保险合同的这一特点主要体现在财产保险合同中。保险人在接受投保人的投保时，根据不同的投保人的条件来决定是接受还是拒绝，或者有条件地接受。甲承包商和乙承包商各自承包了工程，到同一家保险公司投保建筑工程一切险，得到的条件就不一定是相同的。一栋高层住宅工程，甲承包商具有建筑一级资质，高层建筑施工经验丰富，施工质量和安全等方面都有良好的记录；乙承包商只有建筑二级资质，从未承包过高层建筑，去年出现过一次重大质量事故。保险公司以1%的费率接受了甲承包商的投保，同时还在格式合同条款的基础上扩展了承包责任范围；对乙承包商却要求其支付3%的费率，并且拒绝为其扩展保险内容，很明显，保险公司是以比较委婉的方式拒绝为乙承包商承保。如果甲承包商在承包一栋高层住宅工程后，向保险公司投保，后又将工程转包给乙承包商，那么甲承包商必须经过保险公司的同意后才能向乙承包商转让保险合同。

5. 保险合同的应用原则

(1) 最大诚信原则：

诚信就是诚实和信用。任何保险合同的签订都必须以当事人的诚信作为基础。因为建设工程自开启直到竣工，始终处于承包商的控制中，如果承包商在投保时向保险公司承诺采用混凝土钻孔桩的方法护坡，而实际施工时为降低造价改用水泥砂浆钢丝网护坡，又未及时将更改通知保险公司，就是没有遵守最大诚信原则，一旦发生塌方、滑坡等事故造成工程损失，保险公司可以拒绝赔偿。

(2) 保险利益原则：

之所以强调保险利益，是为了避免道德风险。道德风险是指投保人或被保险人投保的目的不是为了获得保险保障，而是为了谋取保险赔款。在这种心理的驱使下，有些投保人、被保险人、受益人不是积极地防止保险事故的发生，而是希望和促使其发生,甚至故意制造保险事故。根据保险利益原则,保险事故的发生以被保险人实际遭受的经济损失为前提,而且不论投保人的投保金额是多少,保险人的赔偿损失责任都不应超过被保险人的实际损失。如果不坚持补偿的最高额以保险利益为限的原则,则投保人、被保险人或者受益人可以因较少的损失面获得较大的赔偿额,这也同样会诱发道德上的风险。

(3) 赔偿损失补偿原则:

赔偿损失补偿原则是指当保险标的发生保险责任范围内的损失时,保险人应当按照保险合同的约定履行赔偿义务,从而使被保险人恢复到受灾前的经济状况,但不能使被保险人获得额外利益。而且赔偿金额以保险金额和被保险人对标的的可保利益为限。保险人对赔偿的方式也可以选择,保险人可以选择货币支付或修复、换置的方法来补偿被保险人的损失。

(4) 近因原则:

近因原则是在事故造成损失时,为了分清与事故相牵连的多方的责任,明确因果关系而设立的一种原则。近因是指对事故的发生起直接的、决定性作用的原因。也就是说,这个原因会不可避免地造成该事故的发生。当一个事故发生的原因有两个以上时,如果多个原因之间的因果关系并未中断,那么最先发生并造成以后一连串事故的原因就是近因。保险人在确定事故是否属于保险责任范围内的造成原因时,以近因为准。

一般来说,保险人在发生事故后,分析损失原因时,面临三类情况:第一类是保险合同中列明属于承保范围内的承保风险;第二类是保险合同中列明保险人不承保的除外风险;第三类是保险合同中既未列明承保又未列明不承保的风险,我们把这类风险叫作不保风险。如果被保险人遭遇事故受到损失是由承保风险造成,而且没有其他原因穿插其中的,保险人自然要承担赔偿责任。但是,有些危险因素是同时或连续发生并造成损失的,这些危险因素中有承保风险、不保风险,甚至还有除外风险,要判断损失是否由承保风险引起,就需要运用近因原则。

(5) 代位追偿原则:

代位追偿原则在保险合同中是保险人的一种权利。当保险人将赔款付给被保险人之后,其便可以用被保险人的名义向造成损失的有关第三者要求赔偿。而被保险人在取得保险人的赔偿之后就有义务将其向第三者责任方追偿的权利转让给保险人,因此又叫权益转让。

(6) 比例分摊原则:

比例分摊原则主要基于两种情况:一种是重复保险,另一种是不足额保险。分摊原则只对赔偿性的财产险合同适用,对非赔偿性的人身险合同则不适用。

1) 重复保险的分摊。当同一种保险标的由投保人分别向几家保险人投保同一风险的保险,而保险人事先并不知晓,没有事先共同商定各自承保的比例,这就是重复保险。多家保险单的保额总和会超出保险标的的保险价值,甚至会大大超过。如果在法律上对重复保险不做出限制规定的话,那么被保险人将因损失而获取额外的高额利益,这就有违赔偿原则。为此,大多数国家有关保险的法律规定,如果被保险人将受损标的的损失向多于一家的保险人索赔,并且获得的赔款的总和超过实际损失的价值时,其有责任将超过部分的款项退还给多家保险人。如果被保险人只向一家承保的保险人索取赔偿,该保险人可以赔付全部赔款,但有权要求其他承保的保险人按其承保整个保额总和的比例分摊该项赔款。被索赔的保险人不能因为是重复保险而拒绝赔偿,它只能在支付赔款后向有关重复承保的其他保险人行使分摊权。

重复保险人分摊的承保损失是以总保险金额的和为计算基础的。例如,某承包商有一台价值 50 万元的塔吊,向甲保险公司投保财产一切险后用于某工程,该承包商又就这个工程向乙保险公司投保了建筑工程一切险,保险金额中又包括了这台价值 50 万元的塔吊,这台塔吊就是被重复承保的财产。不久,由于基础不牢,塔吊倾覆受损,经有关人员估算修复约需 10 万元,按照分摊原则,甲乙两家保险公司应赔付金额各为:

甲公司赔偿额＝10×[50/(50＋50)]＝5(万元)

乙公司赔偿额＝10×[50/(50＋50)]＝5(万元)

2) 不足额保险的分摊。投保人应该按投保标的的实际价值足额投保,如果保险金额低于实际价值即视为不足额投保,被保险人就得不到足额赔偿。不足额部分视为投保人自保,损失要由保险人与被保险人按比例分摊。这种比例分摊同重复保险的比例分摊在性质上是不同的。假设某工程价值 1 000 万元,但承包商出于侥幸心理为减少保费只投保了 600 万元,施工过程中发生火灾,造成了 100 万元的损失。保险公司按保险金额与实际价值的比例计算赔偿额:赔偿额＝100×(600/1000)＝60(万元)。

三、国际工程承包保险的强制性

同一般的国内工程不同,几乎所有的国际工程承包合同都强制要求进行各种保险,例如,工程保险、第三方责任险、工人工伤事故险等。这种强制性的要求固然是为了保障业主本身的利益,但同时对承包商也是有利的,因为所有的招标都承认承包商可以将保险金计入投标报价和合同价格之中。对保险的强制性主要体现在合同文件中。在国际咨询工程师联合会制订的《土木工程(国际)合同条件》范本中对保险问题做了十分明确和严格的要求。

第 20 条规定,除了意外风险(指战争、革命等特殊风险)外,承包商从开工到竣工整个期间应对工程进行照管,不论什么原因,如发生任何损坏、损失或损伤,都要求承包商自费进行修理或修复,并达到原合同规定的要求。

第 21 条更进一步规定,承包商应当以承包人和业主联合的名义对上述任何原因引起的一切损失和损坏进行保险。这种保险不仅包括施工期的一切已完工工程、在建工程和永久性工程所用的材料设备,还应包括施工机具设备和其他物品,甚至还应包括由于施工原因造成的维修期内发生的损失和损坏。

第22、23、24条规定了承包商还应对工程施工和维修期内发生的或由施工和维护所引起的任何人员、物资和财产的损害负责，使业主不受索赔、诉讼、赔偿等损害，要进行对包括业主及其雇员在内的任何财产和物资有形损害的责任进行保险（即通常称之为第三方责任险），要对工人和雇员的任何人身工伤事故进行保险。

除这些规定外，第25条还进一步规定，如承包商未进行保险，则业主可以自己进行这些保险，并从对承包商应付的工程款项中扣除所花费的保险金。

以上所有保险条款都要求承包商向现场工程师呈交保险单和其已付保险金的收据。这份国际合同条件范本中关于保险的规定几乎为所有国家的国际工程承包合同所接受。有些国家甚至规定在签订承包合同之后，承包商在某一规定时间内必须呈交保险单，否则承包商不能取得预付款，并被认为是违约行为。

四、国际工程承包保险的必要性

由于国际承包工程周期很长，遇到的各种复杂情况往往是难以完全预测和防范的。特别是一些大型工程，有些灾害和重大事故会给承包商带来灾难性的、无法承受的经济损失，但通过保险，他们可以从保险公司得到赔偿或部分经济补偿。我国不少工程公司在从事国际工程承包中，已有很多实例说明了保险将带来实惠。例如，我国某公司在伊拉克承包的一项水坝工程，因为洪水突然爆发而造成工地淹没，幸亏人员紧急撤离未造成伤亡，但一些大型机具设备和工程材料受淹，损坏严重。由于进行了工程保险，获得了保险公司的赔偿。我国另一家公司在约旦施工住房工程，半夜一场暴雪使挡土墙受冻崩塌，也由保险公司进行了补偿。至于人身伤亡和交通事故因有保险而获得补偿的事例则更多。

所以，承包商必须研究标书和合同中规定的责任和义务，在自己的责任和义务范围内进行保险。同时，有些保险还可以根据情况要求分包商去投保，例如，分包商负责的那一部分工程中的各类保险和其所用工人所保的人身意外险及材料运输险、汽车保险等，均可要求分包商投保。

五、保险后仍须预防灾害和事故

尽管承包商对新承包的工程进行了各种保险，并且缴纳了相当数量的保险费，但是，灾害和事故造成的恶果，不是保险公司支付了赔偿费就可以全部弥补的，即使是经济方面的损失，也不可能全部由保险公司补偿。因此，承包商仍然要采取各种有力措施防止事故和灾难的发生，并阻止事故损失的扩大。

正是由于任何承包商和保险公司都不希望灾害和事故发生，保险公司才敢于和愿意接受为数不大的保险费，为价值大于保险费数百倍的工程承担赔偿责任。保险公司承保的项目越多，得到的保险费也越多，其总的赔偿费同总的保险费收入的比例也就越小。保险公司为了使这个比值大大低于1，采取各种办法在同行业中进行联合和竞争。承包商可以利用这种竞争,选择那些财力雄厚、讲求信誉和保险费率低的保险公司为自己的工程承保。

第二节 国际工程保险种类

一、建筑工程一切险

工程一切险也称工程全险。即对工程在施工和保修期间,由于自然灾害、意外事故、操作疏忽或过失而可能造成的一切损失进行保险。保险范围包括合同规定的全部工程,到达工地的设备、材料和施工机具,临时设施及现场上的其他物资。

1. 建筑工程一切险的概念

建筑工程一切险简称建工险,是对施工期间工程本身、施工机具或工具所遭受的损失予以赔偿,并对因施工对第三者造成的物质损失或人员伤亡承担赔偿责任的一种工程保险。多数情况下由承包商投保,若承包商因故未能按合同规定办理或拒不办理投保,业主可代为投保,费用由承包商负担。如果总承包商未曾就该部分购买保险的话,负责分包工程的分承包商也应办理其承担的分包任务的保险。

建筑工程一切险适用于所有房屋建筑和公共工程,尤其是工业与民用建筑、电站、公路、铁路、机场、桥梁、隧道、水利工程等。其承保的内容包括工程本身(预备工程、临时工程、施工所必需的材料、占整个造价不到50%的安装工程)、施工设施和机具、场地清理费、第三者责任、工地内现有的建筑物、由被保险人看管或监护的停放于工地的财产。建筑工程一切险的保险金额的确定亦是按照不同的保险标的而定的,比如,合同标的工程的保险总金额即为建成工程的总价值,施工机具和设备及临时工程列专项投保,物资的投保金额一般按重置价值计算,附带的安装工程项目保险金额一般不超过整个项目保险金额的20%,场地清理费按工程的具体情况由保险公司和投保人协商决定,第三者责任的投保金额根据在工程实施期间万一发生意外事故时,对工地现场和邻近地区的第三者可能造成的最大损害情况而定。

2. 建筑工程一切险的被保险人

建筑工程保险可以在一张保险单上对所有参加该项工程的有关利益方都给予保障,即所有在工程进行期间,对这项工程承担一定风险的有关利益方,都具有保险利益,都可以作为被保险人之一。每一个被保险人享有赔款的权利以不超过其对保险标的具有的利益为限。建工险的被保险人大致包括以下各方:

(1) 业主或所有人,即投资建设该工程的法人组织或个人。

(2) 总承包商或分承包商。

(3) 业主或工程所有人雇用的建筑师、设计师、工程师、技术顾问和其他专业顾问。

(4) 其他关系方，如贷款银行等。

凡是有一方以上被保险人时，均由投保人负责缴纳保险费，并负责将保险标的在保险期内的任何变化通知保险公司，在出险时，由其提出原始索赔。

如果有多个被保险人，而且每个被保险人各有其自身的权益和责任须向保险公司投保，为了防止各方之间的追偿责任，大部分建筑工程保险单附加交叉责任条款。根据这一条款，每一个被保险人自身投保的保险单也独立存在。

3. 建筑工程一切险的投保人

投保人往往是被保险人中的一个，它必须代表自己和其他一起投保的被保险人交付保险费，实际上它成为同保险人协商保险的中间人。这个第一被保险人可以是业主，也可以是承包商，它同保险人签订的合同必须同时代表其他各利益方。许多工程承包合同中都约定，保险合同提供的保险保障不仅对承包商，而且对业主也有效。显然，一份保险合同每增加一个被保险人，保险公司就相应多承担一份风险，就多一份赔款的可能性。因为被保险人越多，在作业中发生过错的可能性越大，被保险人之间互相造成损失的可能性就越大，引起第三者责任的可能性也越大。但增加一个被保险人往往并不会引起保险费的大幅度增加。所以不论是业主还是承包商去投保，都应该尽可能多地把与工程有关的各方列为被保险人。

著名的《土木工程施工合同条件应用指南》(FIDIC)第 21.1 款和第 21.2 款约定："承包商应以全部重置成本对工程，连同材料和工程配套设备进行保险，应以承包商和雇主的联合名义进行投保，经常更换保险公司也不利于企业的管理。"因为承包商有可能从一个相对固定的保险公司，以较低的保费购买一份保障范围比较广泛的保险。

4. 建筑工程一切险的保险标的

建筑工程一切险的保险标的主要包括：

(1) 永久性和临时性的工程及物料：承包合同规定的承包范围内的主要项目，包括建筑物的结构、装修、机电安装、配套设施、存放在施工现场的材料设备、临时建筑设施等。

(2) 在施工现场使用的机械、工具和临时工房及存放其内的物资：属于被保险人所有或被保险人负责保管，而且施工必需使用的塔吊、打桩机、铲车、搅拌机、临时供电供水设备、脚手架等。

(3) 业主或承包商在工地原有的财产：如业主原有的工厂，应该放在这一项目内加保，以分清责任。

(4) 安装工程项目：如饭店大楼内发电、取暖、空调等及其设备的安装项目。

(5) 场地清理费：发生灾害事故后，为恢复重建必须清理场地上留下的大量残砾，根据经验估算需要的费用。

(6) 工地内的现成的不属于工程范围内的建筑。

(7) 业主或承包商在工地上的其他财产。

(8) 施工期间被保险人对第三者造成损失或人身伤亡,依法应由被保险人承担的经济赔偿责任,投保时由投保人和承保人根据经验估算赔偿金额。

5. 建筑工程一切险承保赔偿责任的因素

建筑工程一切险系承保建筑工程施工中由于下列原因造成的损失和费用,对这些损失和费用,保险公司将根据保单明细表的规定负赔偿责任:① 洪水、潮水、水灾、冰雹、海啸、暴雨、雪崩、地崩、山崩、冻灾、地震及其他自然灾害;② 雷电、火灾、爆炸;③ 飞机坠毁、飞机部件或飞行物体坠落;④ 盗窃;⑤ 工人、技术人员缺乏经验、疏忽、过失、恶意行为;⑥ 原材料缺陷或工艺不善所引起的事故;⑦ 其他不可预料和突然发生的事故。

6. 建筑工程一切险不承保赔偿责任的因素

建筑工程一切险的除外责任按照国际惯例,通常有以下几种:① 由军事行动、战争或其他类似事件、罢工、骚动、民众运动或当局命令停工等情况造成的损失(有些国家规定投保罢工骚乱险);② 因被保险人的严重失职或蓄意破坏而造成的损失;③ 因原子核裂变而造成的损失;④ 由于合同罚款及其他非实质性损失;⑤ 由施工设施和机具本身原因造成的损失,但因这些损失导致的建筑事故则不属于除外情况;⑥ 因设计错误而造成的损失;⑦ 因纠正或修复工程差错(例如,因使用有缺陷或非标准材料而导致的差错)而增加的支出;⑧ 自然磨损、氧化、锈蚀;⑨ 全部停工或部分停工引起的损失、费用或责任。

7. 建筑工程一切险被保险人应承担的义务

(1) 应采取合理的预防措施,避免投保工程工地发生意外事故,对保险公司提出的合理化防损建议应认真考虑,并付诸实施。

(2) 发生保单承保的损失事故后,应立即通知保险公司,并用书面形式提供详细经过。

(3) 为便于调查,在检查损失前应保护事故现场。

(4) 为防止损失扩大,应采取一切必需的措施将损失减少至最低限度;保险公司负责偿付有益的合理措施费用,不过此项费用和赔款总额以不超过受损失项目保额为限。

(5) 保险内容如有变化(如保险项目有增减、工程期限缩短或延长等),应及时书面通知保险公司,办理批改手续。

(6) 被保险人及其代表如故意不执行上述规定义务,保险公司将不负赔偿责任。关于保险的索赔与赔款,被保险人必须首先提出必要的、有效的证明单据作为索赔的依据。

8. 建筑工程一切险的保险费率的组成

建筑工程一切险没有固定的费率表,具体费率根据风险性质、工程本身的风险程度、工程的性质及建筑高度、工程的技术特征及所用的材料、工程的建造方法、工地邻近地区的自然地理条件、灾害的可能性、工期长短、同类工程及以往的损失记录等因素再结合参考费率表制定。其保险费率通常由五个分项费率组成：

(1) 业主及承包商的物料及建筑工程项目、安装工程项目、场地清理费、工地内现存的建筑物、所有人或承包人在工地的其他财产等为一个总的费率，规定整个工期一次性费率。

(2) 施工设施和机具为单独的年度费率，因为它们流动性大，一般为短期使用，旧机器多，损耗大、小事故多。因此，此项费率高于第一项费率。如投保期不足一年，按短期费率计收保费。

(3) 第三者责任保险费率，按整个工期一次性费率计。

(4) 保证性费率，按整个工期一次性费率计。

(5) 各种附加保障增收费率或保费，也按整个工期一次性费率计。

9. 办理建筑工程一切险应注意的问题

办理建筑工程一切险必须注意以下事项：

(1) 一般不使用委托人，由承包商亲自办理。

(2) 建筑工程的名称一定要填写合同中指定的全称，不得缩写；地点一定要填写工地的详细地址及范围，因为保险公司对工地以外的损失如无特别加批是不予负责的。

(3) 要写明保险期、试车期和维修期。

(4) 保险金额、免赔额、费率、保费均应根据保险金额具体确定。工程结束时，还应根据工程最终建造价调整保额，若最终保额超过原始保额的 5%，应出具批单调整，保额原费率按日比例增加或退还。

10. 办理建筑工程一切险应提交的文件

投保建筑工程一切险应提交以下文件：① 工程承包合同；② 承包金额明细表；③ 工程设计文件；④ 工程进度表；⑤ 工地地质报告；⑥ 工地略图。

11. 办理建筑工程一切险的现场查勘重点

承保人在了解并掌握上述资料的基础上，应向投保人或设计人了解核实，并对以下方面重点做出现场查勘记录：

(1) 工地的位置。包括地址及周围环境，例如，邻近建筑物及人口分布状况，是否靠近海、江河、湖，以及道路和运输条件等。

(2) 安装项目及设备情况。

(3) 工地内有无现成建筑物或其他财产及其位置、状况等。

(4) 储存物资的库场状况、位置、运输距离及方式等。

(5) 工地的管理状况及安全保卫措施，例如防水、防火、防盗措施等。

12. 承保人与投保人应明确承保的主要内容

承保人与投保人进一步协商以明确以下承保内容：① 建筑工程项目及其总金额；② 物资损失部分的免赔额及特种风险赔偿限额；③ 是否投保安装项目及其名称、价值和试车期等；④ 是否投保施工设施和机具及其种类、使用时间、重置价值等。

13. 建筑工程一切险的保险金额

建筑工程一切险的保险金额，应为保险标的建筑完成时的总价值，包括运费、安装费、关税等。建筑用机器、设备、装置应按重置价值计算。其他承保项目应按双方商定的金额确定。保险费则按不同项目的危险程度、地理位置、工地环境、工期长短和免赔额高低等因素确定，在1.8‰至5‰(整个施工期)之间。

14. 建筑工程一切险的保险期限

建筑工程一切险的保险期限自工程开工之日或在开工之前工程用料卸放于工地之日开始生效，以两者先发生者为准。开工日包括打地基日在内(如果地基亦在保险范围内)。施工机具保险自其卸放于工地之日起生效。保险终止日应为工程竣工验收之日或者保险单上列出的终止日。同样，也以两者先发生者为准。

二、安装工程一切险

1. 安装工程一切险的概念

安装工程一切险，简称安工险，是专门承保新建、扩建或改造项目的机器设备或钢结构建筑物在整个安装、调试期间，由于责任免除以外的一切危险造成财产的物质损失、间接费用以及安装期间造成的第三者财产损失或人身伤亡而承担赔偿责任的一种工程保险。

2. 建工险与安工险的区别

安装工程一切险的适用范围，承保的责任范围和除外责任，同建筑工程一切险基本相同，它们之间的主要区别如下：

(1) 建筑工程一切险的保险标的从开工以后逐步增加，保险额也逐步提高，而安装工程一切险的保险标的从开始存放于工地起，保险公司就承担着全部货价的风险。在机器安装好之后，在试车过程中发生机器损坏的风险是相当大的，这些风险在建筑工程一切险部分是没有的。

(2) 在一般情况下，自然灾害造成建筑工程一切险的保险标的损失的可能性较大，而安装工程一切险的保险标的多数是建筑物内安装及设备(石化、桥梁、钢结构建筑物等除外)，受自然灾害(洪水、台风、暴雨等)影响的可能性较小，受人为事故引起损失的可能性较大，这就要督促被保险人加强现场安全操作管理。严格执行安全操作规程。

(3) 安装工程在交接前必须经过试车考核，而在试车期内，任何潜在的因素都可能造成损失,损失率有时要占安装工期内总损失的一半以上。

3. 安装工程一切险的保险标的

安装工程一切险的保险标的主要包括：① 安装项目;② 附属的土木建筑工程项目;③ 场地清理费用;④ 业主或承包商在工地上的其他财产;⑤ 施工期间对第三者造成的财产损失或人身伤亡。

4. 安装工程一切险的保险金额

安装工程一切险的保险金额的具体规定办法如下：

(1) 安装项目：

安装项目是安装工程一切险的主要保险项目,包括被安装的机器设备、装置、基础工程(地基、机座)以及工程所需的各种临时设施(如水、电、照明、通讯等设施)。安装工程一切险承保标的大致有三种类型：

① 新建工厂、矿山或某一车间生产线安装的成套设备;② 单独的大型机械装置如发电机组、锅炉、巨型吊车、传递装置的组装工程;③ 各种钢结构构筑物,例如,储油罐、桥梁、电视发射塔之类的安装和管道、电缆敷设等。

(2) 土木建筑工程项目：

土木建筑工程项目指新建、扩建厂矿必须有的工程项目,如厂房、仓库、道路、办公楼、宿舍等。其保险金额应为该工程项目建成的价格,包括设计费、材料设备费、施工费、运杂费、税费及其他相关费用。如果这些项目已包括在一揽子承包合同价内,则不必另行投保,但应加以说明。

(3) 场地清理费：

场地清理费指发生承保风险所致的损失后清理工地现场所支付的费用。此项费用的保额由被保险人自定并单独投保,不包括在合同价内。大型工程的场地清理费一般不超过总价的 5%,中小型工程的场地清理费一般不超过总价的 10%。

(4) 工程业主或承包人在工地上的其他财产：

工程业主或承包人在工地上的其他财产指上述三项以外的可保标的,大致包括安装施工用机具设备,工地内现存财产,其他可保财产。

施工机具设备一般不包括在承包工程合同价内,因此列入本项投保。这项保险金额应按重置价值,即重新换置同一型号、同种性能规格或类似性能规格和型号的机器、设备的价格,包括出厂价、运费、关税、机具本身的安装费及其他必要的费用在内。

工地内现存财产指不包括在承包工程范围内的,工程业主或承包人所有的或其保管的工地内已有的建筑物或财产。这笔保险金额可由保险双方商定,但最高不得超过该项现存财产的实际价值。

其他可保财产指不能包括在上述四项范围之内的可保财产。其保险金额由双方商定。

以上四项保额之和即构成物质损失总保险金额。

(5) 施工期间对第三者造成的财产损失或人身伤亡：

施工期间被保险人对第三者造成财产损失或人身伤亡，依法应由被保险人承担经济赔偿责任，赔偿限额应根据责任风险大小的具体情况来考虑，没有统一的规定。通常有两种情况：① 只规定每次事故赔偿限额，不分项，也无累计限额；② 先规定每次事故中各分项限额，各分项相加构成每次事故的总限额，最后算出并规定一个保险期内的累计赔偿限额。若风险不大，可采用第一种办法。若风险较大，则采用第二种办法。

5. 安装工程一切险的保险期限

安装工程一切险的保险期限自投保工程的动工日起或第一批保险项目被卸到施工地点时(以先发生者为准)即行开始。动工之日系指破土动工之日(如果包括土建任务的话)，保险责任的终止日可以是安装完毕验收通过之日或保险单上所列明的终止日，这两个日期同样以先发生者为准。

安装工程一切险的保险责任也可以延展至为期一年的维修期满日。

安装工程一切险的保险期内一般应包括一个试车考核期的保险责任并不超过三个月，若超过三个月，应另行加费。这种保险对于旧机器设备不负考核期的保险责任，也不承担其维修期的保险责任。如果同一张保险单同时还承保其他新的项目，则保险单中仅对新设备的保险责任有效。

在征得保险人同意后，安装工程一切险期限可以延长，但应在保险单上加批并增收保费。

6. 办理安装工程一切险的现场查勘重点

保险公司在承保安装工程一切险之前，除了认真审阅工程文件资料外，还必须到现场查勘，并记录以下情况：

(1) 被保险人、制造商及其他与工程有利害关系的各方的资信情况。

(2) 工程项目或机器设备的性质、性能、新旧程度以及以往发生过的情况，有无保险或损失记录。

(3) 工厂所用原料的性能及其风险程度。

(4) 安装或建筑工程中最危险的部位及项目。

(5) 机器设备及原料的启运时间、运输路线、运输和保管方法、运输中风险最大的环节。

(6) 工地周围的自然地理情况和环境条件，包括风力、地质、水文、气候等，尤其是发生特种风险如地震等特大自然灾害的可能性。

(7) 工地邻近地区情况，特别是附近有哪些工厂，有无河流、公路、海滩，这些因素可能对保险标的产生什么影响。

(8) 工地附近居民的情况，如生活条件、治安、卫生等。

(9) 安装人员的组织情况，负责人及技术人员的业务水平及其素质；工程进度及实施方式,有无交叉作业。

(10) 非季节性施工的防护措施。

(11) 扩建工程情况下原有设备财产的情况,是否已投保,谁负责保险,保险内容。

7. 建工险与安工险的选择

投保建筑工程一切险或者安装工程一切险时,应针对具体工程具体对待。建筑工程一切险的保险标的中可以包括机电安装工程内容,安装工程一切险的保险标的中也可以包括建筑工程内容。那么如何判断一个工程需要投保建筑工程一切险,还是投保安装工程一切险呢?在一般情况下,可以根据一个工程中建筑项目和安装项目各自所占金额的比例来划分。

建筑项目占总造价50%以上的工程应投保建筑工程一切险。如果安装项目只占总保险金额的20%以下,则全部工程的保费都按建筑工程一切险的费率计算;如果安装项目占总保险金额的20%~50%,则建筑项目按建筑工程一切险的费率计算保费,安装项目按安装工程一切险的费率计算保费。

同理,安装项目占造价50%以上的工程应投保安装工程一切险。如果建筑项目只占总保险金额的20%以下,则全部工程的保费都按安装工程一切险的费率计算;如果建筑项目占总保险金额的20%~50%,则安装项目按安装工程一切险的费率计算保费,建筑项目按建筑工程一切险的费率计算保费。

8. 建筑工程一切险与安装工程一切险的免赔责任

工程保险还有一个特点,就是保险公司要求投保人根据不同的损失,自负一定的责任,这笔由被保险人承担的损失额称为免赔额。工程本身的免赔额为保险金额的0.5%~2%;施工设施和机具等的免赔额为保险金额的5%;第三者责任险中财产损失的免赔额为每次事故赔偿限额的1%~2%,但人身伤害没有免赔额。

三、第三者责任险

1. 第三者责任险的概念

承包商在投保建筑工程一切险或安装工程一切险时,要附加第三者责任条款,所以在报价中应考虑充足的保费。所谓第三者,是指被保险人及保险公司以外的法人及自然人。但不包括被保险人、业主、其他承包商和分承包商等所雇用的现场工作人员。一般来说,第三者责任险不作为一个单独的险种向保险公司投保,而是附加在建筑工程一切险或者安装工程一切险中。

2. 第三者责任险的保险标的

第三者责任险保险单所承保的,是建筑工程或安装工程在保险期限内,因发生意外事故,造成在工地及其邻近地区内的第三者人身伤亡、疾病或财产损失,依法应由被保险人负责的,以及被保险人因此而支付的诉讼费和事先经保险公司书面同意支付的其他费用,均可由保险公司负责赔偿。

3. 第三者责任险的赔偿金额

保险公司对每次事故的赔偿金额,根据法律或政府有关部门裁定的应由被保险人偿付的数额确定,但不能超过保单列明的总赔偿限额。总赔偿限额是保险公司对该保单在整个保险期限内赔偿第三者责任的最高限额,这个限额一般由招标文件约定,如果招标文件没有约定则由承包商与业主协商确定。

第三者责任险的保费以总赔偿限额为基础按比例计取,费率为2.5‰~3.5‰。一般来说,承包商参加投标报价时,招标文件中就限定了第三者责任险的总赔偿限额的金额。如果招标文件无特定要求,承包商可以根据工程所处地理位置来估算总赔偿限额,估算必须适度,如果限额过高,则保费也高,影响报价的竞争力,如果限额过低,则一旦发生风险,可能得不到完全保障。尤其在繁华地区施工时,周围街道上车辆、行人密度大,与其他建筑物之间的距离近,给第三者造成损失的可能性就比较大,损失金额也会较大,第三者责任险的赔偿限额就应该较高。

第三者责任的赔偿限额除必须约定保单有效期内的总赔偿限额外,有时保险公司还要求针对不同的保障内容分别约定赔偿限额,如每个人的人身伤亡赔偿限额;累计人身伤亡赔偿限额;每次事故以及同一事故引起的一系列事故的财产损失赔偿限额。如果约定了后几种分项赔偿限额,但金额比较低的话,对承包商是不利的。承包商应坚持不约定后三种赔偿限额,只要在第三者责任范围内,无论是第几次发生风险,也无论造成了什么样的损失,只要损失金额在总赔偿限额内,保险公司都应该赔偿。

4. 第三者责任险不承担的责任

第三者责任险不承担以下各项赔偿责任:

(1) 明细表列明的应由被保险人自行负担的免赔额(即只有超过此额,赔偿责任由保险人承担,免赔额由双方商定)。

(2) 被保险人和其他承包人在现场从事工程有关工作的职工的人身伤亡和疾病。

(3) 被保险人及其他承包人或他们的职工所有的或由其照管、控制的财产的损失。

(4) 领有公共运输用执照的车辆、船舶和飞机造成的事故。

(5) 被保险人根据与他人的协议支付的赔偿或其他款项。

四、雇主责任险

1. 雇主责任险的概念

雇主责任险所承保的是被保险人(雇主)的雇员在受雇期间从事工作时因意外导致伤、残、死亡或患有与职业有关的职业性疾病,而依法或根据雇佣合同应由被保险人承担的经济赔偿责任。雇主所承担的这种责任包括过失行为乃至无过失行为所致的雇员人身伤害赔偿责任。保险人为了控制风险,并保障保险的目标与社会公共道德准则相一致,均将被保险人的故意行为列为除外责任。

2. 雇主责任险保费的计算

雇主责任险的保费是按不同工种雇员的适用费率乘以该类雇员年度工资总额计算出来的。雇主责任险采用预付保费制,在订立雇主责任险保单时,雇主估计在保单有效期内应该支付给其雇员的工资(包括奖金、加班费及各种津贴等)总额。保单期满后的一个月内,雇主提供保险期内实际付出的工资数额,据以调整保费,预付保费多退少补。不同行业和不同工种的雇员适用的保险费率不同,同样在施工现场工作,管理人员和工人的适用费率相差很大。除行业和工种外,赔偿限额也影响保险费率,从保险公司需要代业主承担对人员伤残、死亡责任的赔偿金额来看,在同行业和同工种的条件下,赔偿限额越高,保险费率也就越高,但不一定是成比例增长的。

五、人身意外伤害险

1. 人身意外伤害险的概念

人身意外伤害险是指被保险人在保险有效期间内,因遭受非本意的、外来的、突然的意外事故,致使其身体蒙受伤害而残疾或死亡时,保险人依照合同规定给付保险金的保险。

“非本意的”事故是指偶然的、非所预见的、非能预料的事故。一般有三种形式:事故发生的原因是偶然的;事故发生的结果是偶然的;事故发生的原因和结果都是偶然的。例如,建筑工人在操作中不慎触电致残,就是非本意的。“外来的”事故是指伤害是由被保险人自身以外的原因所造成的。“突然的”事故是指意外伤害的直接原因是突然出现的,而不是早已存在的。这三点都符合的事件才能构成意外伤害,例如,建筑工人在施工过程中由于眩晕而坠落摔伤,虽然符合“非本意的”,但不符合“外来的”和“突然的”这两个条件,因此不属于承保范围。也有些伤害尽管符合上述的三个条件,却不属于承保范围,例如,由于战争和军事行动所导致的伤害就是除外责任。

2. 人身意外伤害险保费的计算

保费是按不同的适用费率乘以保险金额(最高赔偿限额)计算出来的。在签订人身意外伤害险时,投保人与保险公司商订好一个固定的保险金额,保险金额与被保险人的工资无关。与雇主责任险一样,人身意外伤害险的费率受行业和工种的影响,同样在施工现场工作,管理人员的费率就比工人的费率低很多。但人身意外伤害险的费率与雇主责任险不同,不受保险金额的影响。

现阶段,我国尚未强制推行雇主责任险,业主招标时往往也不要求承包商投保。为了有效保障雇员的合法权益,体现企业的管理水平,同时又不提高报价,承包商可以为自己派往施工现场的管理人员投保人身意外伤害险,以替代费率较高的雇主责任险。例如，为 30 名现场管理人员投保人身意外伤害险，每人保险金额 20 万元，费率为 1‰，那么每年的保费仅为 6 000 元。同时可以在分包合同中约定，分承包商必须为其雇员（包括工人）投保人身意外伤害险，以保障其雇员的合法权益。

3. 人身意外伤害险与雇主责任险的区别

人身意外伤害险与雇主责任险承保的虽然都是自然人的身体和生命，但两者有着本质的不同：

（1）性质不同。人身意外伤害险承保的是被保险人自己的身体和生命，是一种有形的实体标的，属于人身保险的范畴。雇主责任险所承保的是雇主的民事损害赔偿责任或法律赔偿责任，是一种无形的利益标的，属于责任保险的范畴。

（2）保险责任不同。人身意外伤害险对被保险人不论是否在工作期间及工作场所内所遭受的意外伤害均应予以负责。雇主责任险仅负责赔偿雇员在工作期间及工作场所内遭受的意外伤害。

（3）责任范围不同。人身意外伤害险仅承保非本意的、外来的、突然的意外事故所造成的伤亡。雇主责任险除承保意外事故造成的伤亡外，还负责雇员因职业性疾病而引起的伤残、死亡及医疗费用。

（4）承保条件不同。人身意外伤害险的承保对象是自然人，只要是自然人就可以向保险公司投保。雇主责任险需要以民法和雇主责任法或雇主与雇员之间的雇佣合同作为承保条件。

（5）保障效果不同。人身意外伤害险的保险对象是被保险人，直接保障的也是被保险人，保险人与被保险人之间是直接的保险合同关系。雇主责任险的被保险人是雇主，但在客观上却是直接保障雇员（第三者）的权益的，保险人与被保险人的雇员之间并不存在保险关系。

（6）计费与赔偿的依据不同。人身意外伤害险按照保险人和被保险人在保险合同中约定的保险金额（最高赔偿标准）来计算保险费和赔款。雇主责任险以被保险人的雇员的若干个月的工资为基础计算保险费和赔款。

六、机动车辆险

1. 机动车辆险的概念

机动车辆险是指以机动车辆本身及其相关经济利益为保险标的的一种不定值财产保险。机动车辆包括汽车、电车、电瓶车、摩托车、拖拉机、各种专用机械车、特种车。有些车辆如果已列入施工机具设备清单中，则这些车辆在工地以外的作业中发生事故，应在工程一切险外，保险公司是不会给予赔偿的。因此，承包商在工地以外使用的运输车辆，仍应投保机动车辆险。

2. 机动车辆险的标的

（1）机动车本身。机动车本身的责任范围包括因汽车与其他物体碰撞或翻车所造成的损失和由自然灾害(如雷电、洪水、地震、雪崩等)和意外事故(如失火、爆炸、自燃以及偷窃、丢失等)造成的损失。

(2) 第三者责任。所谓第三者责任是指承保被保险汽车因发生保险事故而产生的被保险人对于第三者(包括乘客)的人身伤害及其财产损失依法应负的责任。第三者责任险是汽车保险中最重要的部分。

3. 机动车辆险保险人承担责任的因素

(1) 机动车车身险:

车辆损失险对承保车辆在行驶或停放中由于下列原因造成的损失承担赔偿责任:① 碰撞、倾覆、失火、爆炸;② 雷击、暴风、洪水、沙暴等各种自然灾害,隧道坍塌、空中运行物体的坠落;③ 全车失窃在三个月以上;④ 运载保险车辆过河的渡船发生自然灾害及意外事故,但只限于有驾驶人员随车照料的;⑤ 由于上述原因采取保护、施救措施所支出的合理费用。

(2) 第三者责任险:

第三者责任险,是对被保险人或其允许的驾驶人员,在使用保险车辆过程中发生意外事故,造成第三者遭受人身伤亡或财产的直接损毁而在法律上理应由被保险人承担的经济赔偿责任进行承保,由保险公司按照有关规定负责赔偿。但由此产生的善后工作须由被保险人负责处理。

4. 机动车辆险的除外责任

(1) 机动车车身险:

车身险的除外责任有:① 战争或军事行动以及政府征用;② 被保险人故意造成的损失;③ 自然磨损、轮胎爆炸、未经修复而继续使用以致遭受的损失;④ 由被保险人驾驶但不属于其所有的车辆的车身损失。

(2) 第三者责任险:

机动车第三者责任险的除外责任有以下几种:

1) 被保险人或驾驶人员故意造成的第三者人身伤亡和财产损失。

2) 被保险人或驾驶人员自有的或自运的财产。

3) 被保险人租用、使用或者保管的财产。

4) 被保险人雇用人自己人身伤亡和其财产损失(此种情况属于雇主责任险的范畴)。

5) 未经车主允许而擅自驾驶被保险汽车时发生的事故。

6) 汽车司机以外的任何人在装货或卸货的过程中造成的人身伤亡或在车道以外引起的人身伤亡。

7) 由被保险汽车运送的财产以及因车辆损坏路面、其他车下物件或车上承载的货物。

汽车保险中有无赔偿优待折扣和被保险人自负责任的特殊规定。无赔偿优待折扣系指投保人在续保汽车险时,若被保险的汽车前一年没有发生导致赔偿的事故,则续保时的保费可给予一定的优惠折扣，连续两年没有导致赔偿，优惠比例会再增加，直到连续五年达到优惠比例的最高限额。被保险人自负责任与免赔额是同一道理，即要求被保险人自负一部分责任，这在一定程度上可以加强被保险人的责任心。

七、货物运输险

1. 货物运输险的概念

货物运输险是指以运输过程中的货物作为保险标的，保险人承保因自然灾害或意外事故造成损失的一种保险。货物运输保险是随着海上贸易的发展而产生和发展起来的。进入现代社会后，货物运输出现了内河、航空、陆上、邮递等多种方式，货物运输保险也因此取得了全面的发展。货物运输保险有利于企业进行经济核算和促进货物运输的安全防损工作。

2. 货物运输险的分类

(1) 按运输工具划分：

按运输工具可分为：① 水上运输险；② 陆上货运险；③ 航空运输险；④ 邮递险；⑤ 联运险。

(2) 按适用范围划分：

按适用范围可分为：① 国内货物运输保险；② 国际货物运输保险。

(3) 按保险人承担责任划分：

按保险人承担责任可分为：① 基本保险；② 综合保险。

3. 海上货物运输险

在国际货物运输中，目前仍以海上货物运输为主，因此，我们单独介绍海上货物运输险。

(1) 海上货物运输险的基本险：

1)平安险。投保平安险时，保险人承保的责任范围主要包括：因自然灾害和意外事故所导致的货物的全部损失；因意外事故导致的部分损失；在运输工具已发生意外事故的情况下，货物在此前后遭受自然灾害所导致的部分损失；在装卸转船中因发生一件或数件货物丢失造成的全部或部分损失；共同海损引起的牺牲，分摊以及救助费用、施救费用等。

2) 水清险。其承保范围除了平安险所包括的责任范围外，还包括被保险货物由于恶劣气候、雷电、海啸、地震、洪水等自然灾害所造成的部分损失。可见，水清险的责任范围大于平安险。

3) 一切险。一切险是基本险别中承保责任范围最大的险别，它是在水清险承保范围的基础上又包括了由一般外来风险所造成的全部或部分损失。

(2) 海上货物运输险的附加险：

除了上述三种基本险外，投保人还可根据需要的情况加保一项或几项附加险。

附加险承保的是除自然灾害和意外事故以外的各种外来原因所造成的损失。附加险分为一般附加险和特殊附加险。一般附加险主要有：偷窃、提货不着险、淡水雨淋险、短量险、混杂沾污险、渗漏险、受潮受热险、包装破裂险、锈损险等。特别附加险主要有：战争险、罢工险、交货不到险、进口关系险、舱面险和拒收险。

附加险本身不能作为一种单独的项目投保，只能在投保基础上，根据需要加保。由于一般附加险的责任范围已包括在一切险之内，所以，当事人只要投保一切险，就不需要加保一般附加险，但可根据需要加保特殊附加险。

(3) 海上货物运输险责任的起讫：

关于海上货物运输险责任的起讫，一般采用国际保险业务中惯用的“仓到仓”条款。其含义是保险货物运离保险单所载明的启运地发货人仓库或储存处所开始运输时生效，包括正当运输过程中海上、陆上、内河和驳船运输在内，直到该项货物到达保险单所载明的目的地收货人的最后仓库或储存处所，或被保险人用作分配、分派或非正常运输的其他储存处所为止。如果未抵达上述仓库或储存处所，则以保险货物在最后卸货港全部卸离海轮后满 60 天为止。如在上述 60 天内被保险货物需要转运至非保险单所载明的目的地时，则以该项货物开始转运时终止。上述“仓到仓”条款适用于除战争险之外的各种险别。而战争险采用的是保险人只负水面危险的原则，即以货物装上海轮或驳船时开始直到目的港卸离海轮或驳船为止，如果不卸，则以货物到达目的地港当日午夜起 15 天有效。

4. 陆运、空运和邮包运输险

陆运、空运和邮包运输的保险类别都分为两类，即陆上运输险，陆运一切险；航空运输险，航空运输一切险；邮包运输险，邮包运输一切险。前一类险指只承保运输途中因自然灾害或意外事故所造成的货物损失。后一类险，是在前一类险的基础上加保了由于外来原因所导致的损失。

不论是办理陆运、空运还是邮包运输保险，都可以在上述任何一种险之外加保战争险。“仓到仓”条款同样适用于陆运险、空运险和邮包险，但其保险期限不同于海运险。陆运险为货到目的地站满 60 天终止，空运险为航空公司发出到货通知的当日午夜起算满 30 天终止，邮包险则是目的地邮局签发到货通知当日午夜起满 15 天终止。

5. 货物运输险的责任范围

(1) 基本责任：

货物运输保险承保的基本责任包括：火灾、爆炸、雷电、冰雹、暴风、洪水、海啸、破坏性地震、地面突然塌陷、突发性滑坡、崖崩、泥石流；因运输工具发生火灾、爆炸、碰撞造成所载被保险货物的损失，以及运输工具在危险中发生卸载对所载货物造成的损失及支付的合理费用；在装货、卸货中转载时发生意外事故所造成的损失；利用船舶运输时，因船舶搁浅、触礁、倾覆、沉没或遇到码头坍塌所造成的损失；利用火车、汽车、大车、板车运输时，因车辆倾覆、出轨，隧道和码头坍塌，或人力、畜力的失足所造成的损失;利用飞机运输时,因飞机遭受碰撞、倾覆、坠落、失踪(在3个月以上),在危险中发生卸载,以及遭受恶劣天气或其他危难事故,发生抛弃行为所造成的损失;在发生上述灾害或事故时,遭受盗窃或在纷乱中造成被保险货物的损失;在发生保险责任事故时,因施救或保护被保险货物支出的直接的合理费用。

(2) 除外责任:

货物运输险的除外责任包括:被保险人的故意行为或过失;发货人不履行贸易合同规定的责任;保险责任开始前被保险货物早已存在的品质不良和数量短差;被保险货物的自然损耗、市价跌落和本质上的缺陷;货物发生保险责任范围内的损失,根据法律规定或有关约定由承运人或第三者负责赔偿的部分;战争、军事行动、核辐射或核污染等。

(3) 附加或特约责任:

附加或特约责任承保的责任分为一切险、单独附加险、综合险和特别附加险四种。一切险包括偷窃险、提货不着险、淡水雨淋险、短量险、混杂沾污险、渗漏险、碰撞破碎险、串味险、受潮受热险、钩损险、包装破裂险、锈损险等险种。

6. 货物运输险的费率

(1) 基本险费率:

国内货物运输保险的基本费率和附加险费率按运输工具可分为陆运、水运和空运三种。陆运包括火车、汽车和驿运三种;水运包括沿海内河的轮船、机动船和非机动船等几种;空运按货物分为:一般货物、一般易损货物、易损货物和特别易损货物四类。危险品根据危险程度提高费率,集装箱运输的货物减少费率。按运输方式分,可分为直达运输和联合运输,联合运输的基本险费率应按联合运输中收费最高的一种运输工具来确定,并另加保费。对一些特约承保的附加险需要另按附加险费率增加保费。凡承保综合险的,其有关附加险费率均包括在综合险费率内。

(2) 附加险费率:

附加险费率是在平安险、水清险或基本险的基础上加保附加险后计算所增收的保险费率。一切险费率包括基本险和多个附加险在内,除费率另有规定外,加保多种附加险中的一种附加险,一般按照一切险费率计收。同险别对亚、欧、美、澳等不同洲、不同国家和不同港口的费率有所不同。

7. 货物运输险的保险金额

货物运输险的保险金额的确定分为国内和涉外两种情况。国内货物运输险的保险金额的确定采用定值保险的方法,保险金额可由被保险人和保险人双方具体协商确定。一般按以下标准确定保额:起运地发货价、目的地成本价、目的地市价。涉外货物运输保险金额一般按货价确定。在国际贸易中,货价是由货物本身的成本、运费和保险费三个部分构成的。运输和保险是由买方还是卖方办理可根据不同的价格条件来决定。较为普遍的价格条件有三种:离岸价格、成本加运输价格和到岸价格。

根据国际贸易术语解释规则，对到岸价格卖方在保险方面的责任和费用的规定是：由卖方向信誉可靠的保险人投保海洋运输险，险别为平安险，要取得可转让的保险单，保险金额按到岸价格加10%确定，除非经买卖双方约定，到岸价格不包括特定行业和买方个别需要的特种保险；对偷窃、渗漏、破碎、碰损和与其他货物相接触所导致的损失，应由买卖双方考虑并约定是否需要加保；买方如果要求投保战争险，卖方应该代办，费用由买方负担；如果可能，保险单的保险金额币种应采用售货合同的货币。

8. 货物运输险的期限

货物运输险的期限有其航程性，责任起讫以约定的运输途程为准，即以被保险货物离开起运地点的仓库或储存处所开始，直到到达目的地收货人的仓库或储存处所时终止，一般没有固定的时间约束。

八、十年责任险

十年责任险是指建筑师或承包商设计或承建的建筑物，自最后验收之日起十年内，因建筑缺陷或隐患而造成的损失，由保险公司承担赔偿责任的保险。

有些国家强制要求承包商在工程竣工验收前，为其承包工程的主体部分投保十年责任险。建筑工程造价高、使用期长，工程中遗留的许多缺陷或隐患不一定都能在保修期内暴露，保修期后一旦对工程造成损坏，承包商可能根本无力赔偿，工程保险的保险期限也已经终止。所以十年责任险是保障业主利益的，业主是被保险人。

十年责任险的责任范围并非始终不变。工程正式验收前，十年责任险仅仅保证对因主体工程全部或部分倒塌所造成的损失负赔偿责任，这阶段的十年责任险不含场地清理费。工程最后验收后，十年责任险承担对因本保险范围内工程本身的物质和非物质损失负赔偿责任，而且灾后清理所必需的费用亦在赔偿之列。

十年责任险的保险标的是楼房工程或硬材料建筑物的主体工程部分，如地基、骨架、承重墙、挡土墙、楼板、平台、楼梯、屋顶、隔墙等。这种保险所承保的危险与损害主要是建筑物或第三者遭受的财产损失和人身伤亡。十年责任险的被保险人是业主及第三者(包括工程的使用人)。十年责任险的保险费率系根据主体的总额而确定的一定百分比，这个费率根据国家的有关法律制定，无商讨的可能。十年责任险的保险费必须在工程最后验收前一次付清。

十年责任险的除外责任一般有：① 被保险人或雇员的蓄意破坏、发生偷窃或诈骗行为；② 直接或间接的火灾或爆炸所造成的损失，除非该火灾或爆炸系由本保险范围内的事故所引发；③ 采矿引起的地层震动；④ 自然灾害如地震、洪灾、暴雨和飓风；⑤ 内外战争所造成的损失；⑥ 原子核裂变直接或间接的后果；⑦ 属于承包商的维修义务；⑧ 验收时明文指出的保留部分。

十年责任险的保险金额计算办法如下：临时验收时，按投保人申报的实施工程估算价，根据要求费率计算，另加特别要求的费用；最后验收时，根据工程的最后结算价调整，任何导致保险费额变化的追加工程费或工程费变化均应如实申报，否则保险人有权拒付赔偿；罚款及与此有关的民事诉讼费不得计入保险金额，但正常的民事诉讼费应计入保额。

九、其他险别

1. 预期利润损失险

(1) 预期利润损失险的概念：

在我国预期利润损失险开展得还比较少，国际上预期利润损失险与建筑工程一切险相辅相成，这个条款保障业主由于工期延误导致的经济损失。它只保障由于建筑工程一切险所承保的损失的延误，因此建筑工程一切险的责任范围越广泛，则预期利润损失险的责任范围也越广泛。保险公司要求建筑工程一切险和预期利润损失险同时生效。因为在物质损失后保险公司如果可以控制工程的恢复情况，也就能控制预期利润的损失程度。例如，保险公司可以在经济上进行分析比较后，决定是否花费额外的费用对损失进行紧急修复，以缩短延误的工期。

(2) 预期利润损失险的赔偿期限：

预期利润损失险的赔偿期限的开始日为：如果不发生损失，开始日为投保工程应该开始营业之日；一旦发生损失进而导致工期拖延，未能如期开始营业，开始日为被保险人提供确切证明有效的起期日，如原定的工期计划等。一般来说，引致预期利润损失的风险往往已经先引发了物质损失，所以保险公司在处理物质损失赔偿时，就已经掌握了预期利润损失保险的证据。保险公司在赔偿期限内，只要营业活动未遭受影响，就应该负责赔偿。

预期利润损失险只承保保险责任范围内导致的延误，在大型、复杂的工程中，保险公司应该派专人监督工程的实施过程。

(3) 预期利润损失险的保险金额：

预期利润损失险的定义与传统的间接利益损失险类似。但间接利益损失险的保险金额，通常可以查询被保险人以往经营的财务账目，根据以往一段时间内的经营状况计算保险金额。但预期利润损失险的保险金额只能建立在假设或推定的基础上。每个工程在投保之前都要做详细的测算，特别是贷款人介入的工程。对于营业开始时的毛利润和年产量等都要有详细的日程和计划。实际的保险金额以预期的毛利润或者成本为基础。

这个条款还可以保障施工成本的增加，这是因为有时为了避免预期利润的损失而必须支付额外的施工成本。但额外的施工成本的增加额不能超过其可以避免的预期利润损失额。

2. 社会福利险

有的国家对本国籍雇员和工人要求强制性社会福利保险，而且指定要在该国劳工部门主办的国有专业保险公司进行投保。

对社会福利保险,虽然各国有不尽相同的规定,但大致包括被保险人享受伤残、失业、退休、死亡的社会福利和救济待遇。这种保险对于雇用的外籍人员来说显然是不合理,因为他们并不是工程所在国的长期居民。但由于有的国家对此有强制性的法律规定,承包商不得不遵守其规定。外国承包商可以要求在外籍雇员离开这个国家时由保险公司退还一部分社会福利保险金,至于退还的比例,则需要根据这个国家的具体规定来确定。也有的国家对签有避免双重税收协定的国家,而且该协定中明确包括社会福利税在内的外籍人员,在出示在其本国已缴纳社会福利税或已进行相应保险的证明后,可以免除再进行社会福利保险(如美国)。

3. 财产险

财产险系指承包商为属于自己所有或为自己享有可保利益的财产购买的保险。这种保险是在传统的保险基础上产生的一种适用范围较广的险种。财产保险通常以自然灾害和意外事故(如水管爆裂和飞机坠落等)为保险责任范围,财产保险承保的是保险财产的物质损失,保险公司按保险财产损失当时的市价对被保险人进行经济补偿。国际工程承包商驻现场机构所拥有的或租赁的设施、设备、材料、商品及个人物品、行李等,只要未曾列入建筑工程一切险保险标的,都可以列入财产险保险标的,投保财产险。

财产险的保险金额的计算办法如下:

(1) 固定资产可按重置价值投保,按账面价值计算,可根据货物 CID 价加到岸后的运费、境内运输保险费、关税及安装费等总值投保。但计算其保险金额时有两种方法:一是仅按 CIF 价投保,不考虑其他费用,按这种办法,理赔时要扣除与保险无关的其他费用;二是根据国际行情涨落趋势,投保时要求把涨价因素考虑在内。通常的做法是根据历年的增值比例,计算出一个合理的增长幅度,加价投保。理赔时,如果涨价,则在保额限度内给予赔付,但如果落价,则按市价赔付。

(2) 流动资产按每月平均数结算,即年初按去年末的月平均账面金额投保,并计收保费,年底按当年的实际流动金额结算,多退少补。习惯上,当年的实际流动资金数可按每季的平均数,而每季的平均数则由三个月末的平均数得出。

(3) 加工装配业务的财产保额外负担可按原料加工费计算出总价投保,亦可按分项投保加成办法,即分别计算原料费和加工费各自的保额,然后汇总。理赔时亦照此办理。

(4) 二手设备的投保额原则上按重置价值计算,但要视具体情况酌定。财产保险的保险期限可由保险双方自行商定,国际上并无统一的标准做法。保单起讫日期通常为下午 4 点或中午 12 点,因为白天易于辨明事故赔偿责任。

4. 责任险

责任险包括一般责任险、总括责任险、职业责任险、汽车责任险和工人伤病赔偿险。职业责任险系指对从事各种职业的人士(如医生、律师、建筑师等)在职业活动中可能碰到追究其职业责任的风险给予保障的险种;汽车责任险在机动车辆险中介绍;工人伤病赔偿险在国外属于社会保险的内容。这里仅就一般责任险、总括责任险和与建设工程有关的其他责任险作简要介绍。

就建筑工程而言,一般责任险主要包括:业主责任险和承包商责任险。

承保因被保险房产的所有权、维持和使用而产生的责任,并承保该房产因用于经营活动而产生的责任的保险称为业主责任险。这种保险排除由完工和产品责任险承保的各种损失以及因结构改造造成的损失。业主责任险对每次事故中的人身伤害和财产损失都规定有单独的赔偿限额。

承包商责任险中的承包商在工程承包活动中具有双重身份,即对于业主,承包商是卖方,它应对由其实施的工程或其制造的产品承担质量和工期责任;对于工人,承包商是雇主,它应为雇员的安全、健康承担责任。因此,承包商既要购买完工和产品责任险,还必须投保雇主责任险。

各产品责任险是对因工程完工和产品制造而产生的责任的保险,由于承包商实施工程时必须投保建筑工程一切险或安装工程一切险,因此,这种保险责任发生在营业场所之外,例如,由某一代理人看管或在看护期间发生的损失或损毁,只在这种情况下,完工和产品责任险才能生效。

在国际工程承包范围内,雇主责任险属于社会保险的内容,指的是雇主为其雇员办理保险,保障雇员在受雇期间,因工作而遭受意外导致受伤、死亡或患有与业务有关的职业性疾病的情况下,能够获取医疗费、工伤休假期间的工资,并负责支付必要的诉讼费等。

总括责任保险通常有两种类型:一是就被保险人的所有传统责任保险单的超过部分提供保险;二是承保被保险人的其他责任,主要保险不予承保的合同责任,但对某一较大的损失数额规定有最低的自负额。

总括责任险可以承保的责任主要有:主要保险不予承保的合同责任,如非自有飞机的责任、广告业务中侵犯私生活的责任等。总括责任险的最大责任限额一般是每次事件至少 100 万美元,最高可达 250 万美元。要取得总括责任保险必须首先购买基本责任险,即综合一般责任险。

与工程承包业密切相关的责任保险还有以下四种:

(1) 信用保险,它承保被保险人的企业在应收款上的非常损失。信用保险适用的情况:账簿未被损坏,但债务人因经营管理不善而不能按期归还欠款,致使债权人蒙受的损失。

(2) 出口信贷保险,它承保出口商的信用风险(如买方无力偿付)和政治风险(如外币不能自由兑换为流通外汇,进出口许可证被吊销或受限制等)。

(3) 有价证券保险,指对有价证券和有价记录(如计划、图纸、邮寄的单据和财务账簿)提供一切风险保障的保险。这种保险承保研究费用以及因恢复这些被盗窃、损坏或毁坏的有价证券和有价记录发生的其他费用。

(4) 权利保险,它承担被保险人在因其对不动产的权利被证明是有缺陷时而可能发生的任何损失。权利保险人在他们的办公室和其他地方收集各种记录,保障被保险人避免他们未发现的已有缺陷。

5. 政治保险

由于政治风险所造成的损失常常是致命的,因此许多国家的保险公司纷纷开辟了政治风险的保险业务。鉴于政治事件的不确定性很大,很难根据历史上同类事件的发生概率判断出其发生的可能性,也不易预测其损失的严重性,更不能通过被保险人采取某种预防措施以控制或使损失最小化,因此很难对政治风险保险规定保险额和保险费率。政治风险保险的保额和具体费率通常是具体商定的。还应当指出,政治风险通常不是以单一险种投保,而是以加保形式办理,须另行加费。政治保险中最主要的是战争险和罢工险。战争险主要承保由于战争、敌对行为、武装冲突以及因此引起的拘留、捕获、禁止或扣押所造成的损失。此外,对常规武器包括水雷、鱼雷、炸弹所造成的损失,以及因战争险责任范围内的事故所引起的共同海损的牺牲、分摊和补助费用也予以负责,但使用原子或热核制造的非人道武器所造成的损失则为除外责任。

罢工险是对由罢工者、被迫停工工人或者工潮、暴动、民众斗争的人员的行动,或者任何人在罢工期间的故意行为所造成的损失和上述行动或行为所引起的共同海损、救助费用负赔偿责任。

6. 汇率保险

汇率保险是近十年来新兴的一种保险。由于国际间交易所使用的货币汇率浮动不定,如果签订合同时没有规定汇率保值条款,而随市场浮动,则承包商常常难免因付款货币对其他流通货币贬值而蒙受损失。虽然通过期货交易可起到一定的保值作用,但承包商更愿意通过保险转移汇率风险。因为,这种方法既经济实惠,又易于操作。汇率保险不是以工程合同工期为起始和终止日,而是就具体汇率保险合同而定,其保险期限通常为两年。汇率损失理赔时,被保险金的损失自负额通常为2%~3%。鉴于这种保险目前仅在少数发达国家实行,国际上尚无统一标准,因此有关保额、保险费率及除外责任都是由保险双方具体商定。

第三节　保险公司的选择

一、保险公司的组织形式

由于保险人所经营的业务涉及面广,技术复杂,对人们的生活和国民经济的影响重大,所以许多国家对保险业的监督都非常严格。对保险公司的形式、经营活动、财务活动和公司的解散都有具体详细的规定。目前,世界上保险公司的组织形式有很多种，如国有独资保险公司、保险股份有限公司、相互保险公司、劳合社等。我国在过去的几十年中，只有国有保险公司这一种形式，随着境外保险公司的陆续进入，在我国经营的保险公司的组织形式也变得多样起来。

1. 国有独资保险公司

国有独资保险公司是指经国家保险监管机关批准设立、经营保险业务的国有独资公司。国有独资保险公司的法律特征主要是：

（1）国家是国有独资保险公司的唯一股东，代表国家投资的股东可以是国家授权的机构，也可以是国家授权的部门。

（2）国家仅以出资额为限对公司承担有限责任。如果公司的资产不足以清偿公司债务，则国家对公司的债务不负连带清偿责任。

（3）代表国家出资的机构或部门必须获得国家授权。任何机构或部门未经国家授权，不得代表国家向保险公司投资。经国家授权的机构或部门代表国家对保险公司行使股东权力，即“谁投资，谁持有股权”。

（4）国有独资保险公司不设股东会。由于其股东具有单一性的特点，不具备设立股东会的条件，所以只设置董事会、监事会等。董事会成员由国家授权投资的机构或部门委派、更换。另外，还有职工选举的代表参加董事会。董事会是公司的常设权力及执行机构，依法行使股东会的权力和董事会的权力。董事会设董事长1人，董事长为公司法定代表人。

（5）国有独资保险公司的章程，由国家授权投资的机构或部门制定，或者由公司董事会拟定，由国家授权投资的机构或部门批准，并报经国家保险监督管理委员会核准后生效。国有独资保险公司的董事长为公司法人代表，总经理在公司章程范围内，按照董事会的决议，负责日常经营管理活动。总经理经国家授权投资的机构或部门同意，可由董事会成员兼任。

（6）国有独资保险公司设监事会作为公司的监督机构。监事会由金融监督管理部门中的专家和保险公司工作人员的代表组成，对国家保险公司的各项准备金、最低偿付能力和国有资产保值等情况，以及高级管理人员违反法律、行政法规或者公司章程的行为和损害公司利益的行为进行监督。

2. 保险股份有限公司

保险股份有限公司是指由国家保险监管机关批准设立，经营保险业务的股份有限公司。保险股份有限公司的法律特征主要是：

（1）发起人应当达到法定人数。

（2）公司全部资本分为等额股份。保险股份有限公司的全部资本必须划分为相等份额的股份，并以每股作为公司资本的基本单位。

（3）股东对公司负有限责任。股东不论大小，均以其认购的股份对公司承担有限责任；公司资产不足以清偿债务的，股东对公司债务不负连带责任。

(4) 公司的账目应当公开。在每个财政年度终了时公布公司的年度报告,以供股东、债权人及有关机构和人员查询。

(5) 公司的所有权与经营权分离。公司的最高权力机构是股东大会,股东大会委托董事会负责处理公司的重大经营管理事宜。保险股份有限公司的股东仅以其认购的股份承担有限责任,并且在公司股票获准上市交易后,其资产又能保持较高的流动性。因此,采用这种组织形式在筹资方面具有巨大的优越性。从国际保险发展趋势看,股份有限公司是保险公司最主要的组织形式。

3. 相互保险组织

相互保险组织是一种非营利性的保险组织,它的成员既是保险人又是被保险人。每一个成员在参加相互保险组织时,要以会费的形式预先缴纳一定数量的保险经费,形成责任准备金,用以支付赔款及管理费用。虽然这种保险组织形态较为原始,但目前在欧美国家依然存在,且相当普遍。相互保险组织有两种方式:相互保险社和相互保险公司。

相互保险社是一种传统的保险组织,于1881年产生于美国。通常由一个具有法人资格的代理人代为经营,负责处理有关保险的一切事务。相互保险社成员以保费形式承担责任,同时也以保费形式分享经营成果。目前,欧洲的船东互保协会是相互保险社的典型。其中伦敦保赔协会、利物浦保赔协会等实力雄厚,它们已组成了国际分保集团。美国加州洛杉矶农民相互保险社和联合服务汽车保险协会的规模甚大,联合服务汽车保险协会是世界上最大的汽车保险人之一。

相互保险公司是由相互保险社演变而来。与相互保险社不同的是,相互保险公司是法人组织,且参加人员不受行业限制;而相互保险社为非法人组织,会员为同一行业的人员。相互保险公司与股份保险公司也不尽相同。相互保险公司的投保人具有双重身份,既是公司的所有人,又是保单持有人;而股份保险公司的股东并不一定是公司的保单持有人。但是,随着相互保险公司的组织机构逐步走上所有权与经营权分离的模式,股份保险公司也先后引进分红保单,因此,二者之间的差异已不甚明显。尤其是保单持有人与股份保险公司中股东的地位已极为相似。比如,投保人有权选举董事会;当公司盈利时,投保人可分得红利,或以其盈余用作积累,以增强公司财力;当公司亏损时,保单持有者或以分摊保费的形式,或以盈余积累资金的形式予以弥补。

相互保险公司比较适合人寿保险公司,因为寿险期限一般较长,会员间的相互关系能够长期维系。目前,世界上较大的人寿保险公司中有许多是相互保险公司。

4. 保险合作社

保险合作社属非营利性的保险组织,它与相互保险社组织类似,但又存在许多差异。两者的主要区别如下:

(1) 成员身份不同。保险合作社的成员只能是自然人,而相互保险社的成员可以是自然人,也可以是法人。

(2) 成员与社团的关系不同。保险合作社的成员作为出资股东,可以不与保险合作社建立保险关系,但保险关系的建立必须以成为保险合作社成员为条件。即使保险关系消失了也不影响成员身份。相互保险社的成员既是出资者,又是被保险人、投保人,一旦保险关系解除,成员身份也随之丧失。

(3) 保险业务范围不同。保险合作社的业务范围仅局限于其组成成员,而相互保险社可以将保险社以外的其他人作为被保险人。

(4) 资金来源方式不同。保险合作社的保费收取采用固定制,不足补偿时不予追加,而在营运准备金中扣除。相互保险社则有摊收保费、预收保费、永久保险制等几种形式。

5. 自保组织

自保组织始创于20世纪50年代,一般都是有限责任公司,是大企业集团为保障其财产在遭受意外风险时,能得到及时补偿而设立的保险组织。目前美国已有1 000多家自保组织,大多数设在百慕大。其主要原因是那里的自由港有着有利的经营环境,资本要求和税收均比较低。自保组织的主要优点是:

(1) 自保组织将以更经济的办法,为企业提供各种保险业服务。

(2) 有利于企业加强风险管理。

(3) 比较容易获得再保险保障,再保险公司通常只与保险公司做交易,而不与被保险人打交道。

(4) 调节企业积累资金,自保组织除了向母公司及附属企业提供保险外,也向其他单位提供保险服务,借以积累资金。

(5) 减轻税负,增加利润收入,企业向自保组织交付的保险费可从公司税赋中扣除。

目前,世界各国的大企业集团特别是跨国公司及一些特殊行业的公司,为了节约保费,降低成本,一般都设有自保组织。自保组织业务范围较为单一,旨在防灾防损,与商业保险公司有着显著的区别。

6. 个人保险组织

个人保险组织形式最早存在于英国。伦敦的劳合社是世界上最大的个人保险组织。劳合社不是保险公司,本身并不承保业务,而是一个保险社团组织,只向其成员提供保险交易场所和各种服务。劳合社实际上是作为保险市场,从事水险、非水险、航空险和汽车险业务,以上各种保险均由其承保社员以个人名义承保,并由其经纪人进行斡旋成交。

7. 中国境内的外国保险公司

(1) 中国境内的外国保险公司分公司:

中国境内的外国保险公司分公司是指外国保险公司依照《保险法》和行政法规的

规定，经国家保险监管机关批准，在中国境内设立的从事保险经营活动的分公司。外国保险公司是相对于本国保险公司而言的。怎样区分外国保险公司与本国保险公司？各国标准不一，主要有以下几种：第一种是采用准地域主义，即根据保险公司设立所依据法律的所属国及登记注册地来确定公司国籍；第二种是采取股东国籍主义，即根据保险合同、股东的国籍确定公司国籍；第三种是采取设立行为地国籍主义，即根据保险公司设立行为所在国的国籍确定公司国籍；第四种是采取住所国籍主义，即以公司住所所在地国为公司国籍。我国采用第一种标准。因此，我国所说的外国保险公司就是指依照我国法律设立的保险公司。

我国所说的外国保险公司分公司，指外国保险公司依照我国保险法规在我国境内设立的分公司。我国《公司法》规定，外国公司属于外国法人，其在中国境内设立的分支机构不具有中国法人资格。外国公司对其分支机构在中国境内进行的经营活动承担民事责任。这项规定明确了外国保险公司分公司在我国的法律地位是：

1）外国保险公司在我国的分公司不是中国企业法人，不具有独立的法人资格，只是外国保险公司的分公司。它在我国只能以其总公司即有的保险公司的名义开展业务，不能以自己的名义开展业务。它没有自己的章程，也不能独立地承担民事责任。

2）外国保险公司的分公司不是中国的经济组织。

3）外国保险公司的分公司必须按照我国保险法规的规定来设立，未经批准，不得在我国设立分公司。由于保险公司义务履行的滞后性，大部分国家为保护本国被保险人的合法权益，要求外国保险公司分公司在所在国境内的资产价值不低于其负债金额。

4）经批准成立的外国保险公司的分公司，在中国境内从事业务活动必须遵守中国的法律，依法纳税，接受中国有关部门的监管，不得损害中国的社会公共利益。同时，外国保险公司分公司，在其登记的经营范围内享有充分的经营自主权，其合法权益受中国法律保护。

(2) 中国境内的中外合资保险公司：

中国境内的中外合资保险公司是指中国合营者与外国合营者依照中华人民共和国法律的规定，在中国境内共同投资，经保险监管部门批准设立的保险公司。

中外合资保险公司是中国企业法人，其组织形式为有限责任公司。其法律特征主要是：

1）在公司注册资本中，外国合营者的投资比例一般不低于25%；

2）合营各方按注册资本比例分享利润并分担风险与亏损；

3）合营各方的注册资本如果转让必须经合营各方同意；

4）公司以全部资产对其债务承担有限责任。

公司权力机构为公司董事会。董事会人数由合营各方协商，在合同、章程中确定，由合营各方委派和撤换。董事长和副董事长由合营各方协商确定或由董事会选举产生。董事会根据平等互利的原则，决定公司的重大问题。公司的正副总经理由合营各方分别担任，负责公司的经营管理活动。公司职工的雇用、解雇，依法由合营各方的协议、合同规定。

公司的一切活动应遵守中华人民共和国法律、法规和有关条例的规定，依法纳税，并接受有关部门的管理，国家依法保护外国合营者按照中国政府批准的协议、合同、章程、在公司的投资、应分得的利润和其他合法权益。国家对公司不实行国有化和征收。在特殊情况下，根据社会公共利益的需要，对公司可以依照法律程序实行征收，并给予相应的补偿。

8. 股份保险公司与相互保险组织的对比

股份保险公司和相互保险组织各有所长，它们之间的不同点主要体现在以下几方面：

(1) 从企业主体来看，股份有限公司由股东组成，而相互保险组织由社员组成。股份保险公司的股东，并不只限于投保人，而相互保险组织的社员必定是投保人，社员与投保人同为一人。

(2) 从企业经营的目的来看，保险公司是为了追逐利润，而相互保险组织则是为了向投保人提供较低的保费。

(3) 从权力机构来看，股份保险公司的权力机构是股东大会，相互保险组织则是社员代表大会。股份保险公司的董事与监事权力仅限于股东，而相互保险组织的理事并不以社员为限。

(4) 从经营资金来看，股份保险公司的资金来源是股东所缴纳的股本，而相互保险组织的资金来源则是基金，基金的出资人并不限于社员，公司可以在创立时向社员以外的人借入，然后进行偿还。

(5) 从保费的缴纳来看，股份保险公司大多采用定额保费制，换句话说，股份保险公司的经营责任是由股东来负担的。因此，当由投保人所缴纳的保费有剩余时，通常被计入盈利；反之，若保费不足时，应由股东设法弥补，投保人没有追缴的义务。相互保险组织则大多采用不定额保费制。如果所收的保费有剩余，可以予以返还；如果入不敷出，就向社员征收，社员负有追缴保费的义务。

(6) 从所有者与经营者的关系来看，股份保险公司中所有者对经营者的控制程序相对较高。因为在股份制的场合，所有者可能以通过“用手投票”的内部管理机制和“用脚投票”的市场机制来约束经营者。相互保险组织的所有者对经营者的控制就比较弱，缺乏较为完善的市场机制。由于这个差别，产生了下述代理成本的不同。

(7) 从代理成本来看，以往的统计分析资料表明，股份保险公司的代理成本比较低，相互保险组织的代理成本比较高。

(8) 从对风险的防范来看，股份保险公司由于股东的分散和股东与投保人在很多场合下的分离，股东与投保人的利益是不一样的。股东追求的是较高的投资回报，投保人追求的是较低的保费。由于这一冲突，投保人之间的利害关系较弱，欺诈行为相对来说易于发生。而相互保险组织的投保人就是所有人,利益冲突较小,投保人之间有相对较强的利害关系。因此,相互保险组织在很大程度上可以避免和防止投保人或被保险人的欺诈行为。

(9) 从公司的业务发展来看,股份保险公司相对来说易于扩大经营规模,而相互保险组织除非动用盈余和借贷,否则很难做到这一点。

二、投保前的调查与评价

为了选择合适的保险公司,投保人投保前必须做好调查与评价工作。

1. 保险公司财务状况的调查与评价

当投保人购买了保险以后,它实际上是从保险人那里购买了一个在将来某一个时期才能兑现的承诺。那么,保险人将来是否履行它的承诺呢?很显然,对于投保人来说,保险人的经济实力和经营的稳定性是至关重要的。保险人的经济实力和经营的稳定性主要可以通过保险人的财务状况反映出来。在西方国家,有许多专门的保险评估机构每年对保险公司做出综合评价,投保人可以根据评估报告做出购买选择。评估保险人的财务状况有两个重要指标,即偿付能力指标和流动比率指标。

(1) 偿付能力指标。公司的资产超过其负债时,公司就具有偿付能力。常用的一个偿付能力指标是净资产比率,其公式为:

净资产比率＝净资产/资产总额

在使用净资产比率来观察公司的经营状况时,必须注意两个问题。首先,只有将净资产和净资产比率这两个指标放在一起来衡量,才能比较真实地反映一家公司真正的偿付能力。两家公司即使净资产比率相同,但其资产总额可能不同,经营状况就可能相差很远。其次,使用净资产比率指标必须特别慎重。因为该指标很容易被人为地操纵。假定有两家保险公司面临相似的理赔案件和赔偿数额,但其中一家公司故意低估其价值,提留的准备金就低于另一家公司。这种情况下,前者的净资产无疑要高出后者。

(2) 流动比率指标。流动比率指标又称营运资金比率指标,它是衡量保险人短期偿债能力,包括赔款能力的最通用的一项指标。流动比率的大小是由流动资产与流动负债的对比来表示的。从长期来看,一个保险公司可能具有偿付能力,但短期偿债能力很弱。如果是这样的情况,投保人也要格外小心。

(3) 重视承保范围和能力的分析。为了保障被保险人的利益,几乎所有国家都对保险公司的承保范围和能力进行了限制。应当根据工程的规模大小选择承保能力与其相适应的保险公司。特别是大型项目,当发生事故损失而向保险公司索赔时,其金额往往是很大的。如果这家公司的注册资本很小,就可能无力支付赔款,有的甚至宣布破产以逃避自己的责任。因此,应当审查保险公司的资金支付能力。可以要求保险公司出示其营业证书,核对其最大保险金额的限额,并要求其提供该保险公司近几年承保工程的名称和金额情况,进行适当调查。国外有许多“保险公司”只不过是买空卖空的经纪人而已，他们承保一项工程后，往往全部进行再保险。对于大型项目是可以允许几家保险公司联合承保的，但是应当以一家大的保险公司为首来进行组织和牵头，这样才能使保险获得可靠保障。

2. 保险公司社会信誉的调查与评价

为了正确选择保险公司，投保人投保前应当认真调查和评价保险公司的社会信誉。

(1) 承保能力。承保能力是指保险人扩展新业务的能力。保险人可以借用再保险等有效措施扩展新业务。但是，由于各个保险公司的规模、财力、业务范围不同，它们所能得到的再保险也是不同的。投保人最好能够了解保险公司的自留额有多大，与这家保险公司有业务联系的再保险公司是哪一家，保险评估公司对这一家再保险公司的评估结果怎样。

(2) 售后服务。保险是这样一种特殊的产业，它的产品质量有赖于财务状况、价格、合同条款、理赔实践、注销合同、承保能力和售后服务等诸多因素。其中最重要的两个因素就是财务状况和售后服务。在售后服务这个项目中，保险顾问的建议、保险公司的理赔，对被保险人来说又是最重要的服务。

(3) 理赔实践。理赔实践是投保人需要了解保险人的又一个重要方面。在国外，投保人非常重视保险公司的理赔实践，在购买保险之前，他们通常从以下几个渠道获取有关保险公司理赔实践的信息。首先，向保险公司的管理部门咨询该公司受客户投诉的情况，但要注意，虽然客户的投诉不都是合情合理的，但是如果你所考虑的这一家保险公司在一段时间内所受投诉次数高于同期其他保险公司的平均数的话，你最好还是避免选择这一家保险公司。其次，从相关的报纸杂志上收集有关各个保险公司理赔实践的报道。再次，从保险顾问那里获取保险公司以往的理赔情况。最后，从朋友那里打听，他们的保险公司是如何对待他们的。

(4) 防止受骗。有的保险公司可能提供给承包商一份营业执照，但其执照可能是过期的。有些国家为了客户的安全，规定每家保险公司的执照均按年发放，甚至还有按季度发放的。如果这家保险公司在一年或一季度内承保的金额过大，或者发生过一两次严重的赔偿违约事件，就有可能被中止其保险业务。关于信誉的调查，除了在其同行业中调查了解外，最好是找注册国家的保险署调查。我国某公司承包一项私人住房工程，由一家主要从事农业火灾保险的保险公司承保该私人业主的付款履约保证。后经调查，这家保险公司根本没有信誉和足够的支付能力，该项工程果然出了问题，而该保险公司一再拖延抵赖不履行其赔偿责任。幸亏公司及时终止了合同，因工程本身金额不大，损失轻微。

3. 保险合同的调查与评价

(1) 价格。在购买保险产品时，价格不是唯一的决定因素，但至少是主要的因素。假定其他条件都是相同的，人们一般是不会从价格高的保险公司来购买保险的。

但保险产品价格的比较是个很复杂的问题，它应当注意三个方面：产品本身要具有可比性；联系保险合同中的除外责任条款来进行价格的比较；考虑非价格因素，特别是公司的财务状况和服务质量。

(2) 保障范围。虽然保险合同的基本原则是相同的，格式保单的内容相差不多，但如果投保人不要求，保险公司是不会主动扩展保险责任范围的。所以，投保人有必要提前聘请保险顾问，由其协助设计保险方案，然后与保险公司协商确认。

(3) 注销合同。注销合同是指保险人或被保险人(但通常都是被保险人)依据合同的条款或双方的协议终止有效期内的合同。在购买保险之前，投保人应当了解，这家保险公司是否有注销条款，注销条款是怎样规定的，保险公司是否经常在被保险人发生第一次保险事故后，就注销合同或拒绝续保。根据国内外的保险实践，大部分保险公司都不会这样做，但投保人也不能不提防某些保险公司这样做。投保人可以从保险管理机构、保险顾问、朋友等各种渠道获取这些信息。

4. 中国涉外工程投保的选择

应当优先考虑将国外承包的工程和国内的外资贷款工程的各类保险向中国人民保险公司投保。有些工程业主所在国家没有限制性规定，应争取在国内投保；对方限制十分严格的，可争取该国保险公司与中国人民保险公司联合承保，或由中国人民保险公司进行分保；还有一种方式是以所在国家的一家保险公司名义承保，而实际全部由中国人民保险公司承保，当地保险公司充当中国人民保险公司的前方代理，仅收取一定的佣金。

由中国人民保险公司承保，不仅可以使外汇保险金不至于外流，而且便于处理事故赔偿等问题，保险费率也可有一定优惠。特别是由中国人民保险公司与当地保险公司联合承保时，中国人民保险公司更可以承担赔偿责任，避免外国保险公司推卸责任。

三、聘请保险顾问

1. 保险顾问的概念

保险顾问又称保险经纪人。保险经纪人和保险代理人、保险公证人一起统称为保险中介人。与承包商投标报价活动关系最为密切的是保险经纪人。

(1) 保险经纪人：

保险经纪人是基于被保险人的利益，为投保人与保险人签订保险合同提供中介服务，并向保险人收取佣金的人。保险经纪人也被称作保险顾问，保险经纪人从保险人(保险公司)来看是中介人，从被保险人(客户)来看是保险顾问。笔者认为保险经纪人与保险顾问之间存在差别，保险经纪人向保险人(保险公司)收费，而保险顾问则从投保人(客户)那里得到报酬。笔者是从承包商企业的角度研究投标报价的，所以称其为保险顾问。

保险顾问既可以是个人,也可以是公司。保险顾问的基本职责是为投保人寻找保险人,协商或起草保险文件。除非投保人有特别授权,保险顾问并不代表投保人订立保险合同。保险顾问在进行保险合同洽谈时,必须运用其知识和技术,以最优惠的条件为投保人取得最充分的保险保障,维护他们的利益。国际上很多国家都规定,保险经纪人必须投保高额的职业责任险,一旦由于保险经纪人的过失在服务中造成客户的损失,则由其职业责任险赔偿。我国对此尚无详细规定,目前从业的保险顾问大多没有取得营业许可,也没有购买职业责任险。

保险顾问主要从事非寿险业务,寿险业务一般由代理人或寿险推销员开拓市场。由于我国工程保险开展得并不普遍,所以国内的承包商企业大多缺乏保险知识,和保险公司在保险条件和价格上讨价还价的能力相对较弱,所以应该聘请信誉良好的保险顾问,无保险业务时请其在企业内普及保险知识,有保险业务时委托其设计保险方案并与保险公司交涉。

(2) 保险代理人:

保险代理人是指接受保险人的委托,根据代理合同规定从事代办保险经营活动的人。其主要内容是开展保险展业宣传,接受保险业务,出立暂保单或保险单,代收保险费,代理保险人查勘出险案件,代理理赔等。保险代理人代表保险公司的利益。

(3) 保证公证人:

保险公证人是指根据委托,为保险人或被保险人办理有关保险标的的查勘、鉴定、估价或定损、理算等事情,并向委托人收取佣金的人。损失发生后被保险人通常更希望与独立的中间人交涉索赔问题,而不希望与保险公司直接交涉。最初保险公证人是为保险人服务的,但如果保险公司不委托保险公证人,或保险公司虽然委托了保险公证人,但被保险人对保险公司委托的保险公证人持不信任态度,被保险人自行委托保险公证人作为索赔代理的现象也很普遍。保险公证人也称保险公估人或保险理算师。

2. 保险顾问的作用

(1) 保险顾问是保险市场成熟的条件之一:

中国香港保险市场有两百多家保险公司、一百多家专业保险经纪公司和保险顾问公司、一百多家专职保险代理公司和众多的兼职保险代理公司。正是他们组成了成熟有序的保险市场,使香港保险市场为香港经济的稳定发展发挥了很大的作用,在国际保险市场上也占有一席之地。

我国的保险市场刚刚开始对外开放,尚未形成完善的保险经纪人制度。但许多有远见的境外保险顾问,为了占领日后广阔的保险市场,已经在国内设立了办事处,尽管他们还未取得在国内开展业务的许可,但承包商企业可以向他们咨询,请他们为企业普及保险知识。今后,保险顾问的作用必将越来越重要。

(2) 为客户提供全面服务:

面对激烈竞争的保险市场,投保人往往为选择哪一家保险公司而疑惑,各家保险公司为了产业的需要都竭力宣传自己。由于国内大多数承包商企业的管理人员缺乏保险知识,容易片面地强调保费的经济性,而忽视了保险合同的保障范围、保险公司的信誉和赔偿能力等,一旦发生风险,往往给企业带来很大的损失。保险顾问不仅具有丰富的保险知识、投保和索赔经验,而且从保险公司的角度来看,保险顾问代表了很多零散客户,手中握着大量的订单,是惹不起的大客户。由于专职保险顾问同时为许多客户服务,向哪一家保险公司投保,客户往往听从保险顾问的意见,所以在保险公司面前,其讨价还价的力度大大高于零散客户。专职保险顾问可以为客户提供的服务主要有以下几个方面:

1）派风险管理工程师与客户一起就不同工程项目辨识、分析风险;

2）根据客户的具体情况量身设计保险方案,扩展保障范围;

3）向不同的保险公司询价,经分析比较后向客户提出报告,建议选择保费低、信誉好、赔偿能力强的保险公司;

4）向客户选择的保险公司投保,协助准备保单文件;

5）阶段性地对客户的保险计划和风险管理工作提出专业意见;

6）为客户讲解索赔程序,客户需要时协助客户索赔,代表客户向保险公司争取赔偿;

7）如果客户需要,随时提供保险方面的咨询。

(3) 减轻保险公司的压力:

随着外商对我国投资的增加,三资企业也成为我国保险市场中的重要客户,三资的外方管理人员习惯通过保险顾问来安排企业的保险业务。在他们心目中,保险公司是维护自身利益的,企业无法在保险知识上与保险公司抗衡,即使保险公司提供了一份非常公正的保单,收取非常合理的保费,他们仍然会怀疑保险公司是否诚实。而保险顾问既有丰富的专业知识和经验,又维护客户的利益,可以融洽客户与保险公司的关系。

从保险公司的角度来看,他们往往无法详细了解每个客户的管理水平和风险防范措施等。同样的保险标的,对不同的客户,保险公司提供的保障范围和收取的保费却有很大不同,这与客户的管理水平和风险防范措施有关。保险顾问既非常了解客户的情况又深得保险公司的依赖,可以打消保险公司的疑虑。

目前,发达国家的保险公司大多实行保险经纪人制度,保险经纪人的活动方式仅仅是在签订一份保险合同后领取佣金,不需要保险公司支付日常的各项费用,保险公司可以减轻管理负担,把更多的精力用于开发新的保险品种和保险金的投资经营上。世界上发达国家的保险业发展规律也说明,最初是由保险公司职工直接出售保单,然后是发展代理所,最终是依靠保险经纪人开展业务。

四、办理保险手续

1. 如实填报保险公司的调查报表

在办理保险手续时，保险公司为确定风险大小，要求承包商填报工程情况。这是一件严肃认真的事，绝不能为了争取降低保险费率而隐瞒情况。例如，调查表中有一栏为"工程中是否使用爆炸方法""工地是否贮存易燃化学物品"等，应当如实填报，否则，一旦发生这类事故，保险公司将全部或部分推卸其赔偿责任。

2. 认真审定保险条款

一般保险公司出具的保险单都附有保险条款，其中规定了保险范围、除外责任、保险期、保险金额、免赔额、赔偿限额、被保险人义务、索赔、赔款、争议和仲裁等。这些条款相当于保险公司与承包商之间的契约，双方都签字认可后才正式生效。

在条款方面的任何争议都必须在签约之前讨论清楚，并逐条修正或补充，取得共同一致的意见。特别应当注意的是：

(1) 应当审定保险范围和保险金额是否与工程承包合同一致。任何不一致的保险单都可能被业主拒绝而要求重新投保。特别是永久性工程和设备应与合同价格一致，至于暂设工程和施工机具设备的价格，则由承包商自行确定。有时，保险公司要求列出施工机具设备和其他财产的清单，可以如实填写并做出附件。如果保险金额小于工程的实际总价值，可能在事故赔偿时，保险公司只按投保金额与实际价值的比例进行赔偿。

(2) 对于除外责任应逐条讨论。如果承包商要求增大保险公司的责任而取消某些"除外责任"，这是可以协商的，但保险费可能要相应增加，承包商可以根据自己的意愿与保险公司商量。

(3) 保险期应当略大于施工期。如果业主要求维修期也应当保险，则应在保险条款中列明维修期内的保险范围和责任。

(4) 免赔额和赔偿限额要慎重确定。如果免赔额定得高一些，保险费率就可能会降低一些，但实际发生事故赔偿时，承包商获得的赔偿额将会相应减少。对于业主的财产损失来说，业主将按合同要求承包商恢复工程原样水平，这就意味着承包商可能要自己承担实际发生的赔偿差额。另外，还要注意，免赔额过高时，保险单可能会遭到业主的拒绝。因为，有些合同条件规定保险是以承包商和业主共同受益名义投保的。

(5) 保险费率一般都是可以协商的。它同工程性质、危险程度、工程实施方案、工程地理环境、工期和免赔额高低等有关。同时，还可以利用众多的保险公司的竞争压低保险金额度。承包商可以请几家有资格的保险公司对投保内容报价，并进行择优。应当指出，保险费率的高低并不是选择保险公司的主要因素，更不是唯一因素，应当主要从保险公司的资金背景、国际信誉和保险条款等方面进行全面择优。

(6) 保险金的支付方式也应当澄清，应争取分期支付，以节省工程初期的开支，降低周转资金的需求量。由于工程是逐步展开的，承包商得到的工程付款也是按月收到的，因此，保险公司一般可以接受分期支付保险金的办法。一般可以按季度或按半年支付的办法，可由承包商与保险公司商签专门条款。除了保险金外，可能还有一些其他费用发生。例如，保险登记费、印花税等，这是属于当地政府的保险署和税务局征收的；如果是联合保险，保险公司可能要收取一定的安排费和服务费用，这些往往是一次性支付的，所有发生的费用均应事先向保险公司了解清楚并商定收取方式。

3. 重视保险内容的变化和改办手续

任何保险内容的变化都应当及时通知保险公司。如果认为必要，应当办理保险变更手续或签署补充文件，或由保险公司对变更内容予以书面确认。既然已进行了各类保险，就不应当保留任何险的空白，包括时间上和内容上的空白，否则，保险公司就可以寻找理由推卸赔偿责任。保险内容的变化包括了重要工程内容的调整变更、保险项目的变化、工程期限的延长和缩短，以及保险金额的调整等。

第八章　国际工程承包索赔

第一节　国际工程承包索赔概述

一、索赔(Claim Damage)

索赔是指在国际工程承包活动中,签订合同的一方,依据合同的有关规定,向另一方提出经济补偿(调整合同价)和时间补偿(合同工期)或其他方面的合理要求,以弥补自己的损失,维护自身的合法权益。一般将承包方向发包方提出的补偿要求称为索赔,而将发包方向承包方进行的索赔称为反索赔。

索赔的本质是要求给予赔偿的权利主张,以合同文件及适用法律的规定为依据。索赔的前提是承包商自己没有过错,这种情况的责任应由业主(包括其代理人或监理工程师)承担,与合同标准相比较已经发生实际损失(包括工期和经济损失),必须有切实的证据。

二、索赔和工程变更(Engineering Changes)的区别

变更引起的费用增加,也属于索赔范畴,工程变更所增加的费用都应索赔。索赔是经济行为,而变更是技术行为,当然变更就会造成工程量的增减,进而引起工程造价的变化,有增也有减。工程变更是前提,而索赔是结果。但工程变更不一定会产生索赔,索赔也不一定是因为工程变更。工程变更和工程索赔是完全不同的两个概念。在 FIDIC 条款中,这个区别是很明显的。工程变更一般就是指设计变更,在 FIDIC 条款中工程变更还包括工程师变更,即监理也有一定的变更权。总之,属于甲方方面的工程性状的变更,都可以称为工程变更。工程性状既然变更了,相关的施工费用自然也随之变更,施工单位据此提出相关的费用要求,这个应该是工程的正常价款结算,不能算索赔。

三、国际工程索赔的特点

(1)索赔的双向性。承包商可以向业主申请索赔,业主也可以向承包商申请索赔。在现实项目治理中,业主向承包商索赔发生的频率相对较低,而且在索赔过程中,业主始终处于主动和有利地位,对承包商的违约行为可以直接从应付工程款中扣抵,或通过扣留保留金或者履约保函等方式向银行索赔来实现自己的索赔要求。因此在工程管理实践中大量发生的、处理比较困难的是承包商向业主的索赔。

(2) 索赔的前提性。只有实际发生了经济损失或者权利损害，一方才能向另一方索赔。经济损失是指非自身原因造成的合同外额外支出(如人工费、材料费、机械费、施工治理费等额外开支)；权利损害是指虽然没有经济上的损害，但造成了一方权利上的损害，如由于恶劣气候条件对工程进度的不利影响，承包商有权要求工期延长等。因此，当发生了实际损失或者权利损害，应是一方提出索赔的基本前提条件。有时上述两者同时存在，如业主未及时交付合格的施工现场，既造成了承包商的经济损失，又侵犯了承包商的工期权利，因此，承包商既要求经济补偿，又要求工期延长；有时两者则可单独存在，如发生恶劣气候条件影响、不可抗力事件等，承包商根据合同规定或者惯例则只能要求工期延长，不应要求经济赔偿。

(3) 索赔的不确定性。索赔是一种未经对方确认的单方行为，对被索赔方尚未形成约束力。这种索赔要求要想得到最终实现，必须通过确认(如双方协商、谈判、调解或仲裁、诉讼)后才行，而索赔的一方则应该积极预备材料，以确保能提供足够的证据来支持自己的索赔。

四、引起国际工程索赔的原因

(1) 工程量大，工期长，技术和质量要求高，工程环境有许多不确定性，如地质条件变化，建筑市场、货币贬值、自然条件变化等。

(2) 承包合同是基于对未来的预测，对于复杂的工程和环境，不可能全面准确考虑。

(3) 业主对工程的要求总有变化，导致工程变更；业主管理的疏忽，未履行合同责任。

(4) 大型工程有多方参与，互相影响，各方技术和经济关系复杂，一方失误，殃及他方。

(5) 对合同理解上的差异，造成管理或实施中的行为失调等。不同的法律、语言理解、工程习惯都可能引起差异。

五、国际工程承包索赔的作用

1. 保证建设工程施工合同的实施

建设工程施工合同一经签订，合同双方即产生权利义务关系，这种权利受法律保护，这种义务受法律制约。索赔是合同法律效力的具体表现，并且由合同的性质决定。如果没有索赔和关于索赔的法律规定，则合同形同虚设，对双方都难以形成约束，这样合同的实施得不到保证，不会有正常的社会经济秩序。索赔能对违约者起到警戒作用，使其考虑到违约的后果，尽力避免违约事件发生。所以，索赔有助于工程双方更紧密地合作，有助于合同目标的实现。

2. 落实和调整合同双方的经济责任关系

在施工合同履行过程中，由于未履行或不履行合同规定的义务而侵害对方的权利时,应根据对方的索赔要求,承担相应的经济责任。离开了索赔,施工合同当事人双方的权利、义务关系就难以平衡。

3. 维护合同当事人正当权益

对于施工合同当事人双方来说,索赔是一种保护自己,维护自身正当权益,避免损失、增加利润的手段。在现代工程承包中,如果承包商不能进行有效的索赔,不精通索赔业务,往往会使损失得不到合理、及时的补偿,不能进行正常的生产经营,甚至会倒闭。

4. 促使工程造价管理更加合理

施工索赔的正常开展,把原来计入工程造价的一些不可预见的费用,改为按实际发生的损失支付,有助于降低工程报价,使工程造价更合理。

国际工程承包市场的变化,使索赔的意义更为突出。当前,不论是在非洲、中东,还是在东南亚,乃至在国内市场,工程竞争越来越激烈,报价越来越低,投标价格低于标底已成为普遍情况。在这种情况下,索赔更是承包商保护其利益的最基本的管理行为,是保本创收的一种必要手段。不少承包商在投标时已预见到索赔,并以此作为降低报价的依据。由此可见,为了减少和转移工程风险,避免亏损,获取利润,承包商就必须将索赔作为其经营策略之一。如果承包商索赔意识薄弱,不熟悉索赔业务,不能进行有效地索赔,往往要蒙受巨大的经济损失,有时甚至不能进行正常的生产经营活动。在国际上,很多有经验的承包商都善于利用索赔,以增加利润和提高竞争能力。据有关统计资料表明,在正常情况下,工程项目承包能取得的利润为工程造价的3%~5%,而在国外,许多工程项目通过索赔能使利润达到工程造价的10%~20%。

然而,有些承包商却对索赔存在模糊甚至错误的认识以及惧怕的心理。一提起"索赔"二字,就很容易联想到争端的仲裁和诉讼等法律行为。哪怕在可以通过协商来解决争端的情况下,也有很多人认为索赔是一件棘手的、不好的事情,会影响乙方和业主之间的关系,会对今后的投标、中标产生不利的影响等。其实,这完全是一种误解,其根源在于对索赔概念缺乏正确的理解,没有认识到索赔是一种正当的权利要求,是在正确履行合同基础上争取得到合理的补偿,而不是无端的争利。况且,绝大部分索赔可以通过协商、谈判和调节来解决。只有在双方各持己见又无法达成妥协时,才会提交仲裁或诉诸法律手段解决争端。即使如此,也应当将索赔看成是遵法守约的正常行为。索赔同守约并不矛盾,恪守合同是业主和承包商共同的义务,坚持双方共同守约才能保证合同的正常执行。通过法律手段解决索赔引起的争端,正是将守约和维护合同权利置于法律的保护之下。

但是也应当强调指出,承包商单靠索赔的手段以获取利润并非正途。有一些承包商采取有意压低报价的手段以获得工程,同时为了弥补自己的损失,又试图靠索赔的方式得到利润。从某种意义上讲,这种经营方式有很大的风险。因为得到这种索赔的机会是不确定的,其结果也不可靠,真正拿到付款的时间往往也相当长,得不偿失，而且业主或其代理人也会采取措施来防止这类投标者中标。很难相信采用这种策略的企业能维持长久。因而，承包商运用索赔手段来维护自身的利益，以求增加企业的利润和谋求自身的发展，应基于对索赔概念的正确理解和全面认识之上，既不必畏惧索赔，也不可利用索赔搞投机钻营。

第二节　国际工程承包索赔类型

一、商务索赔

承包工程中的商务索赔，是指在承包商与供应商之间的商业往来中，由于数量的短缺、货物的损坏、质量不合要求和不能按期交货等而向供应商及其委托的运输部门和保险机构索取的赔偿。

承包工程中的商务索赔同商品进口索赔是同一性质的，都属于买方向卖方索赔。只是进口商品的买主是在本国境内，而承包商则在工程实施地点，不在其本国境内。

1. 索赔对象的责任范围

同商品进口索赔一样，承包工程中的商务索赔也涉及三个责任方，即供应商、运输部门和保险公司。因此，应首先明确作为索赔对象的三个责任方的各自责任范围。

(1) 供应商的主要责任主要有：① 数量不足；② 质量与合同要求不符；③ 规格与合同要求不符；④ 包装不良使货物受损；⑤ 未按规定时间交货（对交货误期通常采取罚款办法，但并不排除索赔）。

(2) 运输部门的主要责任主要有：① 货物数量少于提货单所列数量，经运输部门负责人（如船长或大副）签认，并非由于托运人短装的；② 货物在运输途中发生残损和潮湿。

(3) 保险公司的主要责任主要有：① 在保险范围内，由于自然灾害或意外事故发生的货物缺损；② 在保险范围内，运输部门不予赔偿或赔偿不足的损失，应补偿给被保险人。

2. 向供应商索赔的动因

索赔必须有合法的动因，就是说，必须具有符合法律或契约规定的理由。导致承包商向供应商索赔的动因可以有以下诸种：

(1) 供应商延误交货期或物资抵达误期。

(2) 已交款的订购物资数量短缺，质量不符合要求或在运输中出现不同程度的毁损。

(3) 退货或换货而导致承包商蒙受损失。

(4) 因卖方原因终止、撤销或解除契约而导致承包商蒙受损失。

(5) 卖方收取运费过多等。

3. 索赔依据

出现可向供货商索赔的动因时，承包商必须在有效时间内提交有说服力的单证和证明文件来证明索赔的有效性。证明文件必须具有以下作用：

(1) 证明索赔人是有正当索赔权的。这类证明文件通常是提单，因为提单是物权凭证，提单所有人在目的港向船方提取货物，并在船方违反提单条款及提单所表示的运输契约条款时，取得合理的赔偿，买方和它的受让人能出示提单，就证明它能享有物主索偿权益的合法索赔权。

(2) 证明赔偿人是索赔对象，应负赔偿责任。通常要求至少提供两种主要证明。一种是卸货时的残损签证。若是海运，要求提交残损单和溢短单；若是陆运或空运，则应提交由承运人签发的商务记录。另一种是由独立的公证鉴定机构经过检验鉴定签发的鉴定报告或残损证书、装箱单、大副收据以及发货人为取得清洁提单而向船方签具的航行日志、海事报告等。

(3) 证明残损物资的损失程度和赔偿范围。供货商对质次残损货物的责任范围大小、损失赔偿多少以及赔付的方式要根据科学的检验，合理地估计，做出符合实际的处理结论。例如，贬值降价处理的损失折扣比例，修理、整理的必要性、可能性及其合理的费用开支，由于货物残损引起的其他补救费用和检验费用等。由于承包商与供应商的地位和角度不同，在估计、计算和要求上的差异会很悬殊，而且承运人与国外保险人又往往不能参加残损货物所在地的现场检验，承包商单方面的要求又不足为信，因此只有委托公证鉴定人签发具有明确的损失估计和残损货物处理方式证明内容的检验报告，作为承包商和供应商双方都能接受的证明。对有些重大的索赔费用，必要时应附有关单据和证明开支理由或实际出具的实证材料。

4. 索赔时效

索赔时效就是有关契约、章程、规章、公约或协定所规定的有效时限。这是一个具有法律约束的时间界限。超过索赔时效，违约方或责任方即完全免除了应负的一切赔偿责任，受害的一方也就完全丧失了取得损失补偿的权益，即使理由再充足、证据再充分的索赔都完全无效，因此，索赔时效是个法定的时间界限，不可逾越。

索赔时效分为索赔有效期、使用保证期和诉讼有效期。这几种时效都应以契约、条款、规章、规定中的文字规定为合法依据。此外，有些国家的国内法对于涉及合同权益的民事诉讼时效也有明文规定，必须充分了解并密切注意这些规定，抓紧办理进口到货的验收、取证，按期提出索赔，只有这样才不致因未及时提出索赔和超过起诉期限而丧失取得损失赔偿的经济权益。

索赔时效的种类、长短和计算方法，在不同国家、不同的索赔对象、不同的厂商、多种契约和有关规章中，规定各不相同。譬如对供货商的索赔有效期，一般商品有两种期限：因数量短少和残损问题的索赔有效期最短，只有 30～60 天；因品种规格不符的索赔期一般规定为 2～6 个月，机电产品还有使用保证期。在施工过程中，因甲方违约或履约不力而提出的索赔要求的有效时限又另有更为具体的规定；向保险公司和运输部门的索赔有效期限也各不相同。

关于索赔时效的起算时间和计算方法亦因索赔对象和索赔动因不同而各有差别。通常情况下，商品索赔自货物卸毕之日或卸货之日起算；但也有些国家有不同的规定，如规定“自货物进口之日起算”“自到船之日起算”，甚至要求“自发货港装运之日起算”（自提单签发之日起算），“自联运列车到达售方国境车站之日起算”等。

提出索赔的日期，通常有两种算法：一种是看索赔要求函件发送时的邮戳日期，而不看索赔函件或检验证书的签发日期。在此情况下，挂号邮戳和信封上的邮戳，都是重要的凭证，不可遗失。另一种是亲自把索赔函件送给理赔单位，这种致函提出索赔日期以理赔部门出具的回执或收治日期为准。节假日如果赶在寄送索赔文件之日，可以顺延，但是在索赔期限届满之前已经过去了的节假日，不能作为顺延和扣除计算有效期限的根据。

在一定的条件下，索赔时效可以延长，延长的办法通常有两种，即要求延长索赔期和声明保留索赔权。

要求延长索赔期必须是已发现可导致索赔的动因，只是因为收装和调查需要过程和时间而要求延期，不能因办事拖拉或无正当理由而要求延期。延期要求必须在原定的索赔期或保证期到期之前提出，否则延期要求无效。通常情况下，要求延期以一次为限，最长不得超过原定时间周期。延长索赔期要求必须取得赔偿方的函电确认，否则无效。

声明保留索赔权通常是在索赔动因也已明确，索赔对象已肯定无疑，只是索赔数额和处理办法尚待最后复验确认的情况下提出的。声明保留索赔权也有两种做法：一种是先提出发现索赔动因，保留验毕举出证据后向责任方提出索赔的权利；另一种是提出初步检验报告和正式索赔要求，只是赔偿金额，待进一步检验、修理或拍卖后再最终确定。通常后一种做法比较有利。保留索赔权也必须在索赔时效未满之前提出，否则无效。

二、工程索赔

工程索赔系指承包商在履约期间因非自身过失蒙受损失而向有过失的一方（业主）或责任方（工程保险部门）索取赔偿或补偿。与商务索赔不同，工程索赔的对象是业主或保险部门。工程索赔除因对方违约或犯有过失给承包商造成损失而提出索赔外，还可因无法预料的自然或人为事件或其他制约导致工程实施受阻或已实施工程受到损失，由此而要求业主给予补偿。

工程索赔包括两方面内容：工期索赔和费用索赔。有时工期索赔中含有费用问题，费用索赔中含有工期的问题。

1. 工期索赔

(1) 工期的概念：

工期是指建筑安装工程承包合同所规定的自开工时起计至工程竣工符合验收标准时止所经历的时间。合同工期是双方对建设项目所需施工时间的约定。

工程开工计算时间根据每个具体合同条件规定的不同而各异。但工程工期一般是从接到业主开工通知或称开工令之日起开始计算。不同的国家对此也有不同的规定。例如,埃及建设部工程承包合同条件规定：工期从接到图纸、无障碍的工地或收到预付款开始算起,并按其中最后的日期开始计算。

因此,在计算合同工期时,一定要弄清合同条款对开工时间的规定以便准确地计算工程的工期。

(2) 工期与建设费用的关系：

国际工程承包的合同协议条款中一般不仅明确规定了开工日期、竣工日期和总日历天数,而且也都会写明延期开工、暂停施工、工期延误及工期提前的责任条款。在工程招标文件中,往往业主都把完工工期作为投标条件之一。尽管如此,由于工程本身的复杂性及可能发生的各种干扰,在其实施过程中,经常发生不能按预定日期完成的延误事件。所以,在进行工期分析时,弄清工期与建设费用的关系,对合理划分延误责任、处理延误纠纷、维护工程承包合同履行的严肃性是不可缺少的。国际工程造价的计算与国内工程不同。《建筑工程量计算原则(国际通用)》的总则中规定：除另有规定,工程项目单价应包括：人工及其有关费用;材料、货物及其一切有关费用;机械设备的提供;临时工程;准备工作费、管理费及利润等。其中前面三项属于直接费用,后面其他项属于间接费用。工程总成本如图 8-1 所示。

根据上述国际工程造价组成,工期与建设费用的关系如图 8-2 所示。

工期与直接费用。任何建筑施工过程都是由许多必要的作业工序组成的。这些作业工序一般都会因承包商的不同而采用不同的施工方案、施工技术措施,因而所耗用的劳动力、建筑材料及作业时间也不尽相同。但每一位承包商都会为达到工程成本最低的经济目的,而将上述因素在整个工程实施过程中尽量进行最佳组合。我们把承包商以工程直接费用最低为目标,进行生产要素最佳组合所需要的建设工期称为正常工期。当业主有代价地要求某工程项目以最快速度完成时,就存在着这样的可能,即承包商以最短工期为目标,组织多班作业及加班加点的办法,采用方便使用的高价材料,配备高性能的施工机械设备,增加更多的技术熟练工人,以达到加速施工的目的。承包商所采取的上述可以缩短工期的措施,必然会使工程直接费用增加。

工期与间接费用。工程间接费用虽然包含的费用项目较多,但通常是随工期的长短而相应增减的。

在活跃的市场经济条件及特定的国际工程承包环境下,业主和承包商都有可能根据自身形势,认为工期提前或滞后能使本方获得较好的综合利益,从而做出加速施工或拖后的决定。总的说来,有如下三种情形：

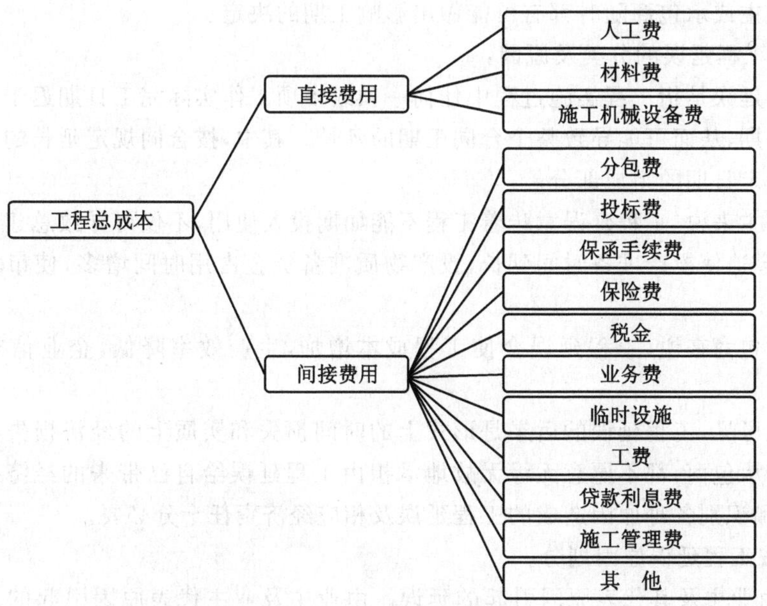

图 8-1 工程总成本架构图

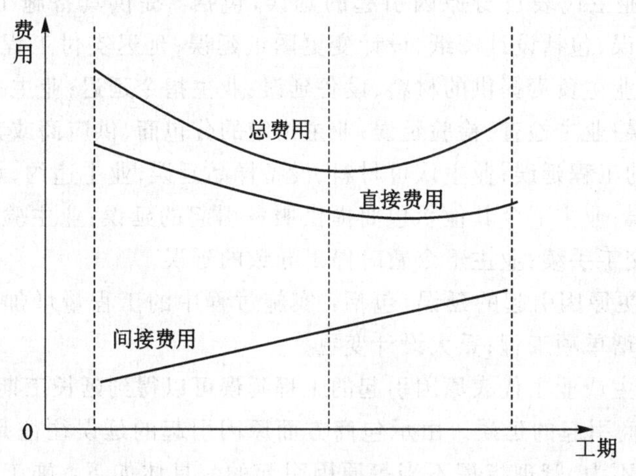

图 8-2 费用直观图

1）当业主意识到工程提前完工交付使用所产生的市场利润大大高于它所支付给承包商加速施工的赶工费及收益分成时，它将会做出明确的加速施工指示。

2）当承包商意识到为提前完工所增加的工程成本（直接费＋间接费）大大低于可以从业主那里得到的提前奖金及提前交用收益分成，或者承包商急于将设备、人员等转移到新开工的工程项目上以取得更大的利润时，它将会自愿采取加速施工速度的措施。

3）国际工程项目涉及面广，突变因素多，各种意想不到的情况随时都会出现，从而导致业主或承包商随时都有可能做出影响工期的决定。

(3) 工程延误的分类及原因：

工程延误是指工程实施过程中任何一项或多项工作实际完工日期迟于计划规定的完工日期，从而可能导致整个合同工期的延长。其中，按合同规定延长的工期亦作为合同规定日期的组成部分。

对业主来说，工程延误意味着工程不能如期投入使用，不仅可导致总建设费用增加，而且会迫使投产准备时间延长，投产物质准备资金占用时间增多，使市场利润受到损失。

对承包商来说，工程延误会使工程成本增加，生产效率降低，企业信誉受到影响等。

由此可见，工程延误的后果是形式上的时间损失和实质上的经济损失。无论是业主还是承包商，都不愿意无缘无故地承担由工程延误给自己带来的经济损失。因此，分析和识别各种原因造成的工程延误及相应经济责任十分必要。

1) 按工程延误原因划分：

① 由业主及其代表原因引起的延误。由业主及业主代表原因引起的工程延误一般可划分为两种情况：

a. 业主或业主代表自身原因引起的延误，包括：提供具备施工条件的场地延误；提交图纸延误，包括设计图纸、设计变更图纸延误；延迟支付工程预付款；拖期支付工程进度款；业主负责提供的材料、设备延误；业主指令延迟；业主提供的设计数据或工程数据延误；业主检查、检验延误；业主指定的分包商、供应商或其他由业主负责的第三方引起的工程延误；业主认可材料、设备样品延误；业主违约，承包商减缓工程进度引起的延误；业主下令其他承包商提供服务引起的延误；业主验收工程延误，如推迟办理验收交工手续；业主下令暂时停工导致的延误。

b. 合同变更原因引起的延误，包括：实施过程中的工程量增加；工程范围的变更(增大)，如新增单项工程；重大设计变更。

显然，由业主或业主代表原因引起的工程延误可以得到延长工期的补偿。

② 由承包商引起的延误。由承包商方面原因引起的延误往往是因其内部计划不周、组织协调不力、管理指挥不当等原因引起的。具体如下：施工组织不善，如出现窝工或停工待料现象；质量不符合技术规范要求而造成的返工；劳动力不足，如管理人员或工人不够，或者一时找不到合适的分包商等；机械设备不足或不配套，导致机械设备效率低下，或进场延误；开工延误；劳动生产率低；技术力量薄弱，管理水平低；承包商雇用的分包商或供货商引起的工程延误。

显然，以上这些延误难以得到业主的谅解，也不可能得到业主给予延长工期的补偿。若承包商想避免或减少工程延误的罚款及由此产生的损失，只有通过改进内部工作，加强管理，或采取加速施工的措施来实现。

③ 由有关第三方原因引起的延误。这里，有关第三方应理解为与业主或承包商有某种工程方面的合同、协议关系的单位或个人。当由有关第三方原因引起工程延误时，为了划清业主、承包商双方的责任，通常按业务关系进行划分，即与业主有关的第三方原因引起的延误后果由业主承担，与承包商有关的第三方原因引起的延误后果由承包商承担。

④ 不可控制因素引起的延误。不可控制因素引起的延误是指非承包商过错或疏忽所引起，非承包商所能预见，并且非承包商能力所能控制的因素造成的工程延误，通常可分为下列类型：

a. 不可预见性障碍引起的延误。它是指工程实施过程中所出现的障碍是实施前无法发现的，而此障碍的处置难度及时间已构成对该工程的延误。如在工程现场或在挖方工程中，发现古迹、古文物、古化石而引起的停工等待处理或搬迁工地造成的延误。

b. 不确定性障碍引起的延误。它指承包商因条件所限，只能判断障碍存在，而无法预先确定处置此类障碍的措施及需要多少时间，一旦遇到此类非己方原因的麻烦，将会产生工期推延。如在土方工程中遇到异常恶劣的地质条件，以致影响工期。

c. 不可抗力引起的延误。它是指承包商无法控制的自然影响力迫使工程项目不能按计划正常进行实施而造成的延误。如遇地震、泥石流、龙卷风、山洪暴发等自然灾害时，任何承包商都没有能力改变或停止它们的发生，业主不应该要求承包商承担由此而产生的延期责任及工程经济损失。

d. 异常恶劣气候条件引起的延误。引起索赔的"异常恶劣气候"应理解为工程所在地区某季节中出现的特别不正常的气候，而不应该包括那个季节中正常出现的恶劣气候条件。在实际索赔分析中，要判断某地某时期内所发生的恶劣气候是正常性的恶劣气候还是异常性的恶劣气候，业主、承包商双方往往看法难以一致，为了合理公正地处理这种分歧，一般应根据当地气象部门真实的气象资料，以过去 10 年的平均值（或认为更合理的可靠数据）作为比较和判别的基础，而且受异常恶劣气候影响的应是室外作业，不受气候影响的室内作业不能就气候问题提出工期索赔。

e. 特殊社会条件引起的延误。特殊社会条件是指工程所在国及所在地区在实施期间处于战争、叛乱、罢工、政变等不安定环境中。在这种社会条件下，工程实施必然会受到经济秩序混乱、生产不景气、交通运输受阻、职工情绪不佳等不良情况的影响，导致生产效率低下及工程延误。但只要这种特殊社会条件还没有导致工程合同的终止实施，承包商就应尽力继续履行合同责任。同样，由于国际上各国政府间经济贸易方面的抵制或禁运对某些工程实施构成延误的情况，也属于特殊社会条件所产生的问题。

由于特殊社会条件所产生的工程延误并非承包商的过错，业主一般会实事求是地认可承包商适当延长工期的合理要求。

2）按索赔结果划分：

在工程实施过程中发生的工程延误，按照承包商是否应该或能够通过索赔得到合理补偿可分为可索赔延误和不可索赔延误。

① 可索赔延误。它是指非承包商原因引起的工程延误，包括业主的原因和双方不可控制的因素引起的延误，并且该延误工序或作业一般应在关键线路上。这种延误属于可索赔延误，当承包商提出补偿要求时，业主应考虑承包商由此而产生的损失，给予相应的合理补偿。根据补偿内容的不同，可索赔延误分为以下三种情况：

a. 可索赔工期的延误。它是指由于业主和承包商双方都不可预料、无法控制的原因造成的延误，如不可抗力、异常恶劣气候条件、特殊社会条件、与业主有关的第三方原因等引起的延误。

对这种延误，一般合同规定，业主只给承包商延长工期，不给予费用损失的补偿。但在有些合同条件（FIDIC 条件）中，对一些不可控制因素引起的延误，如“特殊风险”和“业主风险”的发生引起的延误，业主还应给予承包商损失补偿。

此处的费用补偿是针对因工程延误的时间因素所造成的费用损失，而不是指因工程变更、工程量增加、技术变更等其他因素导致的费用损失。

b. 只可索赔费用的延误。这是指由于业主的原因引起的延误，但发生延误的活动对总工期没有影响，而承包商却由于该延误负担了额外的费用损失。这种延误称为只可索赔费用的延误。在这种情况下，承包商必须能证明其受到了损失或发生了额外费用，如延误造成的人工费、材料费价格上涨、劳动生产率降低等。

c. 可索赔工期和费用的延误。按照正常情况，既然是可索赔延误，首先应得到延长工期的补偿，这是每一位承包商进行工期索赔时的首要要求。但有时，由于业主对工期要求的特殊性，即使在工程实施过程中所造成的延误都是由于业主及其代表的原因，业主也不批准任何工期的延长。在这种特殊情况下，业主可承担工期延迟的责任，却不希望延长总工期。业主这种做法事实上是要求承包商加速施工。由于加速施工所采取的各种措施而多支出的费用，就是承包商提出补偿费用的依据。除此之外，承包商对工程延误期间的时间因素所造成的费用损失也可提出索赔要求。

② 不可索赔延误。它是指因承包商原因构成延误事实，故得不到业主给予延长工期或追加付款的补偿。它包括承包商方面原因引起的延误及与承包商有关的第三方原因引起的延误。在这种情况下，承包商不应向业主提出任何索赔。

不可索赔的延误有时也可以转化为可索赔的延误，如由于非承包商原因引起的延误没有发生在关键工序上时，一般为不可索赔延误，但延误超过该工序的自由时差时，则超过部分的延误，就称为可索赔的延误。

3）按延误性质划分：

① 单一性延误。在某一延误事件从发生到终止的时间间隔内，没有其他延误事件发生，该延误事件称为单一性延误。

② 同时性延误。当某两个或两个以上的延误事件从发生到终止的时间完全相

同时,这些延误事件称为同时性延误。

同时性延误在国际工程中存在着许多可能性,它使索赔管理中的补偿分析比单一性延误要复杂些。图 8-3 列出了同时性延误组合及其索赔补偿分析结果。

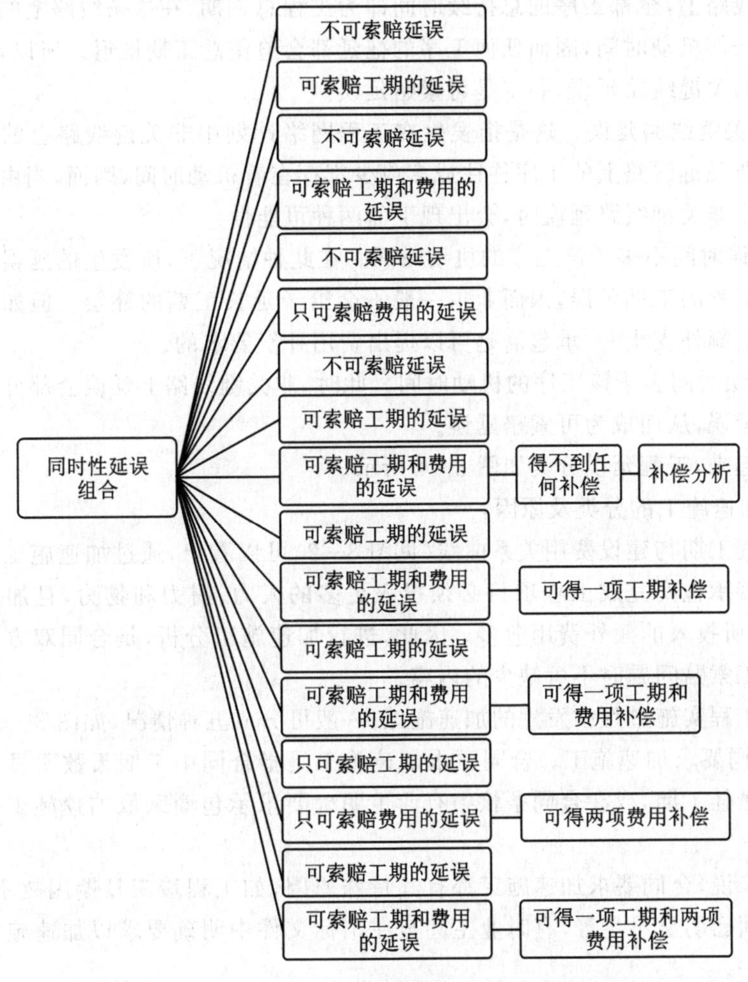

图 8-3　延误组合构架图

需要特别强调的是,由业主引起的或双方不可控制因素引起的延误与由承包商原因引起的延误同时发生时,即可索赔的延误与不可索赔的延误同时发生时,则可索赔延误就变成不可索赔的延误。这是国际工程索赔的惯例之一。

③ 交错性延误。当两个或两个以上的延误事件从发生到终止只有部分时间重合时,称为交错性延误。由于国际工程往往都有工期长、规模大、技术复杂、影响因素多等特征,多种原因引起的延误常常交织在一起。因而,交错性延误在国际工程中更为常见,它的补偿分析也更为复杂,而同时性延误只是交错性延误的一种特殊情况。

4）按延误发生时间分布划分：

按延误发生时间分布划分，工程延误分为关键线路延误和非关键线路延误。

① 关键线路延误。这是指发生在工程网络计划关键线路上的延误。在网络计划的关键线路上，全部工序的总持续时间即为工程总工期，在这条线路上的每一个工序都没有任何机动时间，因而任何工序的拖延都会迫使总工期推迟。所以，非承包商原因引起的关键线路延误，必定是可索赔延误。

② 非关键线路延误。这是指发生在工程网络计划中非关键线路上的延误。在网络计划非关键线路上的工序往往或多或少都存在着机动时间，因而，当由于非承包商原因发生非关键线路延误时，会出现下面两种可能性：

a. 延误时间不多于该工序的机动时间。在此种情况下，所发生的延误事件不会导致整个工程的工期延误，因而业主一般不会给予延长工期的补偿。但如有因时间因素而发生额外支出时，承包商是可以提出费用补偿要求的。

b. 延误时间多于该工序的机动时间。此时，非关键线路上延误会部分地转化为关键线路延误，从而成为可索赔延误。

归纳起来，工程延误分类如图 8-4 所示。

（4）加速施工的分类及原因：

从工程工期与建设费用关系曲线（见图 8-2）可以看出，通过加速施工使工期提前将意味着承包商完成工程项目必须投入更多的人力、财力和物力，且加速幅度愈大，承包商所投入的额外费用愈多。因此，进行加速施工分析，是合同双方提出或处理加速施工索赔问题时不可缺少的内容。

国际工程实施过程中发生的加速施工，一般可分成五种情况，如图 8-5 所示。

1）合同要求加速施工。合同要求加速施工是指合同中工期天数明显少于正常情况下的最佳工期，或在合同条款中有业主明确要求承包商采取加速施工措施的文字记录。

一般来说，合同要求加速施工都有其特殊原因，如工程竣工日期因故不能推延，且施工时间已明显不足等，有时业主甚至在招标文件中明确要求以加速施工作为投标条件之一。

在这种情况下，承包商的对策较为简单，只需在签订合同时将加速施工费用的计算原则及支付要求明确写入有关条款即可。

2）直接指令加速施工。直接指令加速施工是指由于某种原因，业主或业主代表明确指令承包商采取加速施工措施以促使工程提前竣工；或者由于非承包商原因引起工期延误而业主不同意推迟合同完工日期的情况。

这种直接指令应理解为一种合同变更，因而，承包商的对策应是要求业主以具有法律效力的书面指令或补充协议的形式将加速施工目标及相应的加速用补偿原则和方法确定下来。

3）隐含指令加速施工。隐含指令加速施工是指业主或其代表的行为已客观要

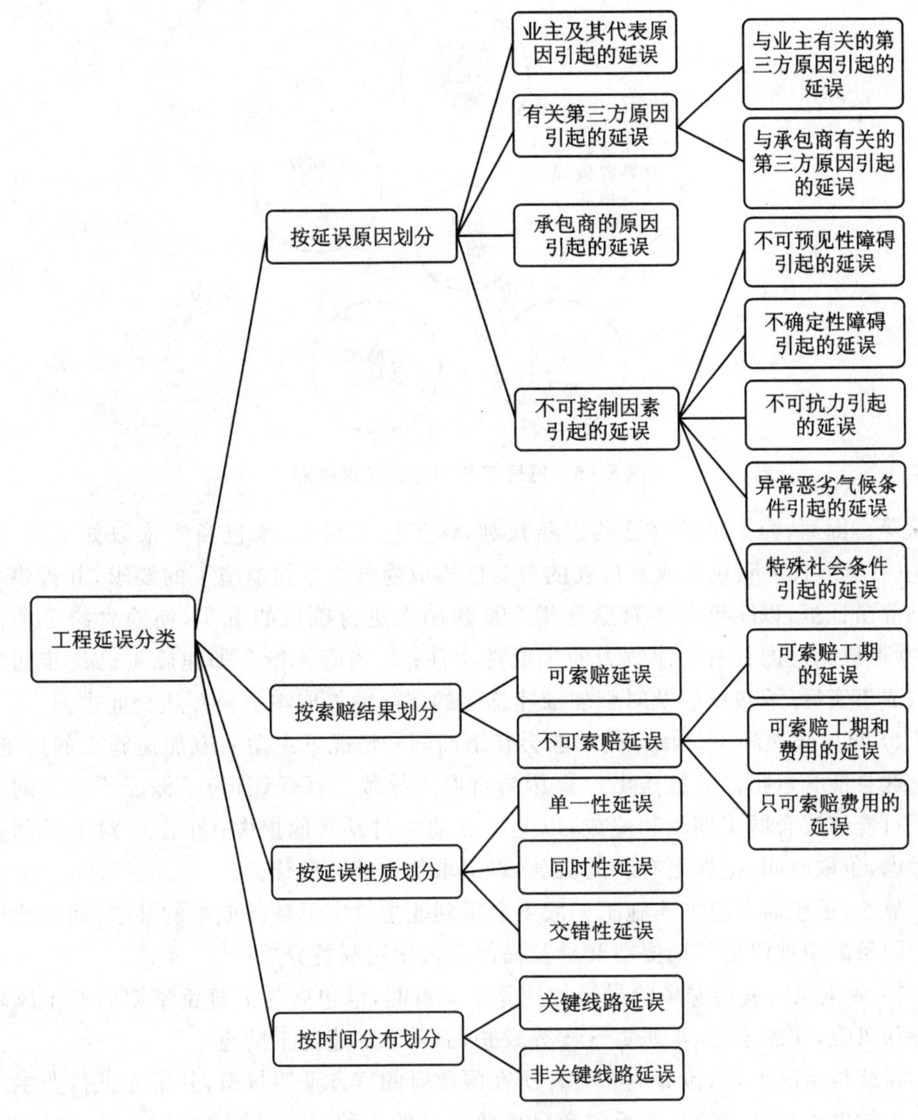

图 8－4　工程延误分类图

求承包商采取加速施工的措施，但却没有给予承包商明确的加速指令的情况。

在这种情况下，业主或其代表的行为一般有三种表现形式：① 对承包商与原定计划完全一致的顺利的工程进展反复表示不满。② 要求承包商放弃已正常实施的原施工方案，而采用某种具有明显加速工程进度色彩的新方案。③ 对承包商延长工期的合理要求不予理睬。

业主或其代表的上述行为已构成隐含加速施工的要求，但由于它不像直接指令加速施工那样有明确的指令，承包商若处理不当，将会蒙受加速施工费用损失或误期

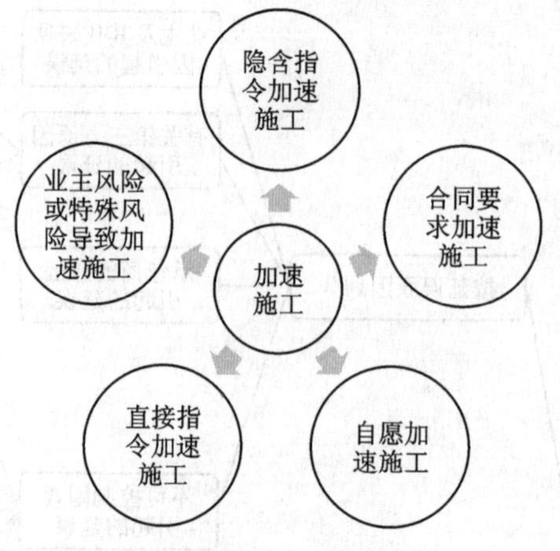

图 8-5 国际工程加速施工过程图

罚款等。因而,为了维护自己的索赔权利,保护己方利益,承包商应采取如下对策:① 用书面形式声明业主或其代表的行为已构成隐含指令加速施工的要求,并提供相关的确凿证据,以获得业主对隐含指令加速施工进行确认的事实,使隐含指令明确化,并形成相应的具有法律效力的规范性文件;② 当隐含指令加速施工已逐步明确并构成事实后,承包商应及时整理加速施工的实际额外成本资料并递交业主。

4) 自愿加速施工。承包商一般会在下面两种情况下主动采取加速施工的措施,尽管这会使其承担额外的支出:① 因自身原因导致工程延误,为了保证所承包的工程项目能够按合同工期顺利完成,以避免延期交付及其他损失;② 出于对全局利益的考虑,争取时间,把握更有利的机会,以追求整体效益最佳。

显然,承包商自愿加速施工一般不会得到业主对实际额外成本的补偿,而只能得到合同条款中规定的工期提前奖励及提前投入使用利益分成。

5) 业主风险或特殊风险导致加速施工。有时,承包商为了避免预期的业主风险或特殊风险,如战争、异常恶劣气候等威胁,而采取加速施工措施。

在这种情况下,承包商应有工程所在国政府的官方证明材料,并事先征得业主或其代表的书面认可;否则,若承包商只是凭自己的某种感觉或理解而采取加速措施,是难以获得业主任何补偿的。这样看来,实际上前一种做法已转化为直接指令加速施工,而后者往往只会被视为自愿加速施工。

2. 费用索赔

(1) 费用的概念:

国际工程承包索赔中的费用,是指在工程价款之外,业主需要直接支付的开支和承包商应负担的开支。因此,费用索赔实质上包含了两个方面的含义:

1) 承包方对发包方的索赔。索赔的目的在于,能在约定的工程价款之外再向发包方收取一定数额的金钱。因而从这一点来讲,承包方向发包方的费用索赔,乃是出效益、创利润的可行途径。

2）发包方向承包方的反索赔。反索赔的目的也很明确，就在于通过实现对承包方的费用索赔来减少支付工程价款，同样也是创造效益。

本书重点研究的是承包方对发包方的索赔。也就是说，这里的费用索赔是指承包商在由于业主的原因或双方不可控制的因素发生变化而遭受损失的条件下，向业主提出补偿其费用损失的要求。因而，索赔费用应是承包商根据合同条款的有关规定，向业主索取的合同价以外的费用。费用索赔不应被视为承包商的意外收入，也不应被视为业主的不必要支出。实际上，费用索赔的存在是由于建立合同时还无法确定的某些应由业主承担的风险因素导致的结果。承包商的投标报价中一般不含有业主承担的风险对报价的影响，因而，一旦这类风险发生并影响承包商的工程成本时，承包商提出费用索赔就是一种正常现象和合理行为。

费用索赔是工程索赔的重要组成部分，是承包商进行索赔的主要目标之一。同时，由于索赔费用的大小关系着承包商的盈亏，也影响着业主工程项目的建设成本，因而费用索赔常常是最困难的索赔。特别是对于发生亏损或接近亏损的承包商和财务状况不佳的业主，情况更是如此。

（2）费用索赔的范围：

费用索赔的范围是指哪些费用可予以索赔。传统索赔观念认为，由于索赔事件的发生造成的损失，可予以索赔。但对未造成损失之违约行为可否主张，应视情况而定。虽然未给对方造成经济损失，但应当根据法律规定或合同约定支付违约金。因此，建筑安装工程承包合同的当事人应当周密设定违约行为必须支付违约金的条款，并在对方存在违约行为时积极主张违约金索赔。如此，费用索赔由如下两部分构成：

1）违约金：

订立合同时，违约金的比例应遵守法律规定或在法律允许的范围内约定，法律没有确定具体数额或者没有规定违约金比例范围的，可由当事人约定，但不要定得太高，以免有失合理性。

2）损失：

损失分为直接损失和可得利益损失。直接损失实际上包括由于对方的违约行为给自己造成的损失和由于对方违约造成自己未能向第三方履约而被第三方索赔造成的损失。

在索赔的顺序上，有违约金的，应先索赔违约金，如果违约金已超过损失，只索赔违约金；如果违约金少于损失，应再索赔违约金与损失之间的差额。

（3）费用索赔的原因：

引起费用索赔的原因是由于合同的基础条件发生变化使承包商遭受了额外损失。归纳起来，有下列几类原因：

1）工程量增加。这主要包括：

① 设计变更。在工程实施过程中，无论是完善型还是修改型设计变更都可能引

起新增合同外工程、新增加单项工程或变更单项工程等，从而引起承包商工程量增加。

② 指令性变更。它是指业主或其代表在合同规定的限度内指令增加工程量。

③ 推定性变更。它是指由于业主的规范缺陷、要求变更施工方法、过度检查等非正式的变更引起承包商工程量增加。

④ 不可预见性或不确定性障碍。由于对不可预见或不确定性障碍的处理往往不能预先准确地计算工程量，所以实施处理的结果常常引起工程量增加。

⑤ 合同规定的其他变更引起工程量增加。

2）加速施工。通常情况下，承包商在合同要求加速施工以及在业主直接指令或隐含指令加速施工时，都可以提出费用索赔。

3）可补偿费用的延误。引起可补偿费用延误的因素常常是：① 业主或与业主有直接关系的第三方原因；② 不可预见或不确定性障碍；③ 异常恶劣的气候条件；④ 特殊社会经济条件。

4）与工期无关的业主违约。由于与工期有关的业主违约问题已包含在可补偿费用延误中，故此处仅指与工期无关的业主违约问题。

5）终止或解除合同。终止或解除合同是指业主、承包商双方就特定的工程合同生效后，因某种原因使原合同不能继续履行或不必要履行时，当事人双方经过协商同意，或当事人一方行使合同解除权使合同停止履行的行为。

(4) 索赔费用的分类：

1）按索赔起因划分：

针对上述八类原因，索赔费用可作相应的种类划分，如图 8－6 所示。

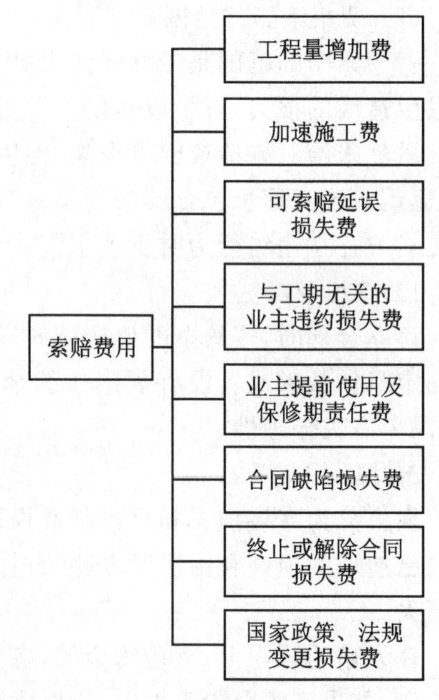

图 8－6　索赔费用的分类

对上述分类的八种索赔费用分别说明如下：

① 工程量增加费。这是指由于某些因素的影响致使工程量超过了原合同或图纸的规定而发生的费用。其数量是由所确认的工程增加量的直接费用（人工费、材料费、机械费）、间接费用和其他费用构成，并按照工程价款确定的原则，或按照合同条款中规定的计算办法进行计算。

② 加速施工费。加速施工费是指由于加速施工，而比正常进度状态下完成同等数量的工程量多付出的那部分费用。通常情况下，加速施工费的产生由以下几种原因造成：第一，采用的工资标准比正常情况下高，如多发奖金、加班费、超额作业津贴

等；第二，配备比正常进度人力资源多的劳动力；第三，施工机械设备的配置增加，周转性材料大量增多；第四，采用先进价高的施工方法；第五，采用能减少现场工序的高质量、高性能的材料；第六，材料供应不能满足加速进度要求时，发生工人待工或高价采购材料；第七，加速施工中的各种交叉干扰进一步加大了加速作业的成本等。

上述费用的产生，会因工程情况的不同而千差万别，甚至会出现加速施工费用大幅度增加而加速效果却不明显的情况。

③ 可索赔延误损失费。它是指完全由于可索赔工程延误的时间因素给承包商造成的实际费用损失。这类费用与工程量增加费的性质几乎完全不同，它往往是由下列几种费用组合而成：一是工人停工待工损失费；二是施工机械闲置费；三是材料损失费及材料价格上涨费；四是异常恶劣气候条件及特殊社会经济条件造成的损失费。

④ 与工期无关的业主违约损失费。与工期无关的业主违约在实际工程中也是常常发生的。其费用构成较为复杂，但有一个共同的特点，即无工期补偿问题，又确实存在费用损失，如业主供应的材料设备过早进场、业主代表工作失误造成的损失费等。

⑤ 业主提前使用及保修期责任费。在规模较大、工期较长的工程项目建设过程中，若业主提前使用了正在施工的工程，无论是生产性还是商业性使用，都必然会给业主带来利益，而对承包商的施工带来影响，即使没有影响整个工程和工期，也不可否认承包商为业主提前使用部分工程而创造条件及采取措施时已付出某些费用。

在工程全部完工并交付使用后的保修期期间，按照合同协议的规定，承包商有责任无偿对其交付使用工程的缺陷进行维修。但是，当保修期间发生的工程质量问题是由于业主使用不当或管理不善等原因引起时，业主应对其造成的一切损失负责。

⑥ 合同缺陷损失费。它是指由于合同文件不严密、不完备，致使合同双方对合同条款（如不可抗力、恶劣气候条件、现场条件变化等条款）有不同解释、对图纸与规范有不同观点而造成的承包商额外损失。

⑦ 终止或解除合同损失费。合同的解除或终止并不影响当事人要求赔偿损失的权利，原合同条款对解除合同当事人之间有关结算、未尽义务、争议等问题的解决仍然有效。所以，业主、承包商双方在解除合同后，都可以对解除合同前已经发生的损失和解除合同后所产生的损失向对方提出索赔要求。

⑧ 国家政策、法规变更损失费。国家新的政策、法规颁布执行后，对合同工程是否会产生费用影响，主要在于具体的工程与法规是否相关。在提出索赔费用报告时，需要具体情况具体分析，有些政策对每个工程都有影响，有些则只对涉及的内容有影响。

2）按索赔费用的构成性质划分：

从本质上讲，承包商的费用索赔包括损失索赔费用和额外工作索赔费用，如图 8－7 所示。

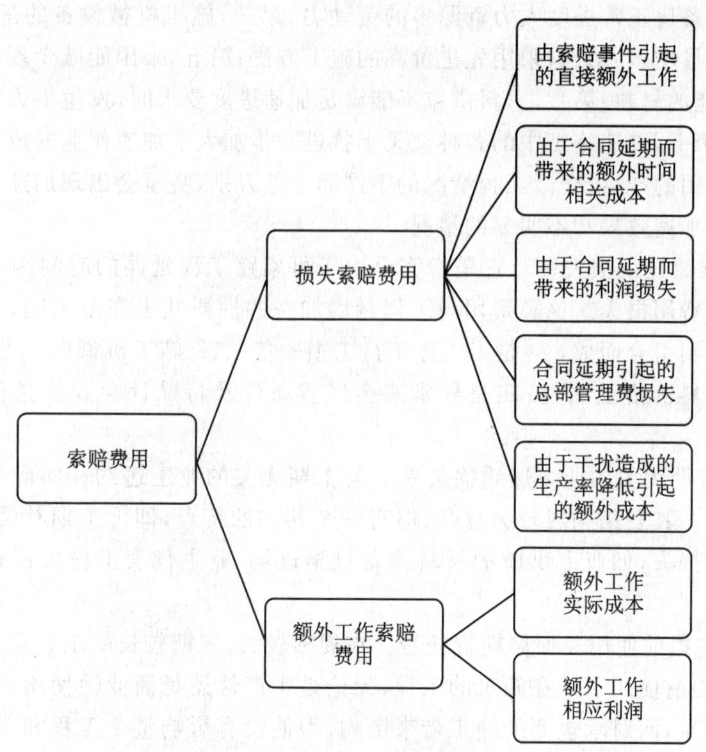

图 8-7　索赔费用性质划分

损失索赔费用包括实际损失索赔费用和可得利益索赔费用。实际损失是指承包商多支出的额外成本；可得利益是指如果业主不违反合同，承包商本应取得的，但因业主违约而丧失的利益。

额外工作索赔费用包括额外工作实际成本及其相应利润。对额外工作索赔，业主应以原合同中的适用价格为基础，或者以双方商定的价格或工程师确定的合理价格为基础给予补偿。实际上，进行合同变更、追加额外工作，相当于确立一种新的合同关系，常表现为原合同基础上的一种补充协议。

计算损失索赔和额外工作索赔的主要区别是：前者的计算基础是成本，而后者的计算基础是价格。

计算损失索赔要求比较计划合理成本（无违约事件发生）和实际合理成本（有违约事件发生）。此外，计划成本和实际成本不一定完全是指承包商投标成本和实际发生成本，但都必须是合理成本。业主应对两者之差给予补偿，这与各工作项目的价格毫不相干，原则上也不得包括额外成本的相应利润，除非承包商合理预期利润的实现已经因此受到影响。这种情况一般在违约引起了整个工期的延长或完工前的合同解除时才会发生。

计算额外工作索赔则允许包括额外工作的相应利润，甚至在该工作可以顺利列入承包商的工作计划，不会引起总工期延长，从而事实上承包商并未遭受利润损失时也是如此。

在工程索赔中，承包商究竟可以就哪些损失提出索赔，取决于合同规定和有关适用的法律。无论损失的金额有多大，也无论是什么原因引起的，合同规定都是这种损失是否可以得到补偿的最重要的依据。

按国际工程索赔惯例，一般有五种损失可以索赔：由索赔事项引起的直接额外成本；由于合同延期而带来的额外时间相关成本；由于合同延期而带来的利润损失；合同延期引起的总部管理费损失；由于干扰造成的生产率降低所引起的额外成本。

3）按索赔费用的项目组成划分：

索赔费用按其项目组成可分为直接费用和间接费用。其中，直接费包括人工费、材料费、机械费和分包费；间接费包括管理费、利润、融资成本等，如图 8-8 所示。

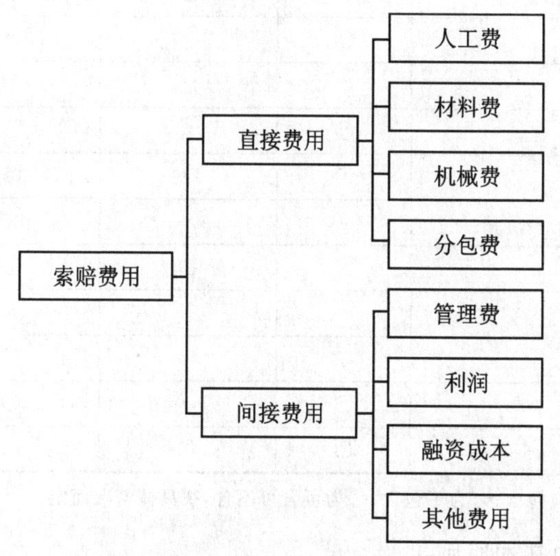

图 8-8　索赔费用项目的组成

索赔费用计算的基本方法就是按上述费用组成项目分别分析、计算，最后再汇总求出总的索赔费用。

按照国际惯例，承包商的索赔准备费用、索赔金额在索赔处理期间的利息、仲裁费用、诉讼费用等是不允许索赔的，因而不应将这些费用包含在索赔费用中。美国工程索赔问题专家 J J Adrian 在其《工程索赔》一书中对四种类型索赔费用的项目组成，进行了详细分析，如表 8-1 所列。

索赔费用项目的组成因工程所在国家或地区的不同而不同，即使在同一国家或地区，随着合同条件具体规定的不同，索赔费用项目的组成也会不同。

表 8-1 索赔费用项目的组成

费用项目	索赔种类			
	延误索赔	工程范围变更索赔	加速施工索赔	现场条件变更索赔
人工工时增加费	×	√	×	√
生产率降低引起人工工时损失费	√	○	√	○
人工单价上涨费	√	○	√	○
材料用量增加费	×	√	○	○
材料单价上涨费	√	√	○	○
分包商工程量增加费	×	√	×	○
分包商单价上涨费	√	○	○	√
租赁机械费	○	√	√	√
自由机械使用费	√	√	○	√
自由机械台班率上涨费	○	×	○	○
现场管理费(可变)	○	√	○	√
现场管理费(固定)	√	×	×	○
总部管理费(可变)	○	○	○	○
总部管理费(固定)	√	○	×	○
融资成本(利息)	√	○	○	○
利润	○	√	○	√
机会利润损失	○	○	○	○

注：√为一般情况下应包含；×为不包含；○为可含可不含，视具体情况而定。

(5) 费用索赔的基本原则：

在工程施工索赔中，业主和承包商双方产生的费用纠纷，一般都集中反映在“该不该提出索赔要求”和“索赔费用金额是否合理”两个问题上，即“索赔资格”和“索赔数量”的确定上。在实际工作中，对索赔数量的认定难度大大超过对索赔资格的认定难度，这是由承包商对索赔事件的识别能力、对索赔事件的处理态度以及对证据资料收集的完整性等方面决定的。

事实上，承包商在提交索赔报告时，常常将索赔费用夸大数倍，把索赔原因与无关因素联系在一起，有时甚至曲解合同协议条款含义以证明其具有索赔权利，以致在国际工程承包业流行这样一句口头禅——投标在报价，赚钱在索赔。这话虽不尽然，但也说明费用索赔无论是对承包商还是对业主都是至关重要的。

从国际上几种常用的土木工程合同条件及国际惯例来看，进行费用索赔应遵循如下几个原则：

1) 必要原则。这是指从索赔费用发生的必要性角度来看，索赔事件所引起的额外费用应该是承包商履行合同所必需的，即索赔费用应在所履行合同的规定范围之内，如果没有该费用支出，就无法合理履行合同，就无法使工程达到合同要求。

对于某一个确定的费用项目，若合同没有规定，或规定不准进行费用索赔，承包商就不得以任何理由提出索赔要求。如承包商在施工过程中发现自己在投标时工程预算有漏项错误，且合同条款中没有对此类情况进行补偿的根据，那么这种漏项将是承包商自身的一种损失，即使承包商提出索赔要求，业主也肯定会拒绝。业主的理由往往是：① 承包商无法证明其漏项错误究竟是工作疏忽还是故意留有余地；② 此处的漏项错误损失有可能被别处的重项错误所弥补；③ 漏项错误使承包商在投标竞争中处于有利地位，乃至获得了成功。

因而，在这种情况下，承包商无法让业主确信其索赔费用是履行合同必需的，也就无从索赔。

2）赔偿原则。这是指从索赔费用的补偿数额角度看，索赔费用的确定应能使承包商的实际损失得到完全弥补，但也不应使其因索赔而额外受益。

承包商在履行合同过程中，对非自身原因引起的实际损失或额外费用向业主提出索赔要求，是承包商维护自身利益的权利。但是，承包商不能企图利用索赔机会弥补因经营管理不善造成的内部亏损，也不能利用索赔机会谋求不应获得的额外利益。总之，在实际损失获得全额补偿后，承包商应处于与假定未发生索赔事件情况下合同所确定的状态同等有利或不利的地位，即费用索赔是赔偿性质的，承包商不应因索赔事件的发生而额外受损或受益。换个角度来说，业主也不能因为承包商所遇到的不利问题而获得额外利益，特别是在产生问题的原因与业主或其代理人有关的情况下。

我国民法通则和涉外经济合同法都规定：① 当事人一方违反合同的赔偿责任，应相当于另一方因此而受到的损失；② 当事人可以在合同中约定，一方违反合同时应向对方支付一定数额的违约金；③ 双方也可以在合同中约定对于违反合同而产生损失的赔偿额的计算方法。由此可见，违约金虽然可能有不同的性质，但在建筑施工合同中一般是赔偿性的。在国际工程施工合同中除了通常约定的承包商延期完工需要向业主支付延误赔偿金外，大多没有其他的违约金约定，而是直接计算所发生的实际损失，并给予补偿，没有惩罚性质。

3）最小原则。这是指从承包商对索赔事件的处理态度来看，一旦承包商意识到索赔事件的发生，应及时采取有效措施防止事态的扩大和损失的增加，以将损失费用控制在最低限度。如果没有及时采取适当措施而导致损失扩大，承包商无权就扩大的损失费用提出索赔要求。

按照一般的法律要求及合同条件，承包商负有采取措施将损失控制并减少到最低限度的义务。这种措施可能包括：保护未完工程、合理及时地重新采购器材、及时取消订货单、重新分配工程资源等。例如，某单位工程因业主原因暂停施工时，若承包商本可以将该工程的施工力量调往其他工程项目，但因承包商对索赔事件的处理态度消极，没有进行这样的资源优化调整，那么，承包商就不能针对闲置的人员和设备的费用损失进行索赔。当然，承包商可以要求业主对其采取减少损失措施本身产生的费用给予补偿。

4）引证原则。承包商提出的每一项索赔费用都必须伴随有充分、合理的证明材料，以表明承包商对该项费用具有索赔资格且数额的计算方法和过程准确、合理。没有充分证据的费用索赔项目一般都会被业主视为无效而被驳回。

5）时限原则。在国际上，几乎每一种土木工程合同条件都对索赔的提出时间有明确的要求。如 FIDIC 合同条件规定，承包商在索赔事件第一次发生之后的 28 天内，应将索赔意向通知工程师，同时向业主呈交一份索赔意向的副本。承包商应严格按照适用合同条件的要求或合同协议的规定，在适当时间内提出索赔要求，以免丧失索赔机会。

时限原则的另一层含意是指承包商对索赔事件的处理应是发现一件、提出一件、处理一件，而不应采取轻视或拖延的态度。索赔事件的及时处理，既能防止损失的扩大，又能使承包商及时得到费用补偿，这无论对业主还是对承包商都是有利的。况且，单项索赔事件若得不到及时处理，常常会和相继发生的其他索赔事件交织在一起，不仅会使索赔事件难以辨识，更会增加索赔的处理难度。待工程完工后再进行一揽子索赔的策略往往会将承包商置于不利甚至尴尬的境地，对承包商而言是不可取的。

第三节　国际工程承包索赔内容

一、索赔工作程序

索赔工作程序是指从索赔事件产生到最终处理全过程所包括的工作内容和工作步骤。由于索赔工作实质上是承包商和业主在分担工程风险方面的重新分配过程，涉及双方的经济利益，因而是一项烦琐、细致、耗费精力和时间的过程。这就要求双方必须严格按照合同规定办事，按合同规定的索赔程序工作，才能获得成功的索赔。具体工程的索赔工作程序，应根据双方签订的施工合同产生。在工程实践中，比较详细的索赔工作程序一般可分为如下主要步骤：

1. 索赔意向的提出

在工程实施过程中，一旦出现索赔事件，承包商应在合同规定的时间内，及时向业主或工程师书面提出索赔意向通知，即向业主或工程师就某一个或若干个索赔事件表示索赔愿望、要求或声明保留索赔的权利。索赔意向的提出是索赔工作程序中的第一步，其关键是抓住索赔机会，及时提出索赔意向。FHDIC 施工合同条件规定：承包商应在索赔事件发生后的 28 天内，将其索赔意向通知工程师。否则将会丧失在索赔中的主动和有利地位，业主和工程师也有权拒绝承包商的索赔要求，这是索赔成立的有效和必备条件之一。因此在实际工作中，承包商应避免合理的索赔要求由于未能遵守索赔时限的规定而导致无效。

2. 索赔资料的准备

从提出索赔意向到提交索赔文件，是属于承包商索赔的内部处理阶段和索赔资料准备阶段。此阶段的主要工作包括：跟踪和调查干扰事件，掌握事件产生的详细经过和前因后果；分析干扰事件产生的原因，划清各方责任，确定由谁承担，并分析这些干扰事件是否违反了合同规定，是否在合同规定的赔偿或补偿范围内；损失或损害调查或计算，通过对比实际和计划的施工进度和工程成本，分析经济损失或权利损害的范围和大小，并由此计算出工期索赔和费用索赔值；收集证据，从干扰事件产生、持续直至结束的全过程，都必须保留完整的当时记录，这是索赔能否成功的重要条件。在实际工作中，许多承包商的索赔要求都因没有或缺少书面证据而得不到合理解决，这个问题应引起承包商的高度重视。

3. 索赔文件的提交

承包商必须在合同规定的索赔时限内向业主或工程师提交正式的书面索赔文件。FIDI 合同条件和我国建设工程施工合同条件都规定，承包商必须在发出索赔意向通知后的 28 天内或经工程师同意的其他合理时间内，向工程师提交一份详细的索赔文件，如果干扰事件对工程的影响持续时间长，承包商则应按工程师要求的合理间隔，提交中间索赔报告，并在干扰事件影响结束后的 28 天内提交一份最终索赔报告。

4. 工程师(业主)对索赔文件的审核

工程师是受业主的委托和聘请，对工程项目的实施进行组织、监督和控制工作。工程师根据业主的委托或授权，对承包商索赔的审核工作主要分为判定索赔事件是否成立和核实承包商的索赔计算是否正确、合理两个方面，并可在业主授权的范围内作出自己独立的判断。承包商索赔要求的成立必须同时具备如下四个条件：

(1) 与合同相比较已经造成了实际的额外费用增加或工期损失；

(2) 造成费用增加或工期损失的原因不是由于承包商自身的过失所造成；

(3) 这种经济损失或权利损害也不是由承包商应承担的风险所造成；

(4) 承包商在合同规定的期限内提交了书面的索赔意向通知和索赔文件。

上述四个条件没有先后主次之分，并且必须同时具备，承包商的索赔才能成立。其后监理工程师对索赔文件的审查重点主要有两步：第一步，重点审查承包商的申请是否有理有据，即承包商的索赔要求是否有合同依据，所受损失确属不应由承包商负责的原因造成，提供的证据是否足以证明索赔要求成立，是否需要提交其他补充材料等；第二步，监理工程师以公正的立场、科学的态度，审查并核算承包商的索赔值计算，分清责任，剔除承包商索赔值计算中的不合理部分，确定索赔金额和工期延长天数。

5. 索赔的处理与解决

从递交索赔文件到索赔结束是索赔的处理与解决的过程。经过工程师对索赔文件的评估，与承包商进行较充分的了解后，工程师提出初步处理意见，并参加业主和承包商之间的索赔谈判，根据谈判，工程师应提出索赔最后处理的一致意见。如果业主和承包商通过谈判达不成一致，则可根据合同规定，将索赔争议提交仲裁或诉讼，使索赔问题得到最终解决。

工程项目实施中会发生各种各样、大大小小的索赔、争议等问题，应该强调，合同各方应该争取尽量在最早的时间、最低的层次、尽最大可能以友好协商的方式解决索赔问题，不要轻易提交仲裁。因为对工程争议的仲裁往往是非常复杂的，要花费大量的人力、物力、财力和精力，对工程建设也会带来不利，有时甚至是严重的影响。在工程项目的实施过程中，会产生大量的工程信息和资料，这些信息和资料是开展索赔的重要依据。如果项目资料不完整，索赔就难以顺利进行。因此在施工过程中始终做好资料积累工作，建立完善的资料记录和科学管理制度，认真系统地积累有利于管理施工合同文件、质量、进度及财务收支等方面的资料。对于可能会发生索赔的工程项目：从开始施工时就要有目的地收集证据资料，系统地拍摄施工现场，妥善保管开支收据，有意识地为索赔文件积累必要的证据材料。

6. 索赔的证据

索赔证据是当事人用来支持其索赔成立或和索赔有关的证明文件和资料。索赔证据作为索赔文件的组成部分，在很大程度上关系到索赔的成功与否。证据不全、不足或没有证据，索赔是不可能获得成功的。证据在合同签订和合同实施过程中产生，主要为合同资料、日常的工程资料和合同双方信息沟通资料等。在一个正常的项目管理系统中，应有完整的工程实施记录。一旦索赔事件发生，自然会收集到许多证据。而如果项目信息流通不畅，文档散杂零乱、不成系统或对合同事件的发生未记入文档，待提出索赔文件时再收集证据，就要浪费许多时间，可能丧失索赔机会(超过索赔有效期限)，甚至为他人索赔和反索赔提供可能，因为人们对过迟提交的索赔文件和证据容易产生怀疑。索赔证据的基本要求是：

(1) 真实性：

索赔证据必须是在实际工程过程中产生，完全反映实际情况，能经得住对方的推敲。由于在工程过程中合同双方都在进行合同管理，收集工程资料，所以双方应有相同的证据。使用不实的或虚假的证据是违反商业道德甚至是违反法律的。

(2) 全面性：

所提供的证据应能说明事件的全过程。索赔报告中所提到的干扰事件、索赔理由、影响、索赔金额等都须有相应的证据，否则对方有权退回索赔报告，要求重新补充证据，这样就会拖延索赔的解决。

(3) 及时性：

这包括两方面的要求：一方面，要求证据是工程活动或其他活动发生时记录或产生的文件，除了专门规定外，后补的证据通常不容易被认可，干扰事件发生时，承包商应有同期记录，这对以后提出索赔要求，支持其索赔理由是必要的；而工程师在收到承包商的索赔意向通知后，可指令承包商保持合理的同期记录，在这里承包商应邀请工程师进行审查,并请其说明是否需做其他记录,按工程师的要求做记录,对承包商来说是有利的。另一方面,证据作为索赔报告的一部分,一般和索赔报告一起交付工程师和业主。FIDIC 规定,承包商应向工程师递交一份说明索赔款项及提出索赔依据的"详细材料"。

(4) 法律证明效力:

索赔证据必须有法律证明效力,特别对准备递交仲裁的索赔报告更要注意这一点。这就要求:证据必须是当时的书面文件,一切口头承诺、口头协议都不算证据;合同变更协议必须由双方签署,或以会谈纪要的形式确定,且为决定性决议,一切商讨性、意向性的意见或建议都不算证据;工程中的重大事件、特殊情况的记录应由工程师签署认可。在工程项目实施过程中,常见的索赔证据主要有:

① 各种工程合同文件;② 施工日志;③ 工程照片及声像资料;④ 来往信件、电话记录;⑤ 会谈纪要;⑥ 气象报告和资料;⑦ 工程进度计划;⑧ 投标前业主提供的参考资料和现场资料;⑨ 工程备忘录中各种签证;⑩ 工程结算资料和有关财务报告;⑪ 各种检查验收报告和技术鉴定报告;⑫ 其他,如分包合同、订货单、采购单、工资单、物价指数、国家法律、法规等。

二、索赔报告

1. 编写索赔报告的基本要求

索赔报告是向对方提出索赔要求的书面文件,业主及调解人和仲裁人是通过索赔报告了解和分析合同实施情况和承包商的索赔要求,并据此做出判断和决定。所以索赔报告的表达方式对索赔的解决有重大影响。索赔报告应充满说服力、合情合理、有根有据、逻辑性强,能说服工程师、业主、调解人和仲裁人,同时它又应是有法律效力的正规的书面文件。索赔报告如果起草不当,会损害承包商在索赔中的有利地位和条件,使正当的索赔要求得不到应有的妥善解决。起草索赔报告需要实际工作经验。重大的索赔或一揽子索赔最好在有经验的律师或索赔专家的指导下起草。索赔报告的一般要求是:

(1) 索赔事件应真实无误。这是整个索赔的基本要求,关系到承包商的信誉和索赔的成败,不可含糊。对索赔事件的叙述必须清楚、明确,不包含任何估计和猜测,也不可用估计和猜测式的语言。如果承包商提出不实的索赔要求,工程师会立即拒绝。这还将影响工程师对承包商的信任和以后的索赔。索赔报告中所指出的干扰事件必须有得力的证据来证明,这些证据应附于索赔报告之后。

(2) 责任分析应清楚、准确。一般索赔报告中所针对的干扰事件都是由对方责任引起的,应将责任全部推给对方。不可用含糊的字眼和自我批评式的语言,否则会丧失自己在索赔中的有利地位。

(3) 在索赔报告中应特别强调于己有利的关键点:

1) 干扰事件的不可预见性和突然性,对它的发生承包商不可能预见或准备,无法制止或影响。

2）在干扰事件发生后已立即将情况通知了工程师，听取并执行了工程师的处理指令，为减轻干扰事件的影响尽了最大努力，采取了能够采取的措施，在索赔报告中可叙述所采取的措施以及产生的效果。

3）由于干扰事件的影响，使承包商的工作受到了严重干扰，应强调干扰事件、对方责任、工程受到的影响和索赔之间有直接的因果关系，这个逻辑性对索赔的成败至关重要，业主反索赔常常也通过否定这个逻辑关系来否定承包商的索赔要求。

4）索赔要求应有合同文件的支持，要非常准确地选择作为索赔理由的相应的合同条款。强调这些是为了使索赔理由更充足，使工程师、业主和仲裁人在感情上易于接受。

5）索赔报告应简洁扼要，条理清楚，定义准确，逻辑性强，但索赔证据和索赔金额的计算应详细精确。索赔报告的逻辑性，主要在于将索赔要求与干扰事件、责任、合同条款、影响连成一条自然而又合理的逻辑链。应尽力避免索赔报告中出现用词不当、语法欠妥、计算错误、打字错误等问题，这会降低索赔报告的可信度，给人以轻率或弄虚作假的感觉。

6）用词、语气要婉转，特别是作为承包商，在索赔报告中应避免使用强硬的、不友好的、抗议式的语言。不能因为语言而伤了和气和双方的感情，导致索赔的失败。索赔目的是取得赔偿，说服对方承认自己索赔要求的合理性。在索赔报告以及索赔谈判中应强调干扰事件的不可预见性，强调不可抗力的原因，或应由对方负责的第三者责任，应避免出现对业主代表和监理工程师当事人个人的指责。

2. 索赔报告的格式和内容

在实际工作中，索赔文件通常包括三个部分：

(1) 承包商或它的授权人致业主或工程师的信。

在信中简要介绍索赔要求、干扰事件经过和索赔理由等。

(2) 索赔报告正文在工程中，对单项索赔，应设计统一格式的索赔报告，以使得索赔处理比较方便。

一揽子索赔报告的格式可以比较灵活，但实质性的内容一般应包括：

1）题目：简洁地说明针对什么提出索赔。

2）索赔事件：叙述事件的起因（如业主的变更指令、通知等）、事件经过、事件过程中双方的活动，重点叙述按合同所采取的行为、对方不符合合同的行为或未履行合同责任的情况，要提出事件的时间、地点和事件的结果，并引用报告后面的证据作为证明。

3）理由：总结上述事件，同时引用相应合同条文，证明对方行为违反合同或对方的要求超出合同规定，造成了该干扰事件，有责任对由此造成的损失作出赔偿。

4）影响：说明上述事件对承包商的影响，而二者之间有直接的因果关系，重点围绕由于上述事件原因造成成本增加和工期延长，与后面的费用分项的计算又应有对应关系。

5）结论：由于上述事件的影响，造成承包商的工期延长和费用索赔值的计算，提出具体的费用索赔值和工期索赔值。

3. 索赔的技巧和艺术

索赔工作既有科学严谨的一面，又有艺术灵活的一面。对于一个确定的索赔事件往往没有预定的、确定的解决方案，它受制于双方签订的合同文件、各自的工程管理水平和索赔能力以及处理问题的公正性、合理性等因素。因此索赔成功不仅需要令人信服的法律依据、充足的理由和正确的计算方法，索赔的策略、技巧和艺术也相当重要。如何对待索赔，实际上是一个经营战略问题，是承包商对利益、关系、信誉等方面的综合权衡。在这个问题上，承包商应防止两种极端倾向：一是只讲关系、义气和情意，忽视应有的合理索赔，致使企业遭受不应有的经济损失；二是不顾关系，过分注重索赔，斤斤计较，缺乏长远和战略目光，以致影响合同关系、企业信誉和长远利益。此外，合同双方在开展索赔工作时，还要注意以下索赔技巧和艺术：

（1）要正确把握提出索赔的时机：

过早提出索赔，往往容易遭到对方反驳或在其他方面可能施加的挑剔、报复等，过迟提出索赔，则容易留给对方借口，索赔要求遭到拒绝。因此索赔方必须在索赔时效范围内适时提出。如果总是担心或害怕影响双方的合作关系，有意将索赔要求拖到工程结束时才正式提出，可能会事与愿违，适得其反。

（2）索赔谈判中要注意方式方法：

合同方向对方提出索赔要求，进行索赔谈判时，措词应婉转，说理应透彻，以理服人，而不是得理不让人，尽量避免使用抗议式提法，既要正确表达自己的索赔要求，又不伤害双方的感情，以达到索赔的良好效果。如果对于索赔方一次次合理的索赔要求，对方拒不合作或置之不理，并严重影响工程的正常进行，索赔方可以采取较为严厉的措辞和切实可行的手段，以实现自己的索赔目标。

（3）在索赔处理时做适当必要的让步：

在索赔谈判和处理时应根据情况做出必要的让步，有所失才有所得。可以放弃金额小的小项索赔，坚持大项索赔。这样使对方容易做出让步，达到索赔的最终目的。

（4）发挥公关能力：

除了进行书信往来和谈判桌上的交涉外，有时还要发挥索赔人员的公关能力，采用合法的手段和方式，营造适合索赔争议解决的良好环境和氛围，促使索赔问题早日圆满解决。索赔是一门融自然科学、社会科学为一体的边缘科学的艺术，涉及工程技术、工程管理、公共关系、财务、法律等众多专业科学知识。良好的索赔环境、充足的索赔动因、确凿的索赔依据等，是索赔成功的必要条件。因此，索赔人员在实施过程中，应注重对这些知识的有机结合和综合应用，不断学习，不断体会，总结经验教训，只有这样才能更好地开展索赔工作。

4. 反索赔

(1) 反索赔的含义:

反索赔,顾名思义就是反驳、反击或防止对方提出的索赔,不让对方索赔成功或全部成功。对于反索赔的含义一般有两种理解:第一,认为承包商向业主提出补偿要求为索赔,而业主向承包商提出补偿要求则认为是反索赔;第二,认为索赔是双向的,业主和承包商都可以向对方提出索赔要求,任何一方对对方提出索赔要求的反驳、反击则认为是反索赔。我们这里采用后一种理解。

面对合同一方提出的索赔,合同另一方无非有如下三种选择:

1) 全部认可对方的索赔,包括索赔数额。

2) 全部否决对方的索赔。

3) 部分否决对方的索赔。

如果索赔方提出的索赔依据充分,证据确凿,计算合理,另一方应实事求是地认可对方的索赔要求,赔偿或补偿对方的经济损失或损害,反之则应以事实为根据,以法律(合同)为准绳,反驳、拒绝对方不合理的索赔要求或索赔要求中的不合理部分,这就是反索赔。

(2) 反索赔的作用:

在合同实施过程中,合同双方都在进行合同管理,都在寻找索赔机会。干扰事件发生后,合同双方都想推卸自己的合同责任,并向对方提出索赔。因此不能进行有效的反索赔,同样会蒙受经济损失,反索赔与索赔具有同等重要地位,其作用主要表现在:

1) 减少或预防损失的发生。由于合同双方利益不一致,索赔与反索赔又是一对矛盾,如果不能进行有效的、合理的反索赔,就意味着对方索赔获得成功,则必须满足对方的索赔要求,支付赔偿费用或满足对方延长工期、免于承担误期违约责任等要求。因此,有效地反索赔可以预防损失的发生,即使不能全部反击对方的索赔要求,也可能减少对方的索赔值,保护自身正当的经济利益。

2) 一次有效的反索赔不仅会鼓舞工程管理人员的信心和勇气,有利于整个工程的施工和管理,也会影响对方的索赔工作;相反,如果不进行有效的反索赔,则是对对方索赔工作的默认,会使对方索赔人员的"胆量"越来越大,被索赔方会在心理上处于劣势,丧失在工作中的主动权。

3) 做好反索赔工作不仅可以全部或部分否定对方的索赔要求,使自己免于损失,而且可以从中重新发现索赔机会,找到向对方索赔的理由,有利于自己摆脱被动局面,变守为攻,能达到更好的反索赔效果,并为自己索赔工作的顺利开展提供帮助。

4) 反索赔工作与索赔一样,也要进行合同分析、事态调查责任分析和审查对方索赔报告等工作,既要有反击对方的合同依据,又要有事实证据,因此,离开了企业平时良好的基础管理工作,反索赔同样也是不可能成功的。因此,有效的反索赔要求企业加强基础管理,促进和提高企业的基础管理工作水平。

5）索赔与反索赔的辩证关系是工程及合同管理的重要组成部分，成立专门的机构认真研究索赔方法，总结索赔经验，可以不断提高索赔成功率。在工程实施过程中，能将索赔表现为当事人自觉地细致地开展索赔管理工作且分析合同缺陷，主动寻找索赔机会，为己方争取应得的利益；而反索赔在索赔管理策略上表现为防止被索赔，不给对方留下可以索赔的漏洞，使对方找不到索赔机会。在工程管理中体现为签署严密合理、责任明确的合同条款，并在合同实施过程中，避免己方违约。在索赔解决过程中表现为，当对方提出索赔时，对其索赔理由予以反驳，对其索赔证据进行质疑，指出其索赔计算的问题，以达到尽量减少索赔额度，甚至完全否定对方索赔要求的目的。因此，完整的索赔管理应该包括索赔和反索赔两个方面，两者密不可分，相互影响，相互作用。通过索赔可以追索损失，获得合理经济补偿，而通过反索赔则可以防止损失发生，保证工程项目的经济利益。如果把索赔比作进攻，那么反索赔就是防御，没有积极的进攻，就没有有效的防御；同样，没有积极的防御，也就没有有效的进攻。在工程合同实施过程中，一方提出索赔，一般都会遇到对方的反索赔，对方不可能立即予以认可，索赔和反索赔都不太可能一举成功，合同当事人必须能攻善守，攻守相济，才能立于不败之地。如前所述，索赔是双向的，不仅承包商可以向业主索赔，业主同样也可以向承包商索赔，因此，反索赔也是双向的。例如，在工程项目实施过程中，承包商向业主提出索赔，而业主则可以反索赔；同时业主又有可能向承包商提出索赔，承包商则必须反索赔。索赔与反索赔之间的关系有时是错综复杂的。由于工程项目的复杂性，对于干扰事件常常双方都负有责任，所以索赔中有反索赔，反索赔中又有索赔。业主或承包商不仅要对对方提出的索赔进行反驳，而且要反驳对方对己方索赔的反驳。

(3) 反索赔的工作内容主要包括两个方面：一是防止对方提出索赔；二是反击或反驳对方的索赔要求。

1）防止对方提出索赔：

要成功地防止对方提出索赔，应采取积极防御的策略。首先，自己严格履行合同中规定的各项义务，防止自己违约，并通过加强合同管理，使对方找不到索赔的理由和根据，使自己处于不能被索赔的地位，如果合同双方都能很好地履行合同义务，没有损失发生，也没有合同争议，索赔与反索赔从根本上也就不会产生；其次，如果在工程实施过程中发生了干扰事件，则应立即着手研究和分析合同依据，收集证据，为提出索赔或反击对手的索赔做好两手准备；再次，体现积极防御策略的常用手段是先发制人，先向对方提出索赔，因为在实际工作中干扰事件的产生常常是双方均负有责任，原因错综复杂且互相交叉，一时很难分清谁是谁非，先提出索赔，既可防止自己因超过索赔时限而失去索赔机会，又可争取索赔中的有利地位，打乱对方的工作步骤，争取主动权，并为索赔问题的最终处理留下一定的余地。

2）反击或反驳对方的索赔要求：

如果对方提出了索赔要求或索赔报告，则自己一方应采取种种措施来反击或反驳对方的索赔要求。常用的措施有：第一，抓住对方的失误，直接向对方提出索赔，以对抗或平衡对方的索赔要求，达到最终解决索赔时互作让步或互不支付的目的，如业主常常通过找出工程中的质量问题、工程延期等问题，对承包商处以罚款，以对抗承包商的索赔要求，达到少支付或不支付的目的；第二，针对对方的索赔报告，进行认真的研究和分析，找出理由和证据，证明对方索赔要求或索赔报告不符合实际情况和合同规定，没有合同依据或事实证据，索赔值计算不合理或不准确等问题，反击对方不合理的索赔要求或索赔要求中的不合理部分，避免或减轻自己的赔偿责任，使自己不受或少受损失。

第四节　国际工程承包索赔计算

一、费用索赔的计算

要计算出因发生的索赔事件所引起的费用，必须了解合同的投标报价构成。国际工程合同的价格一般为固定总价合同，在合同总价下分别列出设计、采购、施工/安装、试运行、培训等各类工作的分项总价。此外，在许多总价合同中，还要求对每类分项工作下的人工时、材料、设备等给出单价，目的有两个，一个是用来证明总价的合理性，另一个是在项目执行过程中遇到调价的情况作为计算依据或重要参考。在出现索赔时，这些报价将作为索赔费用的计算基础。

1. 参照投标单价法

在索赔事件所导致的费用增减不超过合同价±15%(有些合同规定±20%)的情况下，凡报价中已列明单价的项目变更量，必须按投标报价乘以变更工程量；超过增减限额情况，双方协商另行计价。

多数索赔事件是按照这种方式计价的。根据这种计价原则，承包商的原始报价对索赔成果至关重要。如果承包商在报价时比较准确地预测到某些工程内容将来可能要追加工程量，因而按不平衡报价法有意将这些项目的单价抬高，索赔时即可很顺利地获取明显的好处。相反，如果承包商对这些工程内容报价过低甚至明显失误，在变更工程额不超过合同极限的情况下，追加部分的工程也只能按其原来很低的报价计算。例如，某承包商在仓库工程的报价中，对工程量表中规定的145立方米挖方工程报价为0.83英镑/立方米，该挖方的实际价格应为2.83英镑/立方米。后来发现工程量表中列出的145立方米应为1 450立方米，因打字时漏了一个0而导致追加1 305立方米。承包商要求按2.83英镑/立方米计算追加部分的价款，但遭到业主拒绝。因此，合同报价失误同样对索赔收益产生不利影响。

2. 参考备用报价法

投标报价时，发包人通常要求投标人对拟建项目中未定的内容，即在施工过程中有可能发生的事项提出报价。例如,基础开挖工程中可能的爆破、道路工程中可能的排除地雷或其他特殊故障。由于这些工作内容仅仅是有可能发生,招标时无法确定其工程量,因此投标人的报价仅作备用,将来发生此类事项时,即按此单价结算工程款。

鉴于备用价没有工程量,评标时不予考虑,因而不影响投标的竞争力,投标人完全可以放开报价。这样,万一将来施工过程中实施了这些工程,即可按备用价计算索赔值。例如,某承包商在投标一项新建公路项目时,业主要求承包商对排除地雷报出备用价,该承包商对这一项报价达 100 万美元,后来施工中果真出现排雷工作,承包商仅花 20 多万美元将排雷任务分包给专业公司,从而很轻松地赚取了近 80 万美元。

3. 现开价法

现开价法是指在没有前两种价格供参照的情况下,由承包商另行提出新的报价。通常人们所讲的索赔报价即指这种情况的报价。

现开价的原则应是:在理由充足、证据确凿的前提下,按国际惯例取高限,也就是在可能的情况下越高越好,甚至可以说是漫天要价,而且在开口要价时要考虑对方的反索赔。现开价的具体情况有:

施工项目的索赔计价包括四项内容:

(1) 材料费:采取较高材料消耗系数和较高的材料单价。

(2) 劳务费:报价时应尽可能提高劳务费,尤其是技工工资,索赔时应按产值计算,不能按净收入计算。

(3) 设备费:报价时每个台班单价应略高于市场上的临时租用设备的价格。

(4) 综合费用:一是管理费,包括总部管理费和现场管理费,按投标时报价分类汇总表中列出的比例。二是材料贮存管理费,占材料费的 4.5%。三是材料耗损费,占材料费的 5%。四是资金使用的利息支出,按商业贷款同期同等利息,另加手续费计。五是利润,按分类汇总表中所列比例计。

通常情况下,这项综合费用一般为直接费的 35%,最高可达 45%。

4. 设计项目的索赔计价

设计项目的一般费用包括三个部分:

(1) 工程师的工资:一般可按月工资 2 000 美元左右计算,但在具体索赔时应以当地的相同等级的工程师的工资为标准,乘以一定的增加系数,以达到与产值持平或略高。

(2) 出图效率:可参照当地工程师的工作效率适当提高。

(3) 管理费和利润:通常情况下为 30%左右。

总费用法又称总成本法,计算出工程的总费用后,再从这个已实际开支的总费用中减去投标报价时的成本费用,即为要求补偿的索赔费用额。

总费用法并不十分科学,但仍被经常采用,原因是对于某些索赔事件,难于精确地确定它们导致的各项费用增加额。

一般认为在具备以下条件时采用总费用法是合理的：

1）已开支的实际总费用经过审核，认为是比较合理的。

2）承包商的原始报价是比较合理的。

3）费用的增加是由对方原因造成的，其中没有承包商管理不善的责任。

4）由于该项索赔事件的性质以及现场记录的不足，难于采用更精确的计算方法。

修正总费用法是指对难于用实际总费用进行审核的，可以考虑是否能计算出与索赔事件有关的单项工程的实际总费用和该单项工程的投标报价。若可行，可按其单项工程的实际费用与报价的差值来计算其索赔的金额。

总费用法的基本思路是把固定总价合同转化为成本加酬金合同，将索赔金额按成本加酬金的计算方法进行计算，即以承包商的额外成本为基础，加上管理费，有时还加上利润。一般地，总费用法可用如下公式表达：

索赔金额＝总成本增加量＋管理费＋利润

式中：管理费＝总成本增加量×管理费费率；利润＝(总成本增加量＋管理费)×利润率。

5. 分项计算法

分项计算法是按照每个(或每类)引起损失的干扰事件以及这些事件造成的损失费用项目，根据单个索赔费用项目的计算原则和方法，分别进行分析、计算，最后汇总求出综合索赔费用。

分项法虽然计算复杂，处理起来比较困难，但是它不仅能切实反映实际情况，计算过程合理，而且为索赔报告的分析、评价，乃至索赔的最终谈判和解决都提供了方便，所以，综合费用索赔的计算通常都采用分项法。分项法是综合费用索赔计算的最基本的方法，其步骤为：首先分析每个(或每类)干扰事件所影响的费用项目，即干扰事件引起哪些项目的费用损失；然后计算各索赔费用项目的损失值；最后将各费用项目的计算值列表汇总，得到总费用索赔值。

下面，对几个主要费用项目索赔的计算方法分别予以介绍。

(1) 人工费索赔计算。人工费索赔包括额外雇用劳务人员加班工作、工资上涨、人员闲置和劳动生产率降低的费用。人工费中的各项费率取值分别为：

加班费费率＝人工单价×法定加班系数

对于额外雇用劳务人员加班工作，用投标时的人工单价乘以法定加班系数再乘以工时数即可。

人工闲置费费率＝工程量表中适当折减后的人工单价

人工闲置费用一般折算为人工单价的0.75。

人工费价格上涨费率＝最新颁布的最低基本工资率－
提交投标书截止日期前第28天最低基本工资率

这里的工资上涨是指由于工程变更,使承包商的大量人力资源的使用从前期推到后期,而后期工资水平上调,因此应得到相应的补偿。

有时工程师指定使用计日工,则人工费按计日工表中的人工单价计算。

劳动生产率降低的索赔额。对于劳动生产率降低导致的人工费索赔,一般可用如下方法计算:

1）实际成本与预算成本比较法:

劳动生产率降低索赔额=(该项工作实际支出工时－该项工作计划工时)×人工单价

这种方法是对受干扰影响工作的实际成本与合同中的预算成本进行比较,索赔其差额。这种方法需要有正确合理的估价体系和详细的施工记录。如某工程的现场混凝土模板制作,原计划为 20 000 立方米,估计人工为 2 000 工时,直接人工成本为 32 000 美元。因业主未及时提供现场施工的场地占有权,使承包商被迫在雨季进行该项工作,实际人工为 24 000 工时,实际人工成本为 38 400 美元,造成承包商生产率降低的损失为 6 400 美元。这种索赔,只要预算成本和实际成本计算合理,成本的增加确属业主的原因,其索赔成功的概率是很大的。

2）正常施工期与受影响期比较法:

劳动生产率降低索赔额=计划台班×劳动生产率降低值预期劳动生产率×台班单价

这种方法是在承包商的正常施工受到干扰,生产率下降,通过比较正常条件下的生产率和干扰状态下的生产率,得出生产率降低值,以此为基础进行索赔。

如某工程吊装浇筑混凝土,前 5 天工作正常,第 6 天起业主架设临时电线,共有 6 天时间使吊车不能在正常角度下工作,导致吊运混凝土的方量减少。承包商有未受干扰时正常施工记录和受干扰时正常施工记录,如表 8－2 和表 8－3 所列。

表 8－2 未受干扰时正常施工记录

单位:立方米/小时

时间(天)	1	2	3	4	5	平均值
平均劳动生产率	7	6	6.5	8	6	6.7

表 8－3 受干扰时正常施工记录

单位:立方米/小时

时间(天)	1	2	3	4	5	6	平均值
平均劳动生产率	5	5	4	4.5	6	4	4.75

通过以上记录施工比较,劳动生产率降低值为:

6.7－4.75=1.95(立方米/小时)

(2) 材料费用索赔计算。材料费用的索赔包括两方面:实际用量超过计划用量部分的费用(额外材料的费用)索赔和材料价格上涨费用索赔。在材料费用索赔计算中，要考虑材料运输费、仓储费，研究合理损耗费用。其中涉及的公式为：

额外材料使用费＝(实际用量－计划用量)×材料价格

增加的材料运杂费、材料采购及保管费按实际发生的费用与报价费用的差值计算：

某种材料价格上涨费用＝(现行价格－基本价格)×材料用量

FIDIC条款中规定，基本价格是指在递交投标书截止日期以前第28天该种材料的价格；现行价格是指在递交投标书截止日期前第28天后的任何日期通行的该种材料的价格；材料用量是指在现行价格有效期内所购的该种材料的数量。

(3)施工机械使用费索赔计算。机械费索赔包括增加台班数量、机械闲置或工作效率降低、台班费率上涨等费用。

台班费率按照有关定额和标准手册取值。对于工作效率降低，应参考劳动生产率降低的人工索赔的计算方法。台班量的计算数据来自机械使用记录。对于租赁的机械，取费标准按租赁合同计算。

对于机械闲置费，有两种计算方法：一是按公布的行业标准租赁费率进行折减计算；二是按定额标准的计算方法。一般建议将其中的不变费用和可变费用分别扣除一定的百分比后再进行计算。对于工程师指令采用计日工的，按计日工表中的费率计算。

机械闲置费＝计日工表中机械单价×闲置持续时间

增加的机械使用费＝计日工表或租赁机械单价×持续时间

机械作业效率降低费＝机械作业发生的实际费用－投标报价的计划费用

(4)现场管理费索赔计算。现场管理费是某单个合同发生的，为该合同的整体实施提供支持和服务，且一般不能直接归类于任何具体合同工作项目的工程成本因素。工程管理人员、项目经理、供热、供水、供电、仓库、卫生设施、现场办公用品、现场电话、小型工具、保险、摄影、门卫及保安、现场标志牌、徽章、工人上下班交通、宿舍、现场办公室、停车场、急救、会计核算、资料管理、邮件等费用都是现场管理费的组成部分。它一般占工程总成本的5%～15%。

1)常用的一般方法。现场管理费索赔计算的方法一般为：

现场管理费索赔值＝索赔的直接成本费用×现场管理费费率

现场管理费费率的确定选用下面的方法：一是合同百分比法，即管理费比率在合同中的规定。二是行业平均水平法，即采用公开认可的行业标准费率。三是原始估价法，即采用投标报价时确定的费率。四是历史数据法，即采用以往相似工程的管理费费率。

2)根据计算出的索赔直接费用款额计算现场管理费索赔值，即：

增加的现场管理费＝(现场管理费总额/工程直接费用总额)×直接费用索赔总额

3)根据工期延长值计算现场管理费索赔值，即：

每周现场管理费＝投标时计算出的现场管理费总额/要求工期(周)

现场管理费索赔值＝每周现场管理费×工期延长周数

其中,要求工期是指合同中工程师最后批准的项目工期。

6. 费用索赔应注意的问题

(1) 在考虑提出费用索赔的要求时,务必先分析该索赔事件是否应由对方承担全部或部分责任,做到胸有成竹。

(2) 据以索赔的证据力求确实、充分,行文应该简明扼要、条理清楚,语调应平和中肯,具有说服力。

(3) 在确定索赔数额时,一是不能漏项,也不能随意添项;二是各种费用的计算应力求准确无误;三是不要漫天要价,应适可而止,以使对方易于接受。

(4) 索赔要求应以书面形式提出,并在合同规定的期限内提交。不论对方是否认可,均应提请其签收(作为提起诉讼或者申请仲裁的证据)。

[案例 8-1]

某承包商承包某工程,原计划合同期为 240 天,在实施过程中拖期 60 天,即实际工期为 300 天。原计划的 240 天内,承包商的经营状况如表 8-4 所列。请计算延期的合同应分摊的管理费 A、单位时间(日或周)、总部管理费率(B)以及总部管理费索赔值(C)。

表 8-4　承包商的经营状况表

单位：元

	拖期合同	其他合同	总　计
合同额	200 000	400 000	600 000
直接成本	180 000	320 000	500 000
总部管理费			60 000

对于已获延期索赔的 Eichleay 公式,根据日费率分摊的办法,则其计算步骤如下:

$$A=(200\,000/600\,000)\times 60\,000=20\,000(\text{元})$$

$$B=A/240=20\,000/240=83.3$$

$$C=B\times 60=(20\,000/240)\times 60=5\,000(\text{元})$$

若用合同的直接成本来代替合同额,则:

$$A1=(180\,000/500\,000)\times 60\,000=21\,600(\text{元})$$

$$B1=A1/240=21\,600/240=90$$

$$C1=B1\times 60=21\,600/240\times 60=5\,400(\text{元})$$

Eichleay 公式法。在工程拖期后总部的管理费索赔的前提条件是:若工程延期,就相当于该工程占用了调往其他工程合同的施工力量,这样就损失了在该工程合同中应得的总部管理费。也就是说,由于该工程拖期,影响了总部在这一时期内从其他合同中获得收入,总部管理费应该在延期项目中得到补偿。

Hudson 公式法。国际工程索赔中另一个最为人们熟知的公式是 Hudson 公式。它源于英国,在 1970 年出版的《哈德森论建筑合同》(*Hudson's Building Contracts*)第 10 版中首次被提出来。Hudson 公式的理论基础和性质与 Eichleay 公式相同,计算方法也基本一致,所不同的是 Hudson 公式没有明确如何确定计算所用的总部管理费百分比,而只是基于承包商在投标书中所确定的总部管理费费率。

Hudson 公式的具体形式如下:

$$C=R\cdot(V/T)\cdot t$$

式中:C 为应索赔的延期总部管理费;R 为承包商在投标书中所确定的总部管理费费率;V 为被延期合同工程的合同价值;T 为该合同工期;t 为可索赔的延期时间。

已获工程直接成本索赔的总部管理费。对于已获得工程直接成本索赔的总部管理费的计算也可用 Echley 公式计算:

被索赔合同应分摊总部管理费($A1$)=(被索赔合同原计划直接成本/合同所有直接成本总和)同期公司计划总部管理费

每元直接成本包含的总部管理费($B1$)=($A1$)/被索赔合同计划直接成本

应索赔总部管理费($C1$)=($B1$)×工程直接成本索赔值

Eichleay 公式与 Hudson 公式的有效性。Eichleay 公式与 Hudson 公式是国际工程索赔中计算总部管理费时最常采用的两个方法,尽管如此,很多承包商在实际应用过程中并没有清楚地认识到这两种方法的局限性和适用条件。

(1) Eichleay 公式的适用前提。Eichleay 公式并不适合于所有的工程索赔,在有些情况下,特别是对同时出现多项索赔事件的情况,Eichleay 公式难以应用,有时甚至会产生不合理或错误的结果。所以承包商只有在不能将总部管理费按索赔涉及的具体工程项目进行分离时,才可以采用 Eichleay 公式。

在延期总部管理费索赔中,Eichleay 公式仅适用于整个合同工程的暂时停顿,而对于由变更通知等引起的间歇式的停工,该公式不适用。利用 Eichleay 公式计算总部管理费的原理是:在停工期间承包商没有活可干,以致总部管理费无法摊销。然而,实际上变更通知常常会导致承包商增加更多的工作项目,以分摊总部管理费。在这种情况下,若仍然采用 Eichleay 公式就等于向承包商补偿了并没有发生的费用,因而是不合理的。Eichleay 公式的应用必须满足两个条件:一是能提供有力的证据说明索赔事项的发生的确导致了总部管理费的增加;二是无法获得其他工程项目以分摊增加的总部管理费。

(2) Hudson 公式的适用前提。与 Eichleay 公式类似,Hudson 公式也有其适用条件:一是可索赔延误事件发生前,承包商的总部管理费可在其工作中得到补偿;二是计算中采用的总部管理费费率取值合理;三是延误期间,同样取费水平的总部管理费本可以继续在工作中得到补偿。

Eichleay 公式和 Hudson 公式的应用除需满足上述条件之外,还必须有详细、合理的会计记录予以证明。

二、工期索赔的计算

如前所述，引起工期延误的原因有三种：承包商自身的原因、业主自身的原因和外部原因。对于承包商自身造成的延误，业主不予工期补偿；对于业主自身的原因造成的延误，业主则给予工期补偿。对于外部原因引起的延误，则根据合同中规定，凡业主负责的原因，承包商有权得到延期。具体工期索赔计算步骤如下：

1. 工期索赔计算依据

工期索赔的依据主要有：

(1) 合同规定的总工期计划，承包商提交的并经过工程师同意的详细进度计划。

(2) 合同签订后由双方认可的对工期的修改文件，如会谈纪要、来往信函。

(3) 合同双方共同认可的详细进度计划。

(4) 业主、工程师和承包商共同商定的月进度计划及其调整计划。

(5) 受干扰后的实际工程进度，如施工日志、工程进度表、进度报告等。

2. 受干扰的工程作业项是否是整个工程的关键作业

由于只有关键作业受到影响，整个工期才能受到影响，所以并不是其中某一工作被耽误，整个工期就受延误。这时一般通过工程网络计划模拟某工作项的延误是否影响到整个工程。若延误时间长，有可能本来不是关键作业变成为了关键作业，此时仍可索赔工期。

3. 索赔天数的确定

对于工期索赔的天数的确定，应根据干扰事件造成对关键作业拖延的天数，而不是干扰事件持续的天数。若干扰事件为连续三天降大雨，则并不一定对工程进度的影响为三天，可能使工程进度拖延了远远大于三天。一般是在干扰事件过后，承包商更新原定进度计划，并将更新进度计划与原进度计划关键修改对比之差作为索赔的天数。

关于工期索赔的几个问题：

(1) 共同延误问题。对于某项工作延误，可能是由于业主与承包商共同的原因导致的。在发生共同延误时，首先分析哪一种原因是最先发生的，即找出“初始延误者”，它首先要对延误负责。在初始延误发生作用的期间，其他并发的延误者不承担延误责任。若无法发现初始事件，则一般采用“近因原则”，即：该延误作为一个后果与引起其最接近的原因是哪一方引起的，不利的延误就由该方负责。如果责任交叉，不易辨别，则采用合理分担原则予以责任划分。

(2) 非关键作业受影响的后果问题。虽然只有关键作业项被延误，工期才被拖延，但若由于业主负责的原因，非关键作业受到影响，从而消耗了其浮时/时差(Time Float)，虽然此时承包商一般不能索赔工期，但此时承包商有可能索赔费用。因为若某非关键作业被消耗掉后，可能影响承包商原来的资源调配计划，影响项目实施效率,承包商可以因功效降低(Loss of Efficiency)来进行费用索赔。

(3) 业主拒绝延期的应对措施。在实践中,承包商提交的工期索赔报告往往得不到业主的批准,承包商往往陷于"两难选择"(in dilemma)的困境。若不赶工,工程不能按时完工,有可能面临被罚拖期赔偿费;若要赶工,则需要追加资源,而且若经过赶工按时完工了,业主会反过来认为承包商原来的工期索赔是不诚实行为。在这种情况下,若业主拒绝承包商的工期索赔,作为一种应对措施,承包商应随后向业主提出赶工费用索赔,即业主不批准工期索赔,则认为业主要求承包商赶工,业主应当支付赶工费。若业主对赶工费也不支付,则形成了争议,无论如何,承包商在争议解决的过程中就会取得主动。对业主而言,合理地延期或补偿承包商往往是一种对自己最有利的明智举措。

第九章 国际工程知识内容拓展

第一节 国际工程施工合同范本

合同在国际工程中占据着中心地位，是国际工程参与各方实施工程管理的基本依据。合同的签订和管理是搞好国际工程项目的关键。

目前，国际工程项目常用的合同条件包括：国际咨询工程师联合会（FIDIC）编制的系列合同条件，美国建筑师协会（AIA）的系列合同条件，英国皇家建筑师学会（RIBA）的 JCT 合同条件以及亚洲各国使用的各种合同条件。这些标准合同条件能比较公平合理地划分风险责任和权利义务，一般较科学、严谨，易于为合同双方所接受且长期使用，为广大工程管理人员所熟悉，可便于理解和沟通。

一、国际知名施工合同范本简述

在国际工程实践中，具体的工程合同大多参照工程合同范本来编制，甚至直接采用标准范本。在国际上，编制出版工程合同范本的国际机构很多，如国际咨询工程师联合会（International Federation of Consulting Engineers，FIDIC）、英国土木工程师学会（Institution of Civil Engineers，ICE）、美国建筑师学会（American Institute of Architects，AIA）、美国承包商总会（Associated General Contractors，AGC）、美国设计建造学会（Design Build Institute of America，DBIA）以及世界银行等为项目贷款的金融机构。

1. 国际咨询工程师联合会（FIDIC）编制的施工合同范本

FIDIC 是国际咨询工程师联合会的法文名称（Federation Internationale Des Ingénieurs Conseils）的首字母缩写，FIDIC 是在 1913 年由欧洲三个国家的咨询工程师协会在比利时成立的，总部设在瑞士日内瓦。FIDIC 专业委员会编制了一系列规范性合同条件，构成了 FIDIC 的合同条件体系。它们不仅被 FIDIC 会员国在世界范围内广泛使用，也被世界银行、亚洲开发银行、非洲开发银行等世界金融组织在招标文件中使用。在 FIDIC 合同条件体系中，目前最著名和最经常被使用的是 1999 版合同范本，主要有施工合同条件（Condition of Contract for Construction，简称《新红皮书》）、永久设备和设计—建造合同条件（Conditions of Contract for Plant and Design - Build，简称《新黄皮书》）、设计—采购—建造/交钥匙项目合同条件（Conditions of Contract for EPC Turnkey Projects，简称《银皮书》）、合同的简短格式（Short

Form of Contract，简称《绿皮书》）等，目前的最新版本为 2017 年的版本。

（1）施工合同条件。该文件推荐用于由雇主或其代表工程师设计的建筑或工程项目，主要用于单价合同。在这种合同形式下，通常由工程师负责监理，由承包商按照雇主提供的设计施工，但也可以包含由承包商设计的土木、机械、电气和构筑物的某些部分。

（2）永久设备和设计—建造合同条件。该文件推荐用于电气和（或）机械设备供货和建筑或工程的设计与施工，通常采用总价合同。由承包商按照雇主的要求，设计和提供生产设备和（或）其他工程，可以包括土木、机械、电气和建筑物的任何组合，进行工程总承包。但也可以对部分工程采用单价合同。

（3）EPC 交钥匙项目合同条件。该文件可适用于以交钥匙方式提供工厂或类似设施的加工或动力设备、基础设施项目或其他类型的开发项目，采用总价合同。这种合同条件下，项目的最终价格和要求的工期具有更大程度的确定性；由承包商承担项目实施的全部责任，雇主很少介入。即由承包商进行所有的设计、采购和施工，最后提供一个设施配备完整、可以投产运行的项目。

（4）简明合同格式。该文件适用于投资金额较小的建筑或工程项目，根据工程的类型和具体情况，这种合同格式也可用于投资金额较大的工程，特别是较简单的、重复性的或工期短的工程。在此合同格式下，一般都由承包商按照雇主或其代表工程师提供的设计实施工程，但对于部分或完全由承包商设计的土木、机械、电气和（或）构筑物的工程，此合同也同样适用。

每一种 FIDIC 合同条件文本主要包括两个部分，即通用条件和专用条件，在使用中可利用专用条件对通用条件的内容进行修改和补充，以满足各类项目和不同需要。FIDIC 系列合同条件具有国际性、通用性、公正性和严肃性，合同各方职责分明，各方的合法权益可以得到保障；处理与解决问题程序严谨，易于操作。FIDIC 合同条件把与工程管理相关的技术、经济、法律三者有机地结合在一起，构成了一个较为完善的合同体系。在国际工程承包领域得到了广泛的应用。

FIDIC 合同条件的特点如下：

（1）脉络清晰，逻辑性强，承包人和业主之间的风险分担公平合理，不留模棱两可之词，使任何一方都无隙可乘。

（2）对承包人和业主的权利义务和工程师职责权限明确的规定，使合同双方的义务权利界限分明，工程师职责权限清楚，避免合同执行中发生过多的纠纷和索赔事件，并起到相互制约的作用。

（3）被大多数国家采用，为世界大多数承包人所熟悉，又被世界银行和其他金融机构推荐，有利于实行国际竞争性招标。

（4）便于合同管理，对保证工程质量，合理地控制工程费用和工期产生良好的效果。

2. 英国知名施工合同版本

英国建筑业编制工程合同范本的机构主要是英国土木工程师学会(ICE)和英国合同审定联合会(JCT)。英国土木工程师协会是土木工程界历史最悠久的权威性国际学术团体之一,1818 年创立于英国,是根据英国法律具有注册资格的教育、学术研究与资质评定的团体,也是颁发国际性土木工程执业证书的职业组织。ICE 出版的合同条件在土木工程合同方面具有很高的权威性,在国际上得到了广泛的应用。合同条件的编制除了 ICE 外,还有英国咨询工程师协会、土木工程承包商联合会等参与制定。FIDIC《红皮书》的最早合同版本来源于 ICE 合同条件,ICE 合同条件主要用于单价合同,是以实际完成的工程量和投标文件中的单价来控制工程项目的总造价。ICE 也为设计—建造模式专门制定了合同条件。同 ICE 合同条件配套的还有一份《ICE 分包合同标准格式》,它规定了总承包商与分包商签订分包合同时采用的标准格式。ICE 目前最新版本为 2018 年的第 6 版。

英国合同审定联合会(JCT)是一个关于审议合同的组织,在 ICE 合同基础上制定了建筑工程合同的标准格式。JCT 的建筑工程合同条件(JCT 98)用于业主和承包商之间的施工总承包合同,主要适用于传统的施工总承包,属于总价合同。另外还有适用于 DB 模式和 MC 模式的合同条件。JCT 98 是 JCT 的标准合同,在 JCT 98 的基础上发展形成了 JCT 合同系列。JCT 98 主要用于传统采购模式,也可以用于 CM 采购模式,共有六种不同的版本。

3. 美国知名施工合同版本

美国建筑业编制合同范本的机构主要有美国建筑师协会(AIA)、美国施工承包商总会(AGC)、工程师联合合同文件委员会(EJCDC)、美国设计建造协会(DBIA)。1911 年 AIA 首次出版了《建筑的通用条件》,经过多年发展,形成了一个包括九十多个独立文件在内的复杂体系。AIA 合同范本的主要特点是为各种项目管理模式制定了不同的协议书,而同时,把通用条件单独出版成为独立文件。AGC 的标准合同范本与 AIA 文件功能用途基本相近。AGC 更照顾到了承包商的利益,2008 年 AGC 修订出版了《合议文件》(Consensus DOCS),合议文件包括了九十多个合同范本文件,得到了二十八个与工程建筑业相关的主要协会的认可。

国际知名合同范本相对较多,单就目前我国企业参与的国际工程合同来说,FIDIC 合同范本是最为广泛应用的范本,中国工程咨询协会在 1996 年正式加入 FIDIC。大部分国际通用的施工合同条件一般分为两大部分:第一部分是"通用条件",是指对某一类工程都通用,如 FIDIC《土木工程施工合同条件》对于各种类型的土木工程(如房屋建筑、工业厂房、公路、桥梁、水利、港口、铁路等)均适用。第二部分是"专用条件",是针对一个具体的工程项目,根据项目所在国家和地区的法律法规的不同,根据工程项目特点和业主对合同实施的不同要求,对通用条件进行的具体修改和补充。

第二节　国际工程专业术语中英文对照

“交钥匙”承包合同	Turn-key contract
按费用设计	Design-to-cost
保留金	Retention money
保险	Insurance
保证金	Retainage
报表	Statement
报告关系	Reporting relationship
报价邀请	Request for quotation，RFQ
变更指令	Variation order，Change order
标前会议	Pre-bid meeting
补充资料表	Schedule of supplementary information
不可接受风险	Unacceptable risk
不可抗力	Force majeure
不可预见	Unforeseeable
不平等条款	Unequal term
平衡报价法	Unbalanced bids
材料	Materials
材料费	Materials cost
财产风险	Probable risk
层次分析法	Analytic hierarchy process
成本预算	Cost budgeting
承包方	Contractor
承包商代表	Contractor's representative
承包商人员	Contractor's personnel

承包商设备	Contractor's equipment
承包商文件	Contractor's documents
承发包方式	Contract approach
承诺	Acceptance
诚实信用原则	In good faith
纯粹风险	Pare risk
次关键路线	Near-critical path
大型项目	Program
代理型 CM,非代理型 CM	CM/agency, CM/non agency
单代号搭接网络图	Multi-dependency network
单代号网络图	Activity-on-network, AON
单价合同	Unit price contract
单时估计法	Single-time-estimate
担保	Guarantee
当地货币	Local currency
当事方(一方)	Party
到岸价格	Cost insurance and freight, CIF
道义索赔	Ex-gratia claims
调整	updating,adjustment
定额	quota
动员预付款	pre-payment
二次风险	Secondary risk
法律	Laws
返工	Rework
方差	Variance
非工作时间	Idle time

费用计划	Cost planning
费用索赔	Claims for loss and expense
分包商	Sub-contractor
分项工程	Section
分支网络	Fragnet
风险	Risk
风险定量分析	Quantitative risk analysis
风险定性分析	Qualitative risk analysis
风险规避	Risk avoidance
风险监控	Risk monitoring and control
风险减轻	Risk mitigation
风险接受	Risk acceptance
风险类别	Risk category
风险评审技术	Venture evaluation and review technique，VERT
风险识别	Risk identification
风险应对	Risk response
风险转移	Risk transference
付款证书	Payment certificate
赶工	Crashing
工程变更	Variation/Change
工程量表	Bill of quantities
工程师	The engineer/Consultant
工程现场勘测	Site visit
工程项目采购	Project procurement
工程项目分解	Project decomposition
工程项目沟通管理	Project communication management

工程项目简介	Project brief
工程项目建设模式	Project construction approach
工程项目决策	Decision to project
工程项目人力资源管理	Project human resource management
工程项目审计	Project audit
工程项目收尾阶段	Project closure
工程项目投产准备	Preparation for project operation
工程项目团队	Project team
工程项目质量	Project quality
工程项目质量控制	Project quality control
工程项目组织方式	Project organization approach
工期	Project duration
工期压缩	Duration compression
绩效评估与激励	Performance appraisal and reward
计划工期	Planned project duration
计划评审技术	Program evaluation review technique，PERT
计日工作计划	Daywork schedule
计算工期	Calculated project duration
技术规范	Technical specifications
技术联系	Technical interfaces
价值工程	Value engineering VE
间接费	Indirect cost
监理工程师	The engineer/Supervision engineer
检查表	Checklist
建设工期	Duration of project construction

建设—经营—拥有—转让	Build-operate-own-transfer，BOOT
建设—经营—转让	Build-operate-transfer，BOT
建设准备	Construction preparation
建议书邀请	Request for proposal，RFP
建筑师	Architect
接收证书	Taking-over certificate
节点	Node
节点编号	Node number
结束到结束	Finish to finish，FTF
结束到开始	Finish to start，FTS
截止日期	As-of date
紧后活动	Back closely activity
紧前活动	Front closely activity
进度报告	Progress reports
进度偏差	Schedule variance，SV
纠正措施	Corrective action

参考文献

[1] 许焕兴,赵莹华.国际工程承包[M].大连：东北财经大学出版社,2016.

[2] 杜强,徐晟,韩言虎.国际工程管理[M].北京：人民交通出版社,2016.

[3] 李启明,邓小鹏,吴伟巍等.国际工程管理[M].南京：东南大学出版社,2010.

[4] 何伯森,张水波.国际工程合同管理[M].北京：中国建筑工业出版社,2016.

[5] 李玉宝,尹美群.国际项目工程管理[M].北京：中国建筑工业出版社,2006.

[6] 张宏,刘红芳,上育平,等.国际工程项目管理[M].北京：中国水利水电出版社,2016.

[7] 张水波,陈永强.国际工程总承包[M].北京：中国电力出版社,2008.

[8] 李启明,申立银.1997年度国际工程设计与承包市场综述[J].建筑经济,1998(12)：30-35.

[9] 杨庆前.健康、安全与环境管理体系在国际工程建设中的应用实践[J].施工企业管理,1998.

[10] 赵丕熙.国际工程承包项目管理实务[M]. 北京：科学技术文献出版社,2011.

[11] 马守才.论建设工程中的索赔管理[J].兰州工业高等专科学校学报,2003(1)52-56.

[12] 中国工程咨询协会.FIDIC招标程序[M].北京：中国市场出版社,1998.

[13] 王雪青.国际工程项目管理[M].北京：中国建筑工业出版社,2000.

[14] 郝生跃.国际工程管理[M].北京：北京交通大学出版社,2003.

[15] 成虎.工程合同管理[M].北京：中国建筑工业出版社,2005.

[16] 邱闯.国际工程合同原理与实务[M].北京：中国建筑工业出版社,2002.

[17] 何伯森.国际工程承包[M].3版.北京：中国建筑工业出版社,2015.

[18] 刘俊颖,李志永.国际工程风险管理[M].北京：中国建筑工业出版社,2013.

[19] 陈慧玲,马太建.建筑工程招标投标指南[M].南京：江苏科学技术出版社,2000.

[20] 郭辉煌,王亚平.工程索赔管理[M].北京：中国铁道出版社,1999.

[21] 戴树和.国际风险分析技术[M].北京：化学工业出版社,2007.

[22] 李明顺.FIDIC条件与合同管理[M].北京：冶金工业出版社,2011.

[23] 何伯森.国际工程承包[M].北京：中国建筑工业出版社,2006.

[24] 蔡琰,杨鹏,杨道富.我国工程项目建设国际化发展趋势探讨[J].开封大学学报, 2018(3)：34-36.